国家级绿色矿山建设评价指标释义

彭苏萍　邓久帅　王　亮　等 编著

地质出版社

·北　京·

内容简介

为使广大绿色矿山工作者能够充分理解评价标准并能准确地应用到绿色矿山建设、自评估、第三方评估、现场核查等工作中，本书立足于矿山企业绿色矿山建设的实际情况，结合具体案例，深入浅出、形象生动地阐述绿色矿山建设评价指标中的相关概念、相关法律政策、实施措施、检查要点、企业应提供的材料等内容，是一本适合矿山企业、绿色矿山咨询服务机构、第三方评估机构、矿政管理人员关于对绿色矿山建设和评估的通用工具书。

图书在版编目（CIP）数据

国家级绿色矿山建设评价指标释义 / 彭苏萍等编著 .
北京：地质出版社，2024. 8. —（绿色矿山系列丛书）.
ISBN 978-7-116-14219-0
Ⅰ. TD2
中国国家版本馆 CIP 数据核字第 2024UK1350 号

责任编辑：程　静
责任校对：张　冬
出版发行：地质出版社
社址邮编：北京市海淀区学院路 31 号，100083
电　　话：(010) 66554528（发行部）；(010) 66554533（编辑室）
网　　址：https://www.gph.clmpg.com
传　　真：(010) 66554686
印　　刷：北京地大彩印有限公司
开　　本：787mm × 1092mm　1/16
印　　张：17.75
字　　数：420千字
版　　次：2024 年 8 月北京第 1 版
印　　次：2024 年 8 月北京第 1 次印刷
定　　价：128.00 元
书　　号：ISBN 978-7-116-14219-0

《国家级绿色矿山建设评价指标释义》

编 委 会

主　编： 彭苏萍　邓久帅　王　亮

编　委： 赵伟伟　刘　鑫　张明君　赵震宇　乔文光　苏海霞　陈军典
李晓慧　王明君　王若含　张　浩　邓建英　李世美

审　核： 鞠建华　王洪武　吴海军　吕书涛　徐晓华　张森森

序

绿色是大自然的颜色，代表着生命，绵延不息，生机盎然，也是中国式现代化、新质生产力的底色。

绿色矿山建设是推动矿业高质量发展的重要举措，是矿业领域生态文明建设的有力抓手，是实现人与自然和谐共生的必然要求。加快矿业绿色低碳转型发展，全面推进绿色矿山建设，健全完善行业标准、评价指标是其中关键的环节。

2020 年 5 月自然资源部办公厅印发《自然资源部办公厅关于做好 2020 年度绿色矿山遴选工作的通知》(自然资办函〔2020〕839 号)，对 2020 年绿色矿山遴选工作进行详细部署和规范，确定了评估绿色矿山建设水平的基调。《绿色矿山评价指标》和《绿色矿山遴选第三方评估工作要求》的印发，标志着全国统一的遴选绿色矿山的评价标准和相关规定正式出台。《绿色矿山评价指标》是依据九个行业《绿色矿山建设规范》的具体要求，结合矿山实际情况，广泛征求社会各界的意见形成的。为使广大绿色矿山工作者能够充分理解评价标准并能准确地应用到绿色矿山建设、自评估、第三方评估、现场核查等工作中，作者随即编写了《绿色矿山评价指标条文释义》一书。本书一经出版，引起强烈反响，各级部门和行业专家学者给予高度评价，此书对绿色矿山建设的相关政策普及起到了积极作用，先后三次加印，这些都充分反映了全国绿色矿山建设形成的热潮和行业内对绿色矿山知识的迫切需要。虽然当时印发的绿色矿山评价指标内容覆盖面广、要求详细，同时也有效地促进了绿色矿山建设，推动了矿业发展，但随着全国范围内绿色矿山建设的逐步推进与评价指标的广泛应用，人们发现评价指标存在需要完善之处。作者持续开展了绿色矿山评价指标的实践研究，结合百套 / 份绿色矿山评估报告或第三方评估报告对绿色矿山评价指标进行了详细地分析，提出了评价指标的基本特性、创建特性、评估特性等新观点，并提出了“绿色矿山评价指标实践研究”“绿色矿山评价指标实践研究”“绿色矿山评价指标实践研究”等建议。2024 年 4 月，七部门联合印发《关于进一步加强绿色矿山建设的通知》，明确指出“健全完善行业标准、评价指标。健全绿色矿山建设标准体系，研究制定露天开采矿山、地热矿泉水等绿色矿山建设行业标准。完善国家级绿色矿山建设评价指标，包含约束性指标和提升性指标，约束性指标为底线要求。相关评价指标应根据法律法规、技术标准等变化及时调整”。同时发布了新的绿色矿山评价指标，成为新的绿色矿山建设航向标。

在持续推动矿业领域生态文明建设的历史时期，立足新阶段、聚焦新要求，依据最新的绿色矿山评价指标进一步加强绿色矿山建设，规范指导更好开展相关工作的背景下，作者以高要求、高质量、高效率的态度编著而成的《国家级绿色矿山建设评价指标释义》应时而生，本书探讨了国家级绿色矿山建设评价指标设置的目的和意义，深入浅出的阐述了各项评价指标的含义、要点等内容，介绍了评价指标对应的法律、法规、政策依据等，着重分析了评价指标中的关键点、绿色矿山建设和第三方评估的重点、需准备材料的清单等内容。本书具有深入浅出，通俗易懂，内容全面，体系完整，逻辑严谨及科学性强、实用性好、信息量大、先进性明显等特点。可用作矿山企业、绿色矿山咨询服务机构、第三方评估机构、矿政管理人员绿色矿山建设和评估的通用工具书和科普用书，且在今后一段时间内对于绿色矿山建设领域的工作者将具有很好指导作用。

绿色发展是高质量发展的底色，新质生产力本身就是绿色生产力。近年来，我国加快矿业转型与绿色发展，通过树立千家绿色矿山典范，示范引领加快推进绿色矿山建设进程，基本形成了绿色矿山建设新格局，构建了矿业发展方式转变新途径，建立了绿色矿业发展工作新机制，为加快发展新质生产力赋能。对绿色矿山系列丛书再添新作感到高兴！向对本书的撰写和出版做出贡献的所有同仁及单位表示衷心的感谢！让我们共同努力，进一步加强绿色矿山建设，赋能新时代矿业高质量发展，全面推进美丽中国建设，进一步全面深化改革、推进中国式现代化！

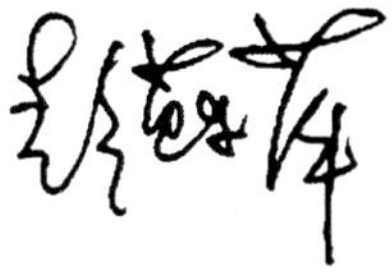

2024 年 6 月

前　言

2024年4月，自然资源部、生态环境部、财政部、国家市场监督管理总局、国家金融监督管理总局、中国证券监督管理委员会、国家林业和草原局联合印发《关于进一步加强绿色矿山建设的通知》(简称《通知》)，要求全面推进绿色矿山建设，加快矿业绿色低碳转型发展。这标志着绿色矿山建设由示范引领阶段进入全面推进阶段。新发展阶段对绿色矿山建设提出了新要求，最新发布的《国家级绿色矿山建设评价指标》(《通知》中的附件3)得到社会广泛关注，对持续推动矿业领域生态文明建设，进一步加快矿业绿色低碳转型发展，规范指导地方更好开展绿色矿山相关工作起着重要指导作用。

第一，评价指标体现了绿色矿山内涵。绿色矿山的核心内涵是资源开发与环境保护相协调，评价指标加强了对矿产资源综合回收利用的要求，强化了生态环境保护的内容，突出了资源开发与环境保护是绿色矿山的建设重点，为社会各界正确理解绿色矿山、认识绿色矿山、探索绿色矿山、研究绿色矿山、实践绿色矿山提供了方向。

第二，评价指标具有准确的导向性。评价指标更符合生态文明建设和新时代要求，除了重视资源开发、环境保护等重要内容之外，在具体要求上重视废弃物的源头减量、生态系统的源头减损；充分考虑“双碳”目标的实现，将“碳足迹核算”等指标纳入考核，为矿山企业高质量发展提供了明确导向。

第三，评价指标基于更为具体的政策依据。评价指标在“依据或标准”栏里更加明确了指标要求的来源和出处，使指标的设置更具有合规性。同时，也使矿山企业、服务单位明确知道指标考查要点、支撑材料来源，降低了矿山企业提供采信材料的难度，也降低了第三方评估专家采信材料的难度，大大提高了评估结果的有效性。

第四，评价指标有利于部门间的协作。绿色矿山建设是一项系统工程，需要政府各部门通力合作、共同推进。从评价指标的要求中能够明确看出来每一指标来源于政府哪一个业务部门管理范畴，有利于政府聚力各部门协作推进绿色矿山建设，共同肩负矿业领域生态文明建设的重任，为彻底改变矿业社会形象、提升企业社会责任感打好基础。

第五，评价指标注重矿山基础条件建设。评价指标减少企业管理方面的要求，增加了企业基本建设条件的要求，有利于真正践行绿色矿山理念，有利于企业自觉将绿色矿山建设纳入日常工作之中。从评价指标可以看出，关于工艺、技术、装备、设施的要求占的比例很大，体现了对发展新质生产力的要求。

第六，评价指标降低了社会推动绿色矿山建设的成本。评价指标分为先决条件、约束项、提升项三类。这种指标体系设置可以通过层层过滤、有效分级，快速将达不到绿色矿山要求的矿山过滤掉，减少了政府、第三方评估机构的工作量，降低了社会推动绿色矿山的成本。

绿色矿山评价指标是绿色矿山建设的风向标，为了使广大绿色矿山工作者能够充分理解新的评价标准并准确地应用到绿色矿山建设、自评估、第三方评估、现场核查等工作中，中关村绿色矿山产业联盟联合有关单位编写了《国家级绿色矿山评价建设指标释义》。本书探讨了国家级绿色矿山建设评价指标设置的目的和意义，深入浅出地阐述了各项评价指标的含义、要点等内容，介绍了评价指标对应的法律、法规、政策依据等，着重分析了评价指标中的关键点、绿色矿山建设和第三方评估的重点、需准备材料的清单等内容。

感谢北京众华高科咨询有限公司、北京绿海盛源认证服务有限公司等单位对本书编写的支持。本书参考的国内外文献资料多、涉及行业标准多，标注如有疏漏，作者特表歉意，在此向提到和未提到的作者与单位表示衷心感谢!

由于水平有限，尽管作者做了最大努力，但难免有不尽如人意之处，恳请读者在参考本书时加以批评指正。让我们共同努力，加快矿业绿色低碳转型发展，持续提升绿色矿山建设水平。

2024 年 6 月

目　　录

第一章　绪　论

绿色矿山是一种以持续、协调、效率为目标的矿业发展方式，它把矿产资源和影响环境的要素都作为重要资源来开发和利用，实现在资源开发过程中最大限度地保护环境。其他核心内涵是资源开发与环境保护相互协调发展。2024 年政府工作报告明确提出，“深入践行绿水青山就是金山银山的理念，协同推进降碳、减污、扩绿、增长，建设人与自然和谐共生的美丽中国”，强调要推动生态环境综合治理，大力发展绿色低碳经济，积极稳妥推进碳达峰碳中和。“加强生态文明建设，推进绿色低碳发展”被列为 2024 年政府工作十大任务之一。绿色矿山建设是生态文明建设的重要组成部分，是生态与产业的结合，是生态文明在矿业领域的实践。

结合当前新形势和新发展的要求，绿色矿山应是以生态文明战略为统领，以发展绿色经济及实现资源效益、生态效益、经济效益和社会效益的协调统一为目标，以依法办矿、安全生产、规范管理为前提，以资源高效利用、环境保护、节能减碳和社区和谐为核心，以科技创新为保障的一种全新的矿山建设和经营模式。

绿色矿山建设从倡导绿色发展理念，凝聚行业发展共识，到各地积极探索实践，上升为国家战略和行动，在转变资源利用方式、提高资源利用效率、协调资源开发与生态保护的关系、推进企业履行社会责任等方面都发挥了重要作用。

2003 年党的十六届三中全会上第一次提出“树立全面、协调、可持续的发展观，促进经济社会和人的全面发展”，绿色矿山的理念应运而生。

2005 年浙江省发布《关于开展创建省级绿色矿山试点工作的通知》，绿色矿山概念第一次被正式提出。

2007 年 11 月，国土资源部提出“坚持科学发展观，推进绿色矿业”，绿色矿山建设工作开始了全国范围的谋划布局。

2008 年国务院颁布的《全国矿产资源规划（2008—2015 年）》明确提出发展“绿色矿业”的要求，对绿色矿山建设进行了专项部署，明确了绿色矿山建设的总体思路、基本条件、遵循原则和主要任务。

2011—2014 年，国土资源部先后分 4 批确定了 661 家矿山企业作为国家级绿色矿山试点。通过试点建设，在资源绿色开采、高效利用、矿山生态环境保护、现代化矿山运营、矿地和谐、共享收益等方面树立了一批典型矿山，起到了良好的引领示范效果。

2017 年 3 月，为落实生态文明建设要求，加快矿业转型与绿色发展，国土资源部、财政部、环境保护部、国家质检总局、中国银监会、中国证监会 6 部门联合印发了《关于加快建设绿色矿山的实施意见》（国土资规〔2017〕4 号，简称 4 号文），明确了绿色矿山建设的总体目标、建设要求、推进方式等内容，要求通过树立千家绿色矿山典范，示范引领加快推进绿色矿山建设进程，基本形成绿色矿山建设新格局，构建矿业发展方式转变新途径，建立绿色矿业发展工作新机制。4号文实施以来，绿色矿山建设取得积极成效，通过各级政府和矿山企业的共同努力，使绿色矿山理念得到普及，在矿业界形成建设绿色矿山的共识。

2018年，自然资源部针对各个行业的特点，结合实际从多角度编制并发布了《非金属矿行业绿色矿山建设规范》等9项行业标准（以下统称《绿色矿山建设规范》）[1]，首次对绿色矿山提出明确定义："在矿产资源开发全过程中，实施科学有序的开采，对矿区及周边生态环境扰动控制在可控范围内，实现矿区环境生态化、开采方式科学化、资源利用高效化、企业管理规范化和矿区社区和谐化的矿山。"

2020年6月，自然资源部印发《绿色矿山评价指标》和《绿色矿山遴选第三方评估工作要求》（自然资矿保函〔2020〕28号），对绿色矿山评价标准进行了统一，并对第三方评估工作进行了规范。这是国家首次出台与绿色矿山相关的评价指标体系，弥补了绿色矿山界定评估方面缺乏有效评价指标的空缺。

2022年10月，习近平总书记给山东省地矿局第六地质大队重要回信中明确要求"积极践行绿色发展理念"。党的二十大明确要求"推进生态优先、节约集约、绿色低碳发展"。

2023年12月，国务院常务会议讨论并原则通过《中华人民共和国矿产资源法（修订草案）》，要求推进产业绿色化、智能化发展。

2024年4月，自然资源部等七部委联合发布《关于进一步加强绿色矿山建设的通知》（自然资规〔2024〕1号）（简称《通知》），《通知》立足于严格把好入选关和多部门协作，优化了评价指标，规范了绿色矿山名录动态管理程序，细化了第三方评估管理要求，逐步形成"部门协同、四级联创、企业主体、第三方评估、社会监督"的动态管理工作机制，提出了到2028年底，绿色矿山建设工作机制更加完善，持证在产的90%大型矿山、80%中型矿山要达到绿色矿山标准要求，各地可结合实际，参照绿色矿山标准加强小型矿山管理"，体现了我国推进矿业领域生态文明建设的决心。对于企业而言，矿山不再只是资源开采的场所，更是人与自然和谐共生的示范场地。《通知》为矿山企业积极响应绿色发展的时代要求和主动开展绿色矿山建设奠定了基础。

《通知》最大的贡献在于明确了两个重要内容。一是对绿色矿山进行了定位，绿色矿山与生态文明的关系之前有很多种表述，较为共识的提法是"绿色矿山是生态文明在矿业领域的生动实践"，《通知》开篇指出"绿色矿山是推动矿业高质量发展的重要举措，是矿业生态文明建设的有力抓手，是实现人与自然和谐共生的必然要求"。二是阐明了当前绿色矿山的建设阶段，从2017年以来，普遍的观点认为绿色矿山进入"全面建设"阶段，《通知》明确了目前的阶段为"全面推进"阶段，2017年至2024年4月这一阶段为"示范引领"阶段，统一了行业的思想的认识。

自2005年"绿色矿山"这一全新概念被正式提出，先后明确了建设条件、建设目标、标准规范、政策措施等，经过十余年的探索实践，绿色矿山逐步实现了从"试点探索"到

“全面推进”、从“单点矿山”到“面状示范区”，从行政推动到标准引领，从企业自律到社会监督。先进典型的涌现带动了区域绿色发展，在政策引导与标准引领作用下，绿色矿山建设成效凸显。矿山企业在探索绿色生态发展之路的同时，也在带动区域经济的绿色发展。绿色矿山建设成为推动矿业高质量发展的重要举措，成为矿业领域生态文明建设的有力抓手，成为实现人与自然和谐共生的必然要求，成为新形势下矿业高质量发展和现代化矿山建设的必由之路和必然选项。截至 2023 年底，全国共有 1073 家矿山企业纳入全国绿色矿山名录库，4522 家矿山企业纳入省级绿色矿山名录库，截至 2024 年 3 月 31 日，近 6000 家矿山被纳入国家级和省级绿色矿山名录。根据中国自然资源经济研究院统计数据，截至 2023 年底，我国持证在产矿山 19285 座，其中大型、中型和小型矿山分别为 7683 座、4291 座和 7311 座，约三分之一的矿山完成了绿色矿山建设任务。

最新发布的《国家级绿色矿山建设评价指标》分别从矿区环境、资源开采、资源综合利用、绿色低碳、生态修复与环境治理、科技创新与规范管理等 6 个方面对绿色矿山建设水平进行评分，得到社会广泛关注。新的评价指标在原有评价指标的基础上进行了大幅度修改，除保留先决条件外，总分由 1000 分变更为 100 分，指标个数也由 100 项精简至 49 项，突出重点指标，切实提高指标的适用性和可操作性。新的评价指标分为约束性指标和提升性指标两大类。企业如果达不到先决条件就没有资格进行绿色矿山评估；约束性指标共 20 项，属于绿色矿山的底线要求，一项指标达不到满分就视为不达标，有 12 项指标是原来入选绿色矿山名录并没有要求的或者要求发生较大变化的；提升性指标 29 项，可使绿色矿山建设水平拉开档次，体现出差异性。通过这种指标设置可以实现层层过滤、有效分级，能够快速将达不到绿色矿山要求的矿山过滤掉。

新的评价指标中涉及资源开发、生态环境保护的内容有 35 项，占三级指标总数的 71%。有 15 项指标提出要“符合环评要求”，5 项指标涉及开发利用方案，10 项指标涉及“土地复垦”，7 项指标涉及废水处理，5 项指标涉及废弃物处理。在具体要求上，重视废弃物的源头减量、生态系统的源头减损、增加了源头预防的二级指标、明确了“酸性废水源头预防”等要求。同时，还充分考虑了“双碳”目标的实现，增加了绿色低碳一级指标，其中“碳足迹核算”等指标首次被纳入考核。这充分体现出评价指标立足新阶段、聚焦新要求，加强了对矿产资源综合回收利用的要求，强化了生态环境保护的内容，突出了资源开发与环境保护是绿色矿山的建设重点，为社会各界正确理解绿色矿山、认识绿色矿山、探索绿色矿山、研究绿色矿山、实践绿色矿山提供了方向。

新的评价指标减少了企业管理方面的要求，增加了企业基本建设条件的要求，减少了咨询机构、矿山企业只编写制度、台账、报表就可以得分的现象发生。这种变化有利于矿山企业真正践行绿色矿山理念，有利于矿山企业自觉将绿色矿山建设纳入日常工作之中。从评价指标可以看出关于工艺、技术、装备、设施的要求占的比例很大，意味着技术与装备是影响绿色矿山的重要因素[2]，体现了对发展新质生产力的刚性要求。

评价指标注重指标来源和出处，使指标的设置更具有合规性。目前评价指标涉及的国家、行业标准达 130 余项，涉及的政策文件 70 余项，评价指标在“依据或标准”栏里更加明确了指标要求涉及的标准、文件以及法定文件，也指出需要参考哪些企业制度、报表、记录、台账等，使矿山企业、服务单位明确知道指标考查要点和提供的支撑材料，降低了矿山企业提供采信材料的难度，也降低了第三方评估专家采信材料的难度，大大提高了评估结果的有效性。

当然，由于时间紧、任务重、考虑的因素广、协调的部门多，国家级绿色矿山建设评价指标也难免存在一些小问题。比如，个别评价指标超过《绿色矿山建设规范》的要求范围，个别指标可操作性较差，个别指标和参考标准、政策与指标要求的关联度不高甚至没有关系，个别指标不能涵盖主要矿种，个别指标只适用于某几个矿种，把人为因素影响较大的定性指标设置为需要达到完美无缺的约束项，一项指标包含内容过多，不利于把好的矿山和差的矿山区分出来等方面内容，对于绿色矿山建设和评估都极具挑战性。另外，95% 以上的指标属于定性指标，大大增加了精准把握指标的难度，造成了不同矿山、相同矿山的不同阶段的建设水平不具有可比性，这些问题有进一步完善和改进的空间。

绿色矿山是一种以持续、协调、效率为目的的经济增长和社会发展方式，是一种绿色发展理念，而不仅仅是矿山建设和规范化管理方式，因此，把资源开发与环境保护相互平衡发展作为矿业可持续发展的基础理论加以研究，并能在评价指标中充分体现，也是评价指标应该关注的重点。

绿色矿山已经成为转变矿业发展方式、提升矿业整体形象、促进矿业健康持续发展的重要平台和抓手。绿色矿山评价指标是绿色矿山名录管理和监督管理的重要依据，是构建科学规范的绿色矿山指标体系的重要环节，对于能够把高质量的矿山企业吸纳进入绿色矿山名录，具有重要意义。

现阶段的绿色矿山建设仍然是一个按照有关标准和评价指标查漏补缺的过程，需要矿山企业把绿色矿山建设作为日常性工作，与矿山管理有机融合，不断发现问题并制定持续改进计划。矿山企业应建立绿色矿山管理体系，分阶段逐步完成对设施、工艺、装备的升级改造，以科技创新构建矿业新质生产力，逐步提升绿色矿山建设水平，实现矿山企业的绿色高质量发展。

第二章　国家级绿色建设评价指标先决条件

国家级绿色矿山建设先决条件有五项，重点体现了矿山企业应遵守国家法律法规和相关产业政策，依法办矿，如表 2-1 所示。

表 2-1　国家级绿色矿山建设评价指标先决条件

先决条件	要求	说明
手续齐全，证照合法有效	《采矿许可证》《安全生产许可证》《营业执照》证照合法有效，依法办理环评和排污许可手续，并依法完成竣工环保验收	合 格 □ 不合格 □ 满足所有先决条件方可进行打分评价，其中 1 条不满足的，即为不合格
三年内未受行政处罚或已整改到位	近三年内（自遴选通知下发之日起前三年），未受到自然资源和生态环境等部门行政处罚，或受到处罚在履行期限内已执行到位（出具相关证明材料），且未发生过较大及以上安全生产事故、环境事件的	
矿业权人异常名录	矿山参加遴选期间，矿业权人未被列入矿业权人勘查开采信息公示异常名录	
矿山要求	矿山近三年内正常生产运营，且剩余储量可采年限（按储量年度报告）不少于三年	
矿区范围	矿区范围未涉及生态保护红线（国家有规定的除外），符合国土空间规划及规划环评要求	

资料来源：自然资源部，生态环境部，财政部，国家市场监督管理总局，国家金融监督管理总局，中国证券监督管理委员会，国家林业和草原局《关于进一步加强绿色矿山建设的通知》（自然资规〔2024〕1 号）附件 3《国家级绿色矿山建设评价指标》。

依法办矿是建设绿色矿山的基本要求，矿山企业应严格遵守《矿产资源法》等法律法规，合法经营，证照齐全，遵纪守法，认真执行《矿产资源开发利用方案》《地质环境保护与土地复垦方案》等法定文件[3]。当然，国家级绿色矿山遴选时除了上述五项否决条件，还要考虑其他的相关要求。

1. 有关的法律法规

根据《国务院关于印发矿产资源权益金制度改革方案的通知》(国发〔2017〕29 号）要求，矿山企业应按规定缴纳矿产资源权益金。

2. 自然资源部相关政策

自然资源部门相关政策比较多，如矿山企业是否按《矿产资源开发利用方案》从事资源开发利用活动；矿山企业是否保持《矿山地质环境保护与土地复垦方案》的有效性以及保证其执行；矿山地质环境治理恢复基金（含土地复垦基金）是否按时存入相关账户并根据实际生产进度及时使用等。

3. 国家和地方针对一些行业出台的鼓励或限制性政策

产业政策是国家制定的，引导国家产业发展方向、引导推动产业结构升级、协调国家产业结构、使国民经济健康可持续发展的政策。绿色矿山名录建设也应作为推动鼓励类的产业政策落地，对工艺技术落后，不符合行业准入条件和有关规定的项目逐步升级改造。如国家发展和改革委员会、财政部、自然资源部、生态环境部、国家能源局、国家煤矿安监局联合印发的《30 万吨 / 年以下煤矿分类处置工作方案》提出的工作目标是“通过三年时间，力争到 2021 年底全国 30 万吨 / 年以下煤矿数量减少至 800 处以内，华北、西北地区（不含南疆）30 万吨 / 年以下煤矿基本退出，其他地区 30 万吨 / 年以下煤矿数量原则上比 2018 年底减少 50% 以上”，对于需要退出的矿山就不能支持进入绿色矿山名录，想进入绿色矿山名录就必须进行扩建[3]。

下面逐条释义绿色矿山遴选的先决条件。

一、手续齐全，证照合法有效

要求：《采矿许可证》《安全生产许可证》《营业执照》证照合法有效，依法办理环评和排污许可手续，并依法完成竣工环保验收。

【解析】本条规定了最基础的生产经营证件必须合法有效。

本条要求是根据《绿色矿山建设规范》（如无其他说明，《绿色矿山建设规范》是指九个行业的相关规范，这种情况下九个行业的要求是相同的，以下不再单独说明）中“矿山企业应遵守国家法律法规和相关产业政策，依法办矿”要求而确定的评价指标否决项要求。

1. 法定证照

1）《采矿许可证》

《采矿许可证》是采矿权人行使开采矿产资源权利的法律凭证。由采矿登记管理机关颁发的，授予采矿权申请人开采矿产资源的许可证明。《采矿权许可证》由国务院自然资源主管部门统一印制，由各级自然资源主管部门按照法定的权限颁发。采矿许可证的主要内容包括：矿山企业名称、经济性质、开采主矿种及共、伴生矿产、矿区立体范围、有效期限等。《采矿许可证》不得买卖、涂改、转借他人。《采矿许可证》可以依法延续、变更和注销。

《采矿许可证》应合法有效，未存在超层越界，超规模越界现象。需查看开采矿种、开采方式、生产规模、有效期等。

是否超范围开采：可采集《矿山储量动检报告》评审意见结论有“经实地核查，该矿无超层越界违法开采行为”，也可以采信矿山企业提供所属县（市、区）自然资源局的“是否超范围开采”专项证明及专项证明原件（复印件加盖公章）。开采方式：查看《开发利用方案》和评审意见书。

开采矿种：查看《资源储量报告》《开发利用方案》及《评审意见书》，并查看现场复核，应严格一致。

《初步设计方案》《矿产资源开发利用方案》《项目建设方案》应一致。例如“某矿山采用露天开采方式；规模60万吨/年；自上而下台阶式开采，台阶高度15m及以下，安全平台宽度4m，清扫平台宽度8m（或6m），隔一设一（或隔二设一）；公路开拓汽车运输”等内容在《初步设计方案》《矿产资源开发利用方案》《项目建设方案》的表述中一致。

2）《安全生产许可证》

《安全生产许可证》是一种由相关安全生产监督管理部门颁发的，允许企业进行特定生产活动的法定证件，是矿山企业、建筑施工企业和危险化学品、烟花爆竹、民用爆炸物品生产企业必备的一个证件。

《安全生产许可证》在有效期内，单位名称、法定代表人等与采矿证一致。《安全生产许可证》一般按生产系统发证，有多个采区开采时，有些有安全生产许可证，有些有基建期证明。《安全生产许可证》的生产规模是对企业生产能力和安全控制能力的要求。

对于地下取水等安全生产监督管理部门不颁发《安全生产许可证》的矿山可不核验《安全生产许可证》。

3）《营业执照》

《营业执照》是工商行政管理机关发给工商企业、个体经营者的准许从事某项生产经营活动的凭证。其格式由国家工商行政管理局统一规定。没有《营业执照》的工商企业或个体经营者一律不许开业，不得刻制公章、签订合同、注册商标、刊登广告，银行不予开立账户。

《营业执照》合法有效，单位名称、法定代表人与实际相符。

4）《排污许可证》

《排污许可证》是指政府机关根据环境保护法律法规和标准，对特定排污行为进行审核并发放的证书。《排污许可证》是实施排污许可制的重要载体，是排污单位在生产运营期接受环境监管和环境保护部门实施监管的主要法律文书，是排污单位守法、部门执法、社会监督的重要依据。生态环境部门通过核发排污许可证并依证监管实施排污许可制，纳入排污许可管理的排污单位必须按期持证排污、按证排污，不得无证排污。《排污许可证》由正本和副本构成，正本载明基本信息，副本包括基本信息、登记事项、许可事项、承诺书等内容。排污许可证第一次申请一般3年，延期一般5年。

对于仅排放生活污水的单位，其污水排放的管理主要由城镇排水主管部门负责。如果没有生产废水排放，仅排放生活污水的，不纳入排污许可管理范围。如果需要按照国家有关规定，将生活污水排入城镇排水设施，有可能需要申请领取排水许可证。

5）《取水许可证》

《取水许可证》是由国家水行政主管部门或流域管理机构颁发，允许单位和个人直接从江河、湖泊或地下取水的证书。持有《取水许可证》的单位或个人需按照许可证的规定取水，并缴纳相应的水资源费。《取水许可证》的有效期限通常为5年，最长不超过10年，可以在有效期届满前申请延续。

2. 环境影响评价

《中华人民共和国环境影响评价法》(2003年9月1日施行)规定“环境影响评价，是指对规划和建设项目实施后可能造成的环境影响进行分析、预测和评估，提出预防或者减轻不良环境影响的对策和措施，进行跟踪监测的方法与制度”。法律强制规定环境影响评价为指导人们开发活动的必须行为，成为环境影响评价制度，是贯彻“预防为主”环境保护方针的重要手段。

环境影响评价广义指对拟议中的人为活动（包括建设项目、资源开发、区域开发、政策、立法、法规等）可能造成的环境影响，包括环境污染和生态破坏，也包括对环境的有利影响进行分析、论证的全过程，并在此基础上提出采取的防治措施和对策。

狭义指对拟议中的建设项目在兴建前即可行性研究阶段，对其选址、设计、施工等过程，特别是运营和生产阶段可能带来的环境影响进行预测和分析，提出相应的防治措施，为项目选址、设计及建成投产后的环境管理提供科学依据。

环境影响评价按时间顺序分为环境现状评价、环境影响预测与评价及环境影响后评价。前两部分内容体现在环境影响评价报告书，后一部分内容体现在环境影响后评价报告书。

(1)环境现状评价：主要是根据近两三年的环境监测资料对某地区的环境质量所进行的评价，以国家颁布的环境质量标准或环境背景值作为依据。评价范围可以是一个行政区域、一个自然区域或一个功能区。

(2)生态环境影响预测与评价：在生态环境现状调查、生态分析和影响分析的基础上，有选择有重点地对某些受影响生态系统做深入研究，对主要生态因子的变化和生态环境功能变化作定量或半定量预测计算，以便把握因开发建设活动而导致的生态系统结构变化和环境功能变化的程度以及相关的环境后果，由此进一步明确开发建设者应负的环境责任，以及指出为保护生态环境和维持区域生态环境功能不被削弱而应采取的措施及要求。

(3)环境影响后评价：是指编制环境影响报告书的建设项目，在通过环境保护设施竣工验收且稳定运行一定时期后，对其实际产生的环境影响以及污染防治、生态保护和风险防范措施的有效性进行跟踪监测和验证评价，并提出补救方案或者改进措施，提高环境影响评价有效性的方法与制度。

环境保护设施验收是指在进行建设项目、污染治理项目等环境工程时，按照国家有关法律法规和标准，对环境保护设施的建设、运行、效果等进行检查、测试、评估和验收的过程。在项目施工过程中，建设方需按照环评报告及相关法律法规，对工程实施采取环境保护措施，包括噪声、废水、废气等污染物的治理，以及生态保护、土壤保护等方面的措施，项目建设方要确保这些措施得到落实，以降低项目对环境的影响。环保设施验收由建设单位负责组织，并需要按照相关法律法规和规定程序进行，建设单位还需要确保验收工作的公正性、专业性和透明度。

3. 有关说明

在绿色矿山申报、复核、检查时正在办理证照延期手续的矿山企业，应向绿色矿山评估、复核、检查单位或专家出具正在延续办理的说明文件，只要这个文件可以说明证照不是灭失或失效的，是可以申报绿色矿山或不会被移出绿色矿山名录的。

现场评价或支撑材料：

矿山企业的《采矿许可证》《安全生产许可证》《营业执照》《排污许可证》《取水许可证》以及环境影响评价报告书、环境影响评价批复、环境影响后评价报告书、竣工环境保护验收意见原件以及相关资料加盖公章的复印件作为证明材料。

二、三年内未受行政处罚或已整改到位

要求：近三年内（自遴选通知下发之日起前三年），未受到自然资源和生态环境等部门行政处罚，或受到处罚在履行期限内已执行到位（出具相关证明材料），且未发生过较大及以上安全生产事故、环境事件的。

【解析】本条规定矿山企业必须依法经营。

本条要求是根据《绿色矿山建设规范》中“矿山企业应遵守国家法律法规和相关产业政策，依法办矿”要求而确定的评价指标否决项要求。

1. 行政处罚的相关规定

没收违法所得、没收非法财物、责令停产停业、暂扣或者吊销许可证、暂扣或者吊销执照、行政拘留等重大行政处罚属于比较严重的行政处罚，相关规定见《中华人民共和国行政处罚法》和《国土资源行政处罚办法》。

（1）2017 年 9 月 1 日，第十二届全国人民代表大会常务委员会第二十九次会议《全国人民代表大会常务委员会关于修改〈中华人民共和国法官法〉等八部法律的决定》由中华人民共和国主席令第七十六号公布，自 2018 年 1 月 1 日起施行。其中第二次修正了《中华人民共和国行政处罚法》，与本要求相关的修改如下。

第二章　行政处罚的种类和设定

第八条　行政处罚的种类：

（一）警告；

（二）罚款；

（三）没收违法所得、没收非法财物；

（四）责令停产停业；

（五）暂扣或者吊销许可证、暂扣或者吊销执照；

（六）行政拘留；

（七）法律、行政法规规定的其他行政处罚。

（2）《国土资源行政处罚办法》于 2014 年 7 月 1 日起施行。

第四条 国土资源行政处罚包括：

（一）警告；

（二）罚款；

（三）没收违法所得、没收非法财物；

（四）限期拆除；

（五）吊销勘查许可证和采矿许可证；

（六）法律法规规定的其他行政处罚。

2.“三年内未受行政处罚或已整改到位”解析

“近三年内”是指自本次遴选通知下发之日起前三年，也就是本次遴选通知下发之日起前三十六个月。

（1）近三年内未受到自然资源和生态环境等部门行政处罚。

（2）近三年内受到自然资源和生态环境等部门处罚但已整改到位。

有关部门出具无处罚证明或由处罚单位出具已整改到位证明。特别注意，某些单位受到多次处罚，要有多次整改到位的证明。对于三年内多次受到处罚的被评估企业要落实清楚处罚原因，明确造成影响情况，并且在评估报告中做出说明，供相关部门参考和决策。

（3）遴选期间受到自然资源和生态环境等部门处罚也需提供已整改到位证明。

以上三种情况满足均可进行正常申报绿色矿山。

3. 安全生产事故、环境事件

1）安全生产事故

（1）特别重大事故，是指造成 30 人以上死亡，或者 100 人以上重伤（包括急性工业中毒，下同），或者 1 亿元以上直接经济损失的事故。

（2）重大事故，是指造成 10 人以上 30 人以下死亡，或者 50 人以上 100 人以下重伤，或者 5000 万元以上 1 亿元以下直接经济损失的事故。

（3）较大事故，是指造成 3 人以上 10 人以下死亡，或者 10 人以上 50 人以下重伤，或者 1000 万元以上 5000 万元以下直接经济损失的事故。

（4）一般事故，是指造成 3 人以下死亡，或者 10 人以下重伤，或者 1000 万元以下直接经济损失的事故。国务院安全生产监督管理部门可以会同国务院有关部门，制定事故等级划分的补充性规定。

上述“以上”包括本数，所称的“以下”不包括本数。

2）环境事件

（1）特别重大环境事件（Ⅰ级）。

A. 死亡 30 人以上，或中毒（重伤）100 人以上；

B. 因环境事件需疏散、转移群众 5 万人以上，或直接经济损失 1000 万元以上；

C. 区域生态功能严重丧失或濒危物种生存环境遭到严重污染，或因环境污染使当地正常的经济、社会活动受到严重影响；

D. 因环境污染使当地正常的经济、社会活动受到严重影响；

E. 利用放射性物质进行人为破坏事件，或 1、2 类放射源失控造成大范围严重辐射污染后果；

F. 因环境污染造成重要城市主要水源地取水中断的污染事故；

G. 因危险化学品（含剧毒品）生产和贮运中发生泄漏，严重影响人民群众生产、生活的污染事故；

H. 造成跨国（界）的环境污染事件。

（2）重大环境事件（Ⅱ级）。

A. 发生 10 人以上、30 人以下死亡，或中毒（重伤）50 人以上、100 人以下；

B. 区域生态功能部分丧失或濒危物种生存环境受到污染；

C. 因环境污染使当地经济、社会活动受到较大影响，疏散转移群众 1 万人以上、5 万人以下；

D.1、2 类放射源丢失、被盗或失控；

E. 因环境污染造成重要河流、湖泊、水库以及沿海水域大面积污染，或县级以上城镇水源地取水中断的污染事件。

（3）较大环境事件（Ⅲ级）。

A. 发生 3 人以上、10 人以下死亡，或中毒（重伤）10 人以上、50 人以下；

B. 因环境污染造成跨地级行政区纠纷，使当地经济、社会活动受到影响；

C.3 类放射源丢失、被盗或失控。

（4）一般环境事件（Ⅳ级）。

A. 发生 3 人以下死亡，或中毒（重伤）10 人以下；

B. 因环境污染造成跨县级行政区域纠纷，引起群体性影响的；

C.4、5 类放射源丢失、被盗或失控。

上述分级标准有关数量的表述中，“以上”含本数，“以下”不含本数。

4. 其他相关要求

（1）一个企业下有两个矿权，如果有一个矿权因某种原因受过行政处罚，另一个矿权申报绿色矿山不受影响。

（2）一个企业关联单位受过行政处罚，本企业申报绿色矿山不受影响。

（3）一个企业法人或股东受过行政处罚，本企业申报绿色矿山不受影响。

现场评价或支撑材料：①矿山企业提供县级自然资源和生态环境等部门出具的无处罚证明或处罚单位出具已整改完成证明。②查看专项证明原件，以加盖公章的复印件作为证明材料。③网络查询相关信息。

三、矿业权人异常名录

要求：矿山参加遴选期间，矿业权人未被列入矿业权人勘查开采信息公示异常名录。

【解析】本条规定在绿色矿山申报或遴选期间未被列入矿业权人异常名录。

本条要求是根据《绿色矿山建设规范》中“矿山企业应遵守国家法律法规和相关产业政策，依法办矿”要求而确定的评价指标否决项要求。

1. 异常名录

进入全国矿业权人勘查开采信息公示系统（http://kyqgs.mnr.gov.cn/）输入矿业权人名称或统一社会信用代码即可查看矿业权人是否在异常名录中。

2. 列入异常名录和移出异常名录的条件

《矿业权人勘查开采信息公示办法（试行）》第二十三条规定：矿业权人有下列情形之一的，国土资源主管部门应当在20个工作日内作出将其列入异常名录的决定，通过信息公示系统公示，提醒其履行相关义务。

（一）截至年度信息填报结束之日，矿业权人未依照本办法规定公示年度信息的。

（二）国土资源主管部门发现并查实矿业权人年度信息隐瞒真实情况、弄虚作假的。

（三）国土资源主管部门发现并查实矿业权人未履行法定义务或履行法定义务不到位的。

注：年度信息是指矿山企业《矿产资源开发年度信息表》上的内容。

第二十四条规定：矿业权人被列入异常名录之日起3年内，符合下列情形的，由作出列入决定的国土资源主管部门将其移出异常名录。

（一）因“矿业权人未依照本办法规定公示年度信息”被列入异常名录，已补报未报年份的年度信息并公示。

（二）因“矿业权人年度信息隐瞒真实情况、弄虚作假”被列入异常名录，已更正并公示。

（三）因“矿业权人未履行法定义务或履行法定义务不到位”被列入异常名录，已按规定履行义务并公示。

3.《矿山地质环境保护规定》

根据《自然资源部关于第一批废止和修改的部门规章的决定》第三次修正的有关规定如下。

第二十六条　违反本规定，应当编制矿山地质环境保护与土地复垦方案而未编制的，或者扩大开采规模、变更矿区范围或者开采方式，未重新编制矿山地质环境保护与土地复垦方案并经原审批机关批准的，责令限期改正，并列入矿业权人异常名录或严重违法名单；逾期不改正的，处3万元以下的罚款，不受理其申请新的采矿许可证或者申请采矿许可证延续、变更、注销。

第二十七条　违反本规定，未按照批准的矿山地质环境保护与土地复垦方案治理的，或者在矿山被批准关闭、闭坑前未完成治理恢复的，责令限期改正，并列入矿业权人异常名录或严重违法名单；逾期拒不改正的或整改不到位的，处3万元以下的罚款，不受理其申请新的采矿权许可证或者申请采矿权许可证延续、变更、注销。

现场评价或支撑材料：①矿山企业提供上网查询矿业权人异常情况的截屏材料。②现场网络查询截屏材料（注明日期）。③之前进入移出异常名录，提供关于移出矿业权人勘查开采信息异常名录证明材料。

四、矿山要求

要求：矿山近三年内正常生产运营，且剩余储量可采年限（按储量年度报告）不少于三年。

【解析】本条是对申报绿色矿山的企业正常运营时间和资源储量的要求。

矿山包含生产矿山、新建矿山以及改扩建矿山。本条要求主要是针对正常生产矿山、新建或改扩建矿山验收后能够正常生产的矿山。

1. 矿山分类

（1）新建矿山，是指从基础开始建造的矿山，即在建设期内从无到有的建设矿山。

（2）改扩建矿山，在原有矿山基础上，为扩大其生产能力或增加新的效益而建设的部分工程。其中扩建是指在原有基础上加以扩充的建设项目，对于建筑工程，扩建主要是指在原有基础上加高加层（需重新建造基础的工程属于新建项目）；改建是指不增加建筑物或建设项目体量，在原有基础上，为提高生产效率，改进产品质量或改变产品方向，或改善建筑物使用功能、改变使用目的，对原有工程进行改造的建设项目。

2. 指标解释

本条要求包含两个方面的内容，即：

（1）“正常生产运营”指矿山建设工程项目竣工验收并且证照齐全，人力资源配置得当、生产过程连续稳定、财务运行情况合理、物流渠道通畅无碍。未达到设计生产能力的产量、采掘失调或采剥失调、因矿山企业违规违法造成停产而不能达产、基建或矿山升级改造而不能生产等都属于非正常生产。

（2）“矿山近三年内正常生产运营”就是指三年内每年都正常开业生产或季节性生产开工三个月以上的企业。新建矿山正式投产后 1 ～ 2 年内应通过绿色矿山评估核查，并在采矿权出让时将相关要求和违约责任纳入出让合同。

3. 可采年限

（1）可采年限 = 可采储量 ÷ 采矿许可证生产规模。适用于整个生命周期的计算。

（2）剩余可采年限 = 年末的可采储量 ÷ 当年总产量。适用于近闭坑可采年限计算。

现场评价及支撑材料：矿山储量年度报告。

五、矿区范围

要求：矿区范围未涉及生态保护红线（国家有规定的除外），符合国土空间规划及规划环评要求。

【解析】本条是对矿区范围和位置的要求。

2024年2月28日，自然资源部发布《2023年中国自然资源公报》显示，2023年全国生态保护红线面积稳定在 $315\times10^4km^2$ 以上。

（1）生态保护红线是指在生态空间范围内具有特殊重要生态功能、必须强制性严格保护的区域，是保障和维护国家生态安全的底线和生命线，通常包括具有重要水源涵养、生物多样性维护、水土保持、防风固沙、海岸生态稳定等功能的生态功能重要区域，以及水土流失、土地沙化、石漠化、盐渍化等生态环境敏感脆弱区域。生态保护红线的实质是生态环境安全的底线，是建立最为严格的生态保护制度，对生态功能保障、环境质量安全和自然资源利用等方面提出更高的监管要求，从而促进人口资源环境相均衡、经济社会生态效益相统一。生态保护红线具有系统完整性、强制约束性、协同增效性、动态平衡性、操作可达性等特征。生态保护红线可划分为生态功能保障基线、环境质量安全底线、自然资源利用上限。

（2）国土空间规划是国家空间发展的指南、可持续发展的空间蓝图，是各类开发保护建设活动的基本依据。建立国土空间规划体系并监督实施，将主体功能区规划、土地利用规划、城乡规划等空间规划融合为统一的国土空间规划，实现"多规合一"，强化国土空间规划对各专项规划的指导约束作用，是党中央、国务院作出的重大部署。

规划环评是确保规划实施过程中环境保护的重要环节。通过对规划实施可能产生的环境影响进行分析、预测和评价，提出相应的环境保护措施，确保规划实施过程中环境风险得到有效控制。规划环评不仅关注规划实施对生态环境的直接影响，还关注其间接影响，以及可能产生的累积效应。这有助于发现潜在的环境问题，为规划的完善和调整提供科学依据。

应提供的证明材料：矿山企业提供所属主管部门，如县（市、区）自然资源局的专项证明，以加盖公章的复印件作为证明材料。

第三章　绿色矿山建设评分表

一级指标	二级指标	三级指标	标准分	评分说明	考核方法	依据或标准	指标属性	检查记录	得分
一、矿区环境（7项、12分）	1矿容矿貌（9分）	1功能分区	2	矿区按生产区、管理区、生活区进行功能分区，符合分区要求。符合要求得2分，管理区、生活区分区不明显扣0.5分，生产区、管理区分区不明显扣1.5分	查资料、查现场	矿区总平面布置图或示意图，《工业企业总平面设计规范》（GB 50187）	提升性		
		2配套设施	2	矿区地面运输、供水、供电等配套设施齐全、正常运行，食堂、澡堂、厕所等设施齐全、整洁规范，对矿区建筑、构筑物及时维护、维修或粉刷，生产区、管理区、生活区的所有场所不存在私搭乱建等临时建筑、废弃建构筑物。符合要求得2分，发现一处不符合扣0.5分	查资料、查现场	矿区总平面布置图	提升性		
		3标识标牌	1	矿区按要求设置操作提示牌、说明牌、线路示意图牌等各类标牌，标牌的尺寸、形状、颜色设置符合规定。符合要求得1分，发现一处不符合扣0.2分	查现场	《标牌》（GB/T 13306）	提升性		
		4定置管理	2	设备、物资材料规范管理，做到分类分区、摆放有序、堆码整齐。符合要求得2分，发现一处不符合扣0.5分	查现场		提升性		
		5清洁卫生	2	矿区保持清洁卫生，主干道路表面平整、密实和粗糙度适当，内部道路或专用道路及时清理无洒落物，生产区及管理区无垃圾、无废石乱扔乱放，生产现场管线无跑、冒、滴、漏现象。符合要求得2分，发现一处不符合扣0.5分	查现场	《厂矿道路设计规范》（GBJ 22）	提升性		
	2矿区绿化美化（3分）	6矿区绿化	2	矿区可绿化区域实现全覆盖，且无大面积表土裸露。符合要求得2分，发现一处不符合扣0.5分	查现场	可绿化区域是指除采场、建筑覆盖区、硬化地面等不宜进行绿化区域以外的区域	提升性		
		7绿化效果	1	绿化植物以本土物种为主，搭配合理，与周边环境协调一致，符合当地气候条件。符合要求得1分，发现一处不符合扣0.5分	查资料、查现场		提升性		

续表

一级指标	二级指标	三级指标	标准分	评分说明	考核方法	依据或标准	指标属性	检查记录	得分
二、资源开采（4项，20分）	1开采活动（15分）	8开采方式	5	★露天开采： 露天开采采用自上而下分台阶开采，符合开采设计要求。坚持采剥并举、剥离先行的原则，优化开采布局，选择合理工艺，科学制定采排计划，尽量减少对地表的破坏 ★地下开采： 地下开采方法和顺序合理，符合开采设计要求，开采技术符合生态环境保护要求。 符合要求得5分，不符合得0分	查资料、查现场	开采设计	约束性		
		9开采技术	8	★露天开采： ①钻孔：采用湿式、干式（带收尘）等凿岩作业，得2分； ②爆破：采用微差爆破、预裂爆破、光面爆破等爆破作业，得2分； ③铲装：采用大型化自动化液压铲装设备、液压挖掘机或装载机、自卸式矿车、大型自移式破碎机等先进设备进行铲装作业，得2分； ④排土：生产期采用分期内排技术，最大化利用内排土场排土，减少外部土地占用，得2分 （兼备地下和露天开采的，以现阶段主要开采方式选择其一进行评分，分数不可累加） ★地下开采： ①采用减轻地表沉陷变形、减少对土壤和地下水污染的开采方式，如充填法、保水开采等技术进行地下开采，得3分； ②利用采空区规模化环保化处置尾矿、废石、煤矸石等，得3分； ③应用其他无废开采、深部开采等先进开采技术，得2分 （兼备地下和露天开采的，以现阶段主要开采方式选择其一进行评分，分数不可累加） ★适用于石油天然气、地热矿泉水等： ①采用电动钻机及顶驱等钻井装置，得2分； ②采用优快、控压等钻井技术，得2分； ③采用环保型钻井液及循环利用技术，得2分； ④及时无害化处置钻井泥浆等钻井废弃物，得2分	查资料、查现场	工艺技术装备资料	提升性		

续表

一级指标	二级指标	三级指标	标准分	评分说明	考核方法	依据或标准	指标属性	检查记录	得分
二、资源开采（4项，20分）	1开采活动（15分）	10开采回采率	2	开采回采率符合矿产资源合理开发利用“三率”指标一般要求及以上。符合要求得2分，不符合得0分	查资料	自然资源部发布的“三率”指标要求	约束性		
	2开采工作面（5分）	11质量要求	5	★露天开采： 作业平台干净，保持平整、通畅，无杂物、无积水，工作台阶与非工作台阶坡面无危石，非工作台阶滚落物及时清理。符合要求得5分，发现一处不符合扣1分 ★地下开采： 工作面满足通风、运输、行人、设备安装、检修的需要，支护完好；无较大面积积水、无浮碴、无杂物，材料堆放整齐。符合要求得5分，发现一处不符合扣1分 ★适用于石油天然气等： 生产作业场地无明显油污，无“跑冒滴漏”及对井场表层土壤造成污染；钻井废弃物不落地，进行集中无害化处理。符合要求得5分，发现一处不符合扣1分 ★适用于地热矿泉水等： 生产作业场所应干净整洁、无污渍；井（泉）及其附属设施保持完好并正常运行，无堵塞或泄露；应建有规范完备的污废水处理设施，正常运行合理处置污水、废水。符合要求得5分，发现一处不符合扣1分	查资料、查现场		提升性		
三、资源综合利用（9项18分；3项18分）	（1）非金属、化工、黄金、冶金、有色、油气、煤炭、地热、矿泉水等行业								
	1选矿回收（5分）	12选矿加工工艺	3	选矿工艺符合设计规范，不得使用国家规定的限制类和淘汰类技术、工艺和装备。地热、矿泉水的利用做到资源分级利用、优质优用。符合要求得3分，不符合得0分	查资料、查现场	《煤炭洗选工程设计规范》（GB 50359）等矿山选矿工艺设计规范，符合环评批复相关要求	约束性		
		13选矿回收率	2	选矿回收率符合矿产资源合理开发利用“三率”指标一般要求及以上。符合要求得2分，不符合得0分	查资料	自然资源部发布的“三率”指标要求，符合环评批复相关要求	约束性		
	2综合利用（5分）	14共伴生资源综合勘查与评价	2	按矿产资源综合勘查评价规范进行综合勘查、综合评价。符合要求得2分，不符合得0分	查资料、查现场	《矿产资源综合勘查评价规范》（GB/T 25283），符合环评批复相关要求	提升性		

续表

一级指标	二级指标	三级指标	标准分	评分说明	考核方法	依据或标准	指标属性	检查记录	得分
三、资源综合利用（9项18分；3项18分）	2综合利用（5分）	15共伴生矿产资源综合利用率	2	共伴生矿产综合利用率达到国家发布的矿产资源合理开发利用“三率”指标一般要求及以上。符合要求得2分，不符合得0分	查资料	自然资源部发布的“三率”指标要求，符合环评批复相关要求	约束性		
		16对暂不能开采利用的矿产	1	对暂不能开采利用的共伴生矿产采取保护措施。符合要求得1分，不符合得0分	查资料、查现场	《矿产资源开发利用方案》，矿山设计，符合环评批复相关要求	提升性		
	3固废综合利用（3分）	17工业固废处置与利用	2	通过回填、铺路、工程建设等方式充分利用固体废弃物，得0.5分；剥离表土用于土地复垦、生态修复，得1分（无表土的，直接得1分）；渗滤液收集、废水处理、地下水环境监测等尾矿库污染防治设施符合相关法规标准要求，得0.5分	查资料、查现场	《矿产资源开发利用方案》《一般工业固体废物贮存和填埋污染控制标准》（GB 18599）《尾矿污染环境防治管理办法》，符合环评批复相关要求	提升性		
		18回收提取有价元素/有用矿物	1	鼓励从已有尾矿、煤矸石、废石等固体废弃物中提取有价元素或有用矿物。符合要求得1分，不符合得0分	查资料、查现场	生产报表、销售报表、财务报表等，符合环评批复相关要求	提升性		
	4废水综合利用（5分）	19生产废水综合利用	3	①配备完备的废水处理设施，并正常运行的得1分。 ②采用洁净化、资源化技术工艺合理处置矿井水、废水、尾水，得1分。煤矿、黄金等行业矿井水处置率达到100%，不达标不得分。 ③选矿废水循环利用，得1分。煤矿矿井水利用率达到相关标准，冶金选矿废水循环利用率不低于90%，非金属矿山选矿废水重复利用率不低于85%，化工行业选矿回水利用率达到100%，地热矿泉水尾废水集中处理达标后外排或回灌。不达标不得分	查资料、查现场	《煤炭采选业清洁生产评价指标体系》（国家发展改革委、生态环境部、工业和信息化部，2019年发布），冶金、非金属、煤炭、化工行业绿色矿山建设规范，符合环评批复相关要求	提升性		
		20生活污水综合利用	2	①配备生活污水处理系统，并正常运行的得1分；生活污水处置达标后，用于工业场地浇灌绿化、洒水降尘或其他综合利用，得1分。 ②企业生活污水直接连入城镇污水处理管网，得2分	查资料、查现场	生产报表（调度报表）或其他证明材料，符合环评批复相关要求	提升性		

续表

一级指标	二级指标	三级指标	标准分	评分说明	考核方法	依据或标准	指标属性	检查记录	得分
三、资源综合利用（9项18分；3项18分）	（2）砂石、水泥灰岩、建筑石材等行业								
	1综合利用（5分）	21开采加工等相关产物综合利用	5	★适用于砂石、建筑石材等行业：充分利用石粉、泥粉等矿山开采或加工产物，提高资源化利用水平，如环境治理、土地复垦和土壤改良等。符合要求得5分 ★适用于水泥灰岩行业：结合水泥生产线多种原料配料的特点，实现开采或加工生产各类产物资源化利用，实现资源分级利用、优质优用，实现高品位矿石与低品位矿石、夹层、顶底板围岩等综合利用。符合要求得5分	查资料、查现场	生产报表（调度报表）或其他证明材料，符合环评批复相关要求	提升性		
	2固废综合利用（5分）	22土质剥离物的综合利用	5	★适用于砂石、建筑石材等行业：排土场堆放的剥离表土或筛分后的渣土、废石等，用于环境治理、土地复垦、生态修复等。符合要求得5分 ★适用于水泥灰岩行业：将符合要求的土质剥离物用作硅铝质原料或用于土地复垦，其他剥离物用作水泥配料、砂石骨料或其他工程用料。符合要求得5分	查资料、查现场	生产报表（调度报表）或其他证明材料，符合环评批复相关要求	提升性		
	3废水综合利用（8分）	23生产废水处置与利用	4	①配备完善的生产废水处理系统，得2分； ②废水经固液分离处理后，清水得到有效循环利用，得2分。砂石清水循环利用率达到100%，不达标不得分	查资料、查现场	生产报表（调度报表）或其他证明材料，砂石行业绿色矿山建设规范，符合环评批复相关要求	提升性		
		24生活污水综合利用	4	①配备生活污水处理系统，得2分；生活污水处置达标后，用于工业场地浇灌绿化，洒水降尘或其他综合利用，得2分。 ②企业生活污水直接连入城镇污水处理管网，得4分	查资料、查现场	生产报表（调度报表）或其他证明材料，符合环评批复相关要求	提升性		
四、绿色低碳（13项，20分）	1节约集约用地（2分）	25节约集约用地情况	2	矿山用地在满足建设、运输生产等要求前提下，综合考虑土地资源、资金、环境等经济技术条件，按照节约集约原则，进行优化配置和科学利用，充分利用荒地、劣地，少占耕地。符合要求得2分，不符合得0分	查资料、查现场	《节约集约利用土地规定（2019年修正）》《工业项目建设用地控制指标》《自然资源部办公厅关于规范开展建设项目节地评价工作的通知》（自然资办发〔2021〕14号）	提升性		

续表

一级指标	二级指标	三级指标	标准分	评分说明	考核方法	依据或标准	指标属性	检查记录	得分
四、绿色低碳（13项、20分）	2 节能降耗（3分）	26 能源管理体系	1	有年度能源管理计划，得0.5分。建立全过程能耗管理体系得0.5分。取得能源管理体系认证，得1分。得分不超过1分	查资料	能耗核算体系文件或台账、能源管理体系证书	提升性		
		27 单位产品能耗	2	单位产品能耗符合国家标准。煤矿、铁矿、金矿、有色金属矿有国家标准的，执行国家标准。其他矿种暂无国家标准、行业标准的，以企业近3年能耗等指标均值为依据进行考核，要体现节能降耗进步要求，能耗逐年降低。符合要求得2分，不符合得0分	查资料	能耗台账、各行业单位产品能源消耗限额	约束性		
	3 减碳（2分）	28 碳排放核算	2	按照规定的核算方法，对矿区范围内的温室气体排放进行核算，开展工作的，得2分，未开展工作的，得0分	查资料	《工业企业温室气体排放核算和报告通则》（GB/T 32150）、《温室气体排放核算方法与报告要求》（GB/T 32151）	提升性		
	4 源头预防（5分）	29 地下水环境状况	1	矿区及周边地下水具备使用功能的，其环境状况应达到相关功能限值要求；存在人为因素导致地下水不满足相关功能要求时，应该按照相关标准开展地下水污染风险管控修复，防止地下水污染加重与扩散。符合要求得1分，不符合得0分	查资料、查现场	《工矿用地土壤环境管理办法（试行）》《地下水质量标准》（GB/T 14848）、《污染地块地下水修复和风险管控技术导则》（HJ 25.6）	约束性		
		30 酸性废水源头预防	1	评估预测矿山关闭酸性废水产生量及对周边环境影响，在开采和闭矿前综合采用雨水导排、补给控制、矿山回填等措施，预防酸性废水大量产生。符合要求得1分，不符合得0分	查资料、查现场	《水污染防治法》	约束性		
		31 土壤污染源头预防	2	矿山开采区、尾矿库等运营、管理单位应当采取防渗漏等措施，并建设地下水水质监测井进行监测；建设涉及有毒有害物质的设施设备，应设计、建设和安装有关防腐蚀、防泄漏设施和泄漏监测装置，防止有毒有害物质污染土壤和地下水；构筑物及场地防渗要求符合相关标准的规定。符合要求得2分，不符合得0分	查资料、查现场	《水污染防治法》《工矿用地土壤环境管理办法（试行）》《一般工业固体废物贮存和填埋污染控制标准》（GB 18599）《尾矿库设计规范》（GB 50863）、《有色金属工业环境保护工程设计规范》（GB 50988）、《危险废物贮存污染控制标准》（GB 18597）、《危险废物填埋污染控制标准》（GB 18598）	约束性		

续表

一级指标	二级指标	三级指标	标准分	评分说明	考核方法	依据或标准	指标属性	检查记录	得分
四、绿色低碳（13项，20分）	4源头预防（5分）	32 土壤污染隐患排查	1	列入土壤污染重点监管单位的企业，应定期对重点区域、重点设施设备开展隐患排查；开展土壤和地下水自行监测；严格控制有毒有害物质排放，并按年度向生态环境主管部门报告排放情况。符合要求得1分，不符合得0分（未列入土壤污染重点监管单位的企业本项直接得分）	查资料、查现场	《土壤污染防治法》《重点监管单位土壤污染隐患排查指南（试行）》（生态环境部〔2021〕1号公告）、《工业企业土壤和地下水自行监测技术指南（试行）》（HJ 1209）	约束性		
	5废物排放（8分）	33 固废排放	2	对无法实现综合利用的固体废弃物，划分危险废物、一般废物和生活垃圾不同类别，实现分级分类，堆场、尾矿库污染防治设施符合相关法规标准要求，并按照国家法律和标准，自行或委托第三方对一般固体废弃物进行处置，委托第三方有资质的单位对危险废物进行处置。符合要求得2分、不符合得0分	查资料、查现场	《中华人民共和国固体废物污染环境防治法》《一般工业固体废物贮存、处置场污染控制标准》（GB 18599），危险废物焚烧、贮存、填埋污染控制标准（GB 18484、18597、18598）	约束性		
		34 废水排放	2	清污管路分别铺设、雨水与污水管群分开设置；生活污水经处理后水质达标排放，或污水直接排入市政污水管网；工业废水经处理后水质达标排放；尾矿库、排土场等建有雨水截（排）水沟，地表径流水、淋溶水等经沉淀后达标排放或处理回用。符合要求得2分，不符合得0分	查资料、查现场	国家水污染物排放标准（GB 8978、GB 20426、GB 25465、GB 25466、GB 25467、GB 25468、GB 26451、GB 28661、GB 30770等）以及所在省（区、市）人民政府发布实施的地方水污染物排放标准	约束性		
		35 废气排放	2	在开采、加工、运输、贮存等环节，采取除尘捕尘、抑尘降尘、净化废气等措施，实现达标排放，开采过程中的大气污染物排放应符合国家或地方相应排放标准。凿岩作业采用降尘措施，爆破作业喷雾洒水降尘，生产区配置洒水车定时洒水降尘，配备地面运输车辆洗车台，对出厂车辆进行清洗，外运产品途中苫盖，废石或矿石周转场地、贮存场所具备防扬尘设施。矿区建筑物上无明显积尘，矿区周边植被无明显粉尘覆盖。对矿区粉尘进行定期监测。符合要求得2分，不符合得0分	查资料、查现场	国家大气污染物排放标准（GB 4915、GB 9078、GB 16297、GB 20426、GB 25465、GB 25466、GB 25467、GB 25468、GB 26451、GB 28661、GB 30770、GB 41618等）以及所在省（区、市）人民政府发布实施的地方大气污染物排放标准	约束性		

续表

一级指标	二级指标	三级指标	标准分	评分说明	考核方法	依据或标准	指标属性	检查记录	得分
四、绿色低碳（13项，20分）	5废物排放（8分）	36移动源控制	1	企业使用铁路、水路、封闭式皮带廊道、新能源汽车运输矿石等大宗货物年货运量占比达到70%，得1分	查资料、查现场	《深入打好重污染天气消除、臭氧污染防治和柴油货车污染治理攻坚战行动方案》（生态环境部〔2022〕68号公告）	提升性		
		37噪声排放	1	对矿区凿岩、破碎和空压等高噪声设备进行降噪处理，配备消声、减振和隔振等措施，厂界噪声排放达标。对厂界噪声进行定期监测。符合要求得1分，不符合得0分	查资料、查现场	《工业企业厂界环境噪声排放标准》（GB 12348）	约束性		
五、生态修复与环境治理（5项，18分）	1矿山地质环境治理恢复与土地复垦（7分）	38矿山地质环境保护与土地复垦方案编制与执行	5	《矿山地质环境保护与土地复垦方案》已通过审查并在适用期；依据《矿山地质环境保护与土地复垦方案》编制了年度计划；执行了年度报告制度；矿山地质环境治理恢复、土地复垦质量符合要求；完成了年度或阶段性目标任务并通过阶段验收。符合要求得5分，不符合得0分	查资料、查现场	《矿山地质环境保护与土地复垦方案》及年度计划、《土地复垦质量控制标准》（TD/T 1036）、《矿山生态修复技术规范》（TD/T 1070）等标准规范	约束性		
		39矿山地质环境治理恢复基金计提使用	2	按相关规定及标准足额计提矿山地质环境治理恢复基金并规范使用，统筹用于开展矿山地质环境治理恢复和土地复垦。符合要求得2分，不符合得0分	查资料、查现场	《矿山地质环境保护与土地复垦方案》及年度计划、基金监管政策文件及标准规范、其他证明材料等	约束性		
	2治理要求（5分）	40治理效果	5	不新设永久排矸场。排土场、尾矿库、露天采场、矿区专用道路、矿山工业场地、塌陷区、废石场等区域生态修复与环境治理符合要求。落实“边开采、边修复”要求，矿山生态修复能够分区、分期进行的，要分区、分期开展。治理后的各类场地对周边环境不产生污染，与周边自然环境相协调，周边水体质量恢复至原水平，区域生态功能得到保护和恢复。符合要求得5分，不符合得0分	查资料、查现场	《矿山生态环境保护与恢复治理技术规范》（HJ 651）、《土地复垦质量控制标准》（TD/T 1036）、《矿山生态修复技术规范》（TD/T 1070）、《生态保护修复成效评估技术指南（试行）》（HJ 1272），其他文件证明材料	约束性		

续表

一级指标	二级指标	三级指标	标准分	评分说明	考核方法	依据或标准	指标属性	检查记录	得分
五、生态修复与环境治理（5项，18分）	3矿山环境动态监测（3分）	41动态监测要求	3	建立动态监测体系，对选矿废水、矿井水、尾矿库、矸石山、排土场、废石堆场、地下水等定期进行环境监测，并根据监测结果，采取了有效保护措施。对地质环境破坏与恢复治理、土地损毁与复垦利用、生态系统破坏（退化）与恢复进行了动态监测。符合要求得3分，不符合得0分	查资料、查现场	监测记录，《生态保护修复成效评估技术指南（试行）》（HJ 1272）、《矿山生态修复技术规范》（TD/T 1070）等相关标准规范或其他证明材料	约束性		
	4环境管理体系（3分）	42环境管理体系要求	3	建立环境管理机制，有完善的环境管理制度、配备了必要的环境管理机构和生态环境保护等专业技术人员，得1分。有环境管理日常监管记录，采取了环境风险防范措施，得1分。获得环境管理体系认证，得1分	查资料、查现场	环境管理制度、突发事件预案、认证证书，《生态保护修复成效评估技术指南（试行）》（HJ 1272）	提升性		
六、科技创新与规范管理（7项，12分）	1科技创新（3分）	43研发及技改投入	1	具有技术研发队伍和专业技术人员，得0.5分；研发及技改投入不低于上年度主营业务收入的1.5%，得0.5分；完成环评要求的专项研究，得0.5分。最多得1分	查资料	生产报表（调度报表）或其他证明材料	提升性		
		44创新成果	2	获得1项发明专利得0.5分，最多得2分；入选《节地技术和节地模式推荐目录》或最新版《矿产资源节约和综合利用先进适用技术目录》1项得1分，最多得2分；获得高新技术企业证书，得2分	查资料	证书或其他证明材料	提升性		
	2数字化矿山（4分）	45集中管控平台	2	建设集中管控平台，能够将远程监控系统、自动控制系统、储量管理系统、生态环境监测管理系统等集中在大屏幕展示。符合要求得2分，发现一项不符合扣0.5分	查资料、查现场		提升性		
		46智能化应用	2	按照《智能矿山建设规范》（DZ/T 0376）等标准开展智能矿山建设。符合要求得2分	查资料、查现场	《智能矿山建设规范》（DZ/T 0376）	提升性		
	3规范管理（5分）	47企业文化	1	制定绿色矿山建设年度计划，定期开展自评。制作绿色矿山宣传展板、标语和宣传片；建立人员目视化管理制度；建立职工收入随企业业绩同步增长机制；建设职工休闲、娱乐、文化体育设施并开展活动；职工满意度不低于70%。符合要求得1分，发现一项不符合扣0.2分	查资料、查现场、调查走访	企业管理文件、自评材料、宣传片、活动证明、认证、证书、调查问卷原始记录等材料	提升性		

续表

一级指标	二级指标	三级指标	标准分	评分说明	考核方法	依据或标准	指标属性	检查记录	得分
六、科技创新与规范管理（7项、12分）	3规范管理（5分）	48企业诚信	2	依法纳税，按要求提交储量年报、储量表及矿产资源统计基础表，按规定缴存矿业权出让收益。符合要求得2分，不符合得0分	查资料	税务及相关部门证明	约束性		
		49矿地和谐	2	建立职业健康管理制度。建立良好矿地关系，制定和公开申诉回应制度，具有联系机构与人员，及时妥善处理与受采矿活动影响的社区等利益相关者间的纠纷矛盾，维护当地生产、生活相关生态环境。在劳务用工、基础设施、公益募捐、教育医疗支持等一个及以上方面开展帮扶，助力乡村振兴。符合要求得2分，不符合得0分	查资料、调查走访	相关文件、票据等证明材料	约束性		

注：资料来源于自然资源部 生态环境部 财政部国家市场监督管理总局 国家金融监督管理总局 中国证券监督管理委员会 国家林业和草原局《关于进一步加强绿色矿山建设的通知》（自然资规〔2024〕1号）附件3《国家级绿色矿山建设评价指标》。表中各标准的发布时间详见参考标准。

第四章　矿区环境

矿区环境建设既是创造职工生产生活健康环境的内在需要，也是矿区生态系统的重要组成部分，是向社会展示企业形象的重要窗口。矿区布局、矿区管理、绿化、美化是企业绿色矿山建设的基本要求，体现了矿山企业履行社会责任的程度。

矿区环境的评估结果应体现矿区的社会形象和生产生活保障能力。

第一节　矿容矿貌

1　功能分区

标准分：2。

评分说明：矿区按生产区、管理区、生活区进行功能分区，符合分区要求。符合要求得 2 分，管理区、生活区分区不明显扣 0.5 分，生产区、管理区分区不明显扣 1.5 分。

考核方法：查资料、查现场。

依据或标准：矿区总平面布置图或示意图，《工业企业总平面设计规范》（GB 50187）。

指标属性：提升性。

【解析】本条是从空间布局上体现矿区对生产生活的服务能力的要求。

本条要求是根据《绿色矿山建设规范》中有关功能分区的要求而制定的评价指标。

1. 相关标准

《工业企业总平面设计规范》（GB 50187）规定了矿区功能分区的相关要求，主要内容包含有总则，厂址选择，总体规划，总平面布置，运输线路及码头布置，竖向设计，管线综合布置，绿化布置，主要技术经济指标等方面的内容。

2. 矿山总平面布置

矿山总平面布置通常由总平面图来体现，是矿山企业设计中的一个重要组成部分，它涉及矿山生产、生活所需的各类建筑物和构筑物的布置。矿山总平面布置是指根据矿山生产规模、矿石加工运输要求、地形地质条件等因素，合理地在地面布置各种建筑物和构筑物，形成一个有机整体的过程。这些建筑物和构筑物种类繁多，功能各异，主要包括生产用构筑物、生产辅助用建筑、动力用建筑、运输用建筑物及构筑物、储藏用建筑、卫生技术设备用构筑物以及矿山生活、行政、教育用建筑物等。

矿山总平面布置包括矿区规划图和工业场地地面布置图。矿区规划图是在较大比例尺的地形图上进行的全面规划，它标明了矿体界线、采矿移动带、主副井位置、采矿工业场地、废石场、尾矿坝等重要信息。工业场地平面布置图则更加细致，它标明了各种建筑物和构筑物的外形尺寸、相互距离以及地下和架空结构物的位置。

3. 矿山功能分区的意义

功能分区是指工业企业的各类设施按不同功能和系统分区布置，构成一个相互联系的有机整体。从生产上看，功能分区有利于生产设施集中布置，实现专业化生产，提高生产效率，发挥生产系统的最大功能；从生活上看，功能分区有利于营造一个安全、健康、舒适的生活环境，提高职工的生活质量，调动职工的工作积极性[4]。

除此之外，功能分区将相同类型和性质的工程设施集中靠近布置，既会使相互使用方便，缩短物料运输和管线的距离，又会使相邻同类型设施的安全间距减小，有利于节省用地面积。

4. 生产区、管理区、生活区包含的内容

一般情况矿区可包含生产区、辅助生产区、办公区、生活区。

生产区：是矿山进行矿井开采、运输和加工的核心区域，是矿区运营中至关重要的部分。生产区需要对人员、设备、物料及加工对象有组织地操控，满足生产工艺对场地、卫生、质量要求的生产操作区域。露天矿山的生产区主要指采掘场、采装备作业区、运输道路、穿孔爆破区域、加工厂区和排土场所在区域。地下矿山的生产区主要指井口、井下巷道、采掘工作面、运输系统、加工厂区等。

辅助生产区：是一个集动力供应、设备维修、物资储存、运输保障和生活服务于一体的综合区域。它对于保障矿山主要生产活动的顺利进行和提高矿山整体运营效率具有重要意义。包括变电站、自营发电厂、机修厂等动力和机修设施，材料库、物资库、油脂库、汽车库、加油站等仓储设施，主进厂道路、内部链接道路等运输道路，水泵房、水塔和水池等供水设施工，空气压缩机房，锅炉房，消防材料库，以及职工食堂、宿舍、澡堂等生活配套设施等。

办公区：是职工进行工作生活的区域，主要关注工作环境的营造和办公效率的提升。矿山企业组织作业人员按程序作业，并规范人员作息行为的监控、分析、指挥和传达等办公作业和休息值班的区域。包括办公楼、联合建筑、调度指挥中心、值班室等。

生活区：指集中设置的为职工服务的住宅及公用文化福利设施的区域，是职工日常生活的区域。包括住宅、商业设施、公共设施等。狭义是指矿区里职工宿舍及配套生活设施，生活区一般应在生产区上风侧。

5. 功能分区要符合《工业企业总平面设计规范》（GB 50187）的要求

《工业企业总平面设计规范》中关于功能分区的要求如下。

（1）全厂性的生活设施，可集中或分区布置。

（2）企业内部道路的布局应有利于功能分区。

（3）应按企业规模和功能分区，合理地确定通道宽度。

（4）排矸场、排土场、垃圾场和废渣堆置场布置与办公区、生活区分离并留有安全距离，不对生活、生产造成影响。

（5）分区布局应便于运输和装卸，应减少二次搬运。

功能分区是相对的，有一些矿山为服务前移，更好服务一张网，将调度室移到井口，将班中餐食堂移到井口，也被国家有关部门树立为典范。

涉及地点：生产区、办公区、生活区、排矸场、排土场、垃圾场、选矿厂、机修车间、尾矿库、塌陷区、瓦斯抽放站等。

现场评价或支撑材料：标注了生产区、管理区、生活区及废弃物堆放位置等的矿区总平面图或其他专门制作的能标注生产区、管理区、生活区及废弃物堆放的示意图，现场评估时应查矿区总平面图或示意图与实际情况是否一致。

2　配套设施

标准分：2。

评分说明：矿区地面运输、供水、供电等配套设施齐全、正常运行，食堂、澡堂、厕所等设施齐全、整洁规范，对矿区建筑、构筑物及时维护、维修或粉刷，生产区、管理区、生活区的所有场所不存在私搭乱建等临时建筑、废弃建构筑物。符合要求得2分，发现一处不符合扣0.5分。

考核方法：查资料、查现场。

依据或标准：矿区总平面布置图。

指标属性：提升性。

【解析】本条体现矿区生产配套设施对生产的服务能力，生活配套设施对生产的保障能力，对矿区建筑、构筑物管理的要求，展示了矿区的社会形象。

本条要求是根据《绿色矿山建设规范》中有关生产生活配套设施的要求而制定的评价指标。包含了生产配套设施管理、生活配套设施管理、建（构）筑物的维护、建（构）筑物的管理等内容。

1. 有关法律

《中华人民共和国城乡规划法》对建（构）筑物有关手续的要求如下。

第六十四条　未取得建设工程规划许可证或者未按照建设工程规划许可证的规定进行建设的，由县级以上地方人民政府城乡规划主管部门责令停止建设；尚可采取改正措施消除对规划实施的影响的，限期改正，处建设工程造价百分之五以上百分之十以下的罚款；无法采取改正措施消除影响的，限期拆除，不能拆除的，没收实物或者违法收入，可以并处建设工程造价百分之十以下的罚款。

第六十五条 在乡、村庄规划区内未依法取得乡村建设规划许可证或者未按照乡村建设规划许可证的规定进行建设的，由乡、镇人民政府责令停止建设、限期改正；逾期不改正的，可以拆除。

第六十六条 建设单位或者个人有下列行为之一的，由所在地城市、县人民政府城乡规划主管部门责令限期拆除，可以并处临时建设工程造价一倍以下的罚款：（一）未经批准进行临时建设的；（二）未按照批准内容进行临时建设的；（三）临时建筑物、构筑物超过批准期限不拆除的。

2. 生产配套设施

1）矿区的运输设施

矿山运输是将地下有用矿物、废石或矸石等采出后由采掘工作面运往地面转载站、洗选矿厂，或将人员、材料、设备及其他物料运入、运出的各种运输作业。矿山运输的特点是运量大、品种多、巷道狭窄、运距长短不一、线路复杂、可见距离短，因而作业复杂、维护检修困难、安全要求高。矿井运输设备包括皮带输送机、螺旋输送机、提升机等多种类型，用于矿石、物资等的输送。

2）矿区的供电设施

从电力系统取得的电源（或自备电源），通过输电、变电和配电等环节向矿区提供电力的整体。供电系统由电源、输电线路和变电所三部分组成，设施包括输电和配电设备，比如变压器、导线、电缆、避雷器、绝缘子、杆塔等。

对供电系统的基本要求是①可靠性：首先保证各类用户必要的可靠性，并力求供电系统接线简单，以提高供电安全。②灵活性：运行灵活、操作安全、维护方便、便于发展。③经济性：投资省、占地少、运行费用低。

对电气设备的要求是①移动电气设备上架，固定设备配置规范；②消防器材齐全有效；③电缆沟盖板齐全；④标志牌内容齐全；⑤各种设备表面清洁，无锈蚀。

3）矿区的供水设施

供水系统是指按一定质量要求供给不同的用水部门所需的蓄水库、水泵、管道和其他工程的综合体。矿山用水主要包含生产用水、生活用水、消防用水。

生产用水：满足采矿、选矿等生产过程中的用水需求，包括工艺用水、设备冷却水等。

生活用水：满足矿区职工和居民的生活用水需求，包括饮用洗漱、卫生等。

消防用水：满足矿区的消防用水需求，确保火灾发生时能够及时扑灭。

主要的设施有取水泵、输水管网、配水管网、储水设施等。

4）环境卫生设施

环境卫生设施包括环境卫生公共设施、环境卫生工程设施和环境卫生机构使用的工作场所三类。环境卫生公共设施是指公共厕所、化粪池、垃圾管道、垃圾容器和垃圾容器间、废物箱和痰盂等；环境卫生工程设施是指环境卫生工作中收集、运输、处理、消纳垃圾或粪便的基础设施，包括垃圾粪便码头、垃圾中转站、无害化处理厂（场）、垃圾堆场、垃圾堆肥场、临时应急垃圾堆场、供水龙头和车辆冲洗站。环境卫生机构使用的工作场所是指环境卫生作业队为完成所承担的管理和业务职责需要的场所，包括环境卫生管理工作用房、车辆停车场、修造厂及环境卫生清扫、保洁工人作息场所等。

5）矿区地面运输、供水、供电等配套设施清洁保养

矿区地面运输、供水、供电等配套设施清洁保养建议如下：

（1）排水泵站、污水泵站等排水设施，每年粉刷一次，并定期保洁。

（2）配电室（箱）、电力开闭所等，每年油饰一次，并定期保洁。

（3）建筑物周围绿化设施，每半年整饰一次，并定期清洗。

（4）垃圾转运站、公共厕所等环境卫生设施，每年粉刷或油饰一次，并定期清洗、保洁。

3. 生活配套设施

矿区的生活配套设施主要包含员工宿舍、食堂、澡堂、厕所等，重点要考虑对这些设施定期消毒，保持设施干净整洁，内部的物品摆放有序。具体要求可参考如下。

1）职工食堂

（1）地面、墙壁、桌椅、门窗、玻璃、售饭窗台（口）等擦拭干净，无污垢、剩饭菜等。

（2）案板、笼布、炊（机）具、灶具、刀具及餐具等按规定清洗消毒。

（3）肉、菜食品及工具生、熟分开。

（4）不得有苍蝇、老鼠、有毒物品，食物仓库物品离地摆放整齐，霉变、过期食物及时处理。

（5）衣着整洁，无化妆痕迹，文明礼貌用语。

（6）燃气具摆放、使用遵守规范，电器安装合理。

（7）食堂周围环境清扫及时，无杂物。

（8）建立食品从业人员健康档案，确保健康证明持证率达到100%。健康证明应集中悬挂于公示栏内，使易于查看。

（9）规范食品留样工作。

2）职工澡堂

（1）室内地面、墙壁、门窗、淋浴器具清洁卫生，无污垢、烟头，无破损。

（2）更衣室内衣物箱干净卫生，无破损，无乱涂乱画，无痰痕。

（3）采暖设施完好，无跑气、冒水、漏气、漏水。

（4）防鼠、防蚊（蝇）、灭火器材齐全。

（5）洗衣、烘干设施齐全整洁、运转良好，电器、配电盘箱及线路安装规范，照明设施完整。

（6）周围环境整洁，垃圾、煤尘及时清扫，不得残留。

3）职工宿舍

（1）室内物品摆放整齐，地面无污垢、烟头，无卫生死角等。

（2）室外墙壁无乱涂乱画，无痰痕，室外场地无杂草、树叶，无烟头、烟盒、废纸

（箱）、包装袋，无剩饭菜等生活垃圾。

（3）场外垃圾及时入垃圾箱，及时清运。

（4）室外无晾晒衣服、被褥等。

（5）采暖设施保持完好，无跑气、冒水、漏气、漏水。

4）职工厕所

（1）保持清洁，通风。

（2）要有专人清扫、消毒、冲刷，定期打药，消灭蝇蛆。

（3）做好清洁台账。清洁卫生间之后，需要记录清洁的时间、清洁的区域和使用的清洁剂等相关信息。

（4）要定期检查、监督。

4. 矿区建筑、构筑物建设和维护

1）临时建筑

临时建筑是指必须在限期内（一般为二年）拆除、结构简易的构筑物和其他设施，同时也包括因工程需要而使用钢、钢筋混凝土、水泥、砖、木、石等其他耐久性材料的，二年内必须限期拆除的构筑物和其他设施（如上海世博会部分馆场等临时性展示用房）。

临时建筑建设前也须经规划、国土、建设等部门批准，规定使用期限一般不超出二年。

临时建筑采用拆装式结构，要求达到利用次数多、装拆快、损耗少、经济指标低的目的。结构的几何形状力求简单，对各种临时建筑，选择平面和断面的统一模数，以尽可能减少构件的种类，采用积木原理，组装成不同跨度、不同面积、不同用途的建筑物。

2）矿区建（构）筑物外立面和公共设施保持整洁

矿区建（构）筑物外立面和公共设施保持整洁应当达到下列标准。

（1）无明显污迹、尘土。

（2）无破损、表面脱落现象。

（3）无明显陈旧、涂料斑驳和严重褪色。

（4）无涂写、刻画、张贴现象。

（5）无其他明显外形不洁、影响市容环境现象。

3）建（构）筑物风格与周边环境相协调

建（构）筑物附着物和周边可能对建筑物造成影响的构筑物，其外立面必须与主体建（构）筑物的色调、造型和设计风格相协调，应注意以下几个方面的问题。

（1）建（构）筑物外立面粉饰应注意保持建筑物外立面原有的色调和风格，根据建（构）筑物外立面的实际情况，可适当采用简洁、明快、协调的装饰线或装饰色块，以增加建筑的立体和层次效果。

（2）对于较老旧的建筑，其外立面的粉饰要结合加固、防水一并进行，并可对建

(构）筑物的外立面进行适当的修饰。低矮建筑物（三层和三层以下）的顶部也应进行清理和粉饰。

（3）建（构）筑物的粉饰要注意色彩的谐调和搭配，建（构）筑物的外立面多以浅色为主，适当配置其他颜色，不宜采用大面积的艳丽色彩和深色粉饰建筑。同时一栋建筑或一条街道的颜色要注意统一协调，色彩不宜太多太乱。

（4）要充分考虑近期和远期、单体建筑和整体效果。

（5）对大面积的玻璃幕墙和采用特种材料装饰外立面的建筑，应按规定对建筑物的外立面进行清洗，并注意清除建筑物表面的污迹和斑痕，保证建筑物外立面的干净整洁。

（6）厂区功能分区及建筑物、构筑物的外形宜规整，整洁流畅、美观大方和完好无损。

（7）厂区的建（构）筑物宜体现民族特色。

4）矿区建（构）筑物外立面保持整洁

矿区建（构）筑物外立面保持整洁，建议如下。

（1）外立面为玻璃类或瓷砖类，每年清洗一次。

（2）外立面为喷涂类，每三年刷新一次。

（3）矿区建（构）筑物外立面进行粉刷或者重新装饰、装修，原则上应当保持原建(构）筑物的色调、造型和设计风格，并注意与周围环境相协调。

5. 建筑物、构筑物管理

（1）不允许私搭乱建。

私搭乱建一般意义上指的是为达到自己的利益，在规定的范围外改动原有的建筑等使用方式。私搭乱建主要指的是违法用地和违法建设两种情况，私搭乱建现象严重影响矿区、社区居民的生活，侵害其他公民的权利，不仅影响美观，还会留下很多安全隐患。

具体地说，乱建是指未经规划部门受理审结许可或经消防部门鉴定评审，私自在房屋周围的标准外，利用公共消防通道或逃生通道建筑的有公共隐患的违章建筑。私搭是指不经过申请就私自接电线、水管等。

（2）矿山建（构）筑物应建立消防设施，设置消防器材。设备、供电线路、接地装置和防雷装置等保护装置应配备齐全，运行日志等填写规范，资料放置整齐，清洁卫生。

6. 设施布局要符合《工业企业总平面设计规范》的要求

《工业企业总平面设计规范》(GB 50187）中关于设施的布局要求如下。

（1）功能分区内各项设施的布置，应紧凑、合理。

（2）厂外的污水处理设施，宜位于厂区和居住区全年最小频率风向的上风侧，并与厂区和居住区保持必要的卫生防护距离。

（3）要求洁净的生产设施，应布置在大气含尘浓度较低、环境清洁、人流货流不穿越或少穿越的地段，并应位于散发有害气体、烟、雾、粉尘的污染源全年最小频率风向的下风侧。

（4）产生强烈振动的生产设施，应避开对防震要求较高的建筑物、构筑物布置。

（5）产生高噪声的生产设施宜相对集中布置在远离人员集中和有安静要求的场所，产生高噪声的车间应与低噪声的车间分开布置，产噪声生产设施的周围宜布置对噪声较不敏感、高大、朝向有利于隔声的建筑物、构筑物和堆场等，产生高噪声的生产设施与相邻设施的防噪声间距，应符合国家现行的有关噪声卫生防护距离的规定。

（6）需要大宗原料、燃料的生产设施，宜与其原料、燃料的贮存及加工辅助设施靠近布置，并应位于原料、燃料的贮存及加工辅助设施全年最小频率风向的下风侧。

（7）易燃、易爆危险品生产设施的布置，应保证生产人员的安全操作及疏散方便。

（8）有防潮、防水雾要求的生产设施，应布置在地势较高、地下水位较低的地段。

（9）公用设施的布置，宜位于其负荷中心或靠近主要用户。

（10）总降压变电所的布置宜位于靠近厂区边缘且地势较高地段，便于高压线的进线和出线，应避免布置在多尘、有腐蚀性气体和有水雾的场所，并应位于多尘、有腐蚀性气体场所全年最小频率风向的下风侧和有水雾场所冬季盛行风向的上风侧。

（11）煤气站应避免其灰尘、烟尘和有害气体对周围环境的影响；其贮煤场和灰渣场，宜布置在煤气站全年最小频率风向的上风侧；水处理设施和焦油池宜布置在站区地势较低处。

（12）锅炉房的布置宜布置在厂区全年最小频率风向的上风侧，应避免灰尘和有害气体对周围环境的影响。

（13）中央试（化）验室应布置在散发有害气体、粉尘，以及循环水冷却塔等产生大量水雾设施全年最小频率风向的下风侧、量水雾设施全年最小频率风向的下风侧，宜有良好的朝向和通风采光条件。

（14）排水泵站应布置在生活污水总排水管的附近。

（15）机械修理和电气修理设施，应根据其生产性质对环境的要求合理布置，并应有较方便的交通运输条件。

（16）露天矿用设备应配备灭火器。

涉及地点：矿区道路、供水设施（小型供水所）、变电站、污（废）水处理站、风井、主副井、空压机房、充填站、机修厂、食堂、宿舍、澡堂、厕所及矿区所有的建筑、构筑物等。

现场评价或支撑材料：①生产、生活设施设备清单。②供水、供电、交通运输等矿山基础设施及条件的资料或文件。③矿山含有配套设施的设计资料。④辅助生产区或有关区域配套设施的管理制度。⑤食堂外观、食堂操作间、食堂就餐厅、澡堂内部、职工宿舍外观、职工宿舍室内、公共厕所等照片。⑥建（构）筑物的修缮维护台账记录。⑦主要地点的现场实际情况记录或照片。⑧应从多方面、多角度、多层次检查员工宿舍、食堂、澡堂、厕所等设施的现场情况（有照片记录）。食堂要考察食堂外观、食堂操作间、食堂就餐厅等处的卫生和物品排放；澡堂要考察内部大小和设施；职工宿舍要考察外观洁净和室内的卫生；厕所重点要考察是否卫生、是否有冲水等。⑨在矿区地面总体布置图上查看矿区地面运输、供水、供电、环境保护设施、环境卫生设施等系统的布置情况。

3　标识标牌

标准分： 1。

评分说明： 矿区按要求设置操作提示牌、说明牌、线路示意图牌等各类标牌，标牌的尺寸、形状、颜色设置符合规定。符合要求得 1 分，发现一处不符合扣 0.2 分。

考核方法： 查现场。

依据或标准：《标牌》(GB/T 13306)。

指标属性： 提升性。

【解析】本条是对矿区生产区设置操作提示牌、说明牌、线路示意图牌等标牌的要求，体现生产及配套设施的服务水平。

本条要求是根据《绿色矿山建设规范》中有关标识标牌的要求而制定的评价指标。

1. 有关标准

1）标牌

标牌的尺寸、形状、颜色设置应符合规定。矿山主要有三类标牌。

《标牌》(GB/T 13306)适用于各种机电设备、仪器仪表及各种元器件用的产品铭牌、操作提示牌、说明牌、线路示意图牌、设计数据图表牌和安全标志牌等。规定了标牌的型式与尺寸、标记、技术要求、检验方法、检验规则、包装与贮运。该标准不支持本条指标要求。

矿区的操作提示牌、说明牌、线路示意图牌设置可参照《道路交通标志和标线—第 2 部分：道路交通标志》(GB 5768.2)要求来配备。该标准规定了道路交通标志的分类、颜色、形状、字符、尺寸、图形、设置、使用和维护以及制作等要求。

2）矿山安全标志

《矿山安全标志》(GB/T 14161)和《安全标志及其使用导则》(GB 2894)规定了各类矿山传递安全信息的主要标志。包括各种标志的符号、名称、设置地点（表 4–1）。

表 4–1　各类矿山传递安全信息的主要标志

编号	符号	名称	设置地点
2–1		禁带烟火	禁止烟火地点
2–2		严禁酒后入井（坑）	有人出入的井口和矿坑

续表

编号	符号	名称	设置地点
2-3		禁止明火作业	禁止明火作业地点
2-4		禁止启动	不允许启动的机电设备

3）环境保护图形标志

《环境保护图形标志固体废物贮存（处置）场》(GB 15562.2）规定了一般固废和危险废物贮存、处置场环境保护的图形标志类型、符号、颜色，以及如何使用维护等内容。

4）排污口的标识牌

《环境保护图形标志 - 排放口（源）》(GB 1556.1）规定了污水排放口、废气排放口和噪声排放源环境保护图形标志及其功能。适用于环境保护行政主管部门对污水排放口、废气排放口和噪声排放源的监督管理。

5）《危险废物识别标志设置技术规范》(HJ 1276）详细规定了危险废物识别标志的分类、内容、设置要求和制作方法，为危废暂存间外墙标识标牌的设置提供了具体指导。

2. 需要设置标牌的地点

1）设置操作提示牌、说明牌、线路示意图牌等

（1）矿山应在显著位置设置采矿权信息牌。

（2）矿山开采境界处应设置围栏或警示标志。

（3）井下地点和作业场所，包括竖井马头门、车场、巷道交叉点、爆破器材库、油库、风机站、避难硐室等。

（4）地面地点和作业场所，包括井口、地面道路、变电所、配电室、提升机房、地表炸药库、压风机房、主通风机房、尾矿坝、废石场、防护斜坡、排洪沟及其他安全设施等。

（5）开采境界内和最终边坡邻近地段的废弃巷道、采空区和溶洞应封闭，并及时标注在矿山平面图上，随着采剥作业的进行，及时设置明显的警示标志。露天坑周边、集水池、溜井等存在人员坠落可能的区域，设有警示标志、照明设施、护栏及安全网等。

（6）地下水疏干过程中出现陷坑、裂缝以及可能出现的地表陷落范围，应及时圈定、设立警示标志，并采取必要的安全措施。

（7）其他。如在重要电缆、管线、开关和闸阀等处要设置位置和状态标牌。

2）设置安全标志

在道路交叉口、地面变电站、井口、配电室、提升机房、主通风机房、边坡、排土场、尾矿、加油站或油库等需要警示安全的区域设置安全警示标志。

3）设置环境保护图形标志

在固废贮存、处置场所设置环境保护图形标志。

3. 标识标牌安装维护要求

（1）建（构）筑物栏杆、公示牌板等附属设施，每年油饰一次，并定期清洗、保洁。

（2）定期清洁提示牌、说明牌、线路示意图牌等上面的浮尘和污物。

（3）标志牌内容齐全。

（4）标识牌的安装应牢固可靠，避免在使用过程中脱落或损坏。

4. 采矿权标识牌、矿山开采信息公示牌、矿山开采现状公示牌内容

（1）采矿权标识牌。标识采矿权基本信息，包括矿山名称、采矿许可证证号、采矿权人、地址、经济类型、开采矿种、开采方式、生产规模、矿区面积、开采深度、采矿许可证有效期限、矿区范围示意图；地下开采矿山还须注明井筒数及主井口（平硐）坐标、高程。地下开采矿山的采矿权标识牌应安装在主井口旁，露天开采矿山的采矿权标识牌应安装在矿区主要入口。标识牌安装位置醒目，安全可靠，面向来人方向。标识牌下沿离地150cm左右。

（2）矿山开采信息公示牌。标识采矿权人公示信息，指采矿权人按照《矿业权人勘查开采信息公示办法（试行）》规定，主动向社会公开的开采信息。包括采矿权人的全称、法定代表人或负责人的姓名、联系方式，采矿许可证的编号、有效期、发证机关，明确标注矿山的开采区域边界，以及当前开采的进度和位置，示矿山的总资源储量、已开采量和剩余可采储量，说明采用的开采方法（如露天开采、地下开采等）和技术手段，概述矿山的安全生产管理措施、应急预案和最近一次安全检查的结果，介绍绿色矿山建设的当前进展和已完成的主要工作等内容。

（3）矿山开采现状公示牌：标识矿山开采现状，包括最近一次实地核查单位、主要结论和采掘现状图及越界开采预警级别。地热矿泉水、岩盐矿山可省略该部分内容。包括采矿权人的名称、许可证号、最近一次实地核查单位、主要结论、采掘现状图、绿色矿山建设效果图、绿色矿山建设进度计划表等信息。

（4）排污口的标识牌。排污口的标识牌是一种重要的环保标识符号，用于明确标识污染物的排放口，以便进行环境管理和监测。排污口的标识牌应设置在排放口附近的明显位置，确保易于被公众和监管部门看到。一般来说，排污口标识牌的设置点要求比较高，通常距离排污口100～200m，并尽量设置在高出地面的位置上。包括排放口标志名称、单位名称、编号、污染物种类以及监制单位等信息，且辅助标志字体通常为黑体。

（5）危废暂存间外墙标识标牌。包括危险废物贮存设施标志、危险废物警告标志、危废分区标志、管理制度与责任制度牌等。标识标牌应设置在危废暂存间外墙的显眼位置，如正面或侧面，以便从外部就能清晰看到。危废库内各贮存分区的实际情况设置分区标志，分区标志可采用附着式、卡槽式或悬挂式等形式，具体选择取决于场地条件、广危废种类和数量的稳定性等因素。分区标志应标明各贮存分区的功能、存放的危险废物种类等信息。

5. 标示牌安装

标示牌通常离地面 1.5 ~ 1.8m 高，这个高度便于人们阅读，同时避免影响下方交通和上方视线。标示牌若太低或太高都会影响其效果。

1）标志牌尺寸

（1）平面固定式标志牌外形尺寸一般为 480mm × 300mm。

（2）立式固定式标志牌外形尺寸一般为 420mm × 420mm，标志牌最上端距地面 2m 地下 0.3m。

2）标志牌材料

（1）标志牌采用 1.5~2mm 冷轧钢板。

（2）立柱采用 38 × 4 无缝钢管。

（3）表面采用搪瓷或者反光贴膜。

3）标志牌的表面处理

（1）搪瓷处理或贴膜处理。

（2）标志牌的端面及立柱要经过防腐处理。

4）标志牌的外观质量要

（1）标志牌、立柱无明显变形。

（2）标志牌表面无气泡，膜或搪瓷无脱落。

涉及地点：进场道路、办公区内道路、办公区到生产区内部道路、表土堆放场、排土场、尾矿库、矸石山、废石或矿石周转场地、选矿车间（加工车间）、生活污水处理厂、开采废水处理厂、选矿废水处理厂、变电站、水泵房、硐口、卸料口、绞车房、危废库（间）、充填站等。

现场评价或支撑材料：①梳理标识标牌清单，建立标识标牌一览表（标识标牌类型、安装位置、数量等内容）。②根据清单检查标牌是否完善，同时检查清单上已有的操作提示牌、说明牌、线路示意图牌、安全标志是存在，是否规范。

4　定置管理

标准分：2。

评分说明：设备、物资材料规范管理，做到分类分区、摆放有序、堆码整齐。符合要求得 2 分，发现一处不符合扣 0.5 分。

考核方法：查现场。

指标属性：提升性。

【解析】本条是对矿区生产区设备物资材料摆放的要求，体现了对生产生活有关设备、材料的管理能力。

本条要求是根据《绿色矿山建设规范》中有关规范化管理的要求而制定的评价指标。

1. 定置化管理

定置化管理是对物的特定的管理，是其他各项专业管理在生产现场的综合运用和补充，是企业在生产活动中，研究人、物、场所三者关系的一门科学。定置化管理包括空间的定置和时间的定置。空间的定置要处理好人、物和场所之间的关系；而时间的定置则要处理人、事和时间的关系。

空间的定置：它是实现生产现场管理规范化与科学化的重要手段，通过整理，把生产过程中不需要的东西清除掉，不断改善生产现场条件，科学地利用场所，实现向空间要效益。

时间的定置：它是通过整顿，促进人与物的有效结合，使生产中需要的东西随手可得，实现向时间要效益。

空间的定置化管理将“整理、整顿、素养”的核心内容融入企业精细管理活动中，其内容比较丰富，涉及整个企业的“人－物－场所”三维空间位置关系的设计和优化，企业也可以将这项工作单独提取出来，进行更加细致的研究和实施。

在企业里，“物品”与“使用者－人”的位置关系一般处于以下三种状态。A 状态：人与物有效结合，人可以直接、方便、快捷、有效地利用物。B 状态：人与物不能有效结合，人不能直接、快捷、有效地利用物。C 状态：人与物不需要结合，物品处于不可利用、无利用状态。

定置化就是不断地清除 C 状态，改善 B 状态，保持 A 状态。定置管理首先要对“人－物－场所”三维空间位置关系进行设计和优化，充分利用色彩、指示牌、电子屏幕和其他信息媒介将该物在何处、该物流向哪里、该物有多少、该物处于何种加工状态、该物是否良好、该物是否危险，以及区域的总体定置状态等信息明确表示出来，以方便人去寻找、识别，减少工作差错，提高工作效率[4]。

2. 定置管理应遵循的原则

（1）坚持安全第一的原则。定置物品摆放要首先考虑安全，不占用个人作业及安全通道，做好工器具的放置顺手和安全。

（2）符合工艺要求的原则。在不影响生产、合理的工艺流程及规定下，优化现场使用空间，逐步向立体发展。

（3）符合物流有序的原则。各种定置物品必须保证物流简捷、畅通、有序，既不能造成物流混乱，更不能影响正常生产。

（4）符合“简化、统一、协调、优化”的原则。定置管理应力争从方案设计到实施都达到标准化、标识化、格局化。

（5）符合动态管理的原则。所有定置布局要适应灵活生产的需要：定置内容、物流控制要相对稳定又有弹性。

（6）符合节约的原则。所有定置既要注意生产现场的美化、净化，又要注意实效。

（7）符合求同存异的原则。在整体定置点基本一致的前提下，根据各作业点的差异选择最佳定置点。

（8）定置管理应做到：有图必有物，有物必有区，有区必挂牌，有牌必分类；按图定置，按类存放，账（图）物一致。

3. 物资仓库的定置化管理

（1）空间规划：根据仓库的实际面积、形状和高度，合理规划存储区域、通道、装卸区等，确保仓库空间得到充分利用。

（2）货架布局：根据物资的特性和存取频率，选择合适的货架类型和布局方式。货架应稳固、承重能力强，能够满足不同种类和规格的物资存放需求。

（3）物资分类：按照物资的性质、用途、规格等特征进行分类，确保同类物资存放在一起，便于查找和管理。

（4）物资编码：为每种物资分配唯一的编码，编码应包含物资的基本信息，如名称、规格、型号等，便于通过编码快速识别物资。

（5）定置摆放：根据物资的分类和编码，将物资按照规定的位置和顺序摆放，确保整齐有序。对于有特殊存放要求的物资，如易燃、易爆、有毒等危险品，应设置专门的存放区域，并采取必要的防护措施。

（6）标识清晰：对货架、储位和物资进行明确的标识，包括名称、规格、数量、生产日期、有效期等信息。标识应醒目、易读，便于工作人员快速识别和操作。

（7）防火防盗：设置消防设施、监控设备等，确保仓库的防火、防盗等安全要求得到满足。定期对仓库进行安全检查，及时发现并消除安全隐患。

（8）环境控制：控制仓库的温湿度、通风等环境条件，确保物资在适宜的环境中存放。对于有特殊环境要求的物资，如精密仪器、电子产品等，应采取相应的保护措施。

4. 生产区定置化管理

生产区设备、物资材料需进行定置化管理，做到摆放有序、堆放整齐。

（1）由井下的升井带来的生产设备、设施、材料、生活垃圾、废物料，必须在当班时间内回收到各自单位或公司指定的区域存放。

（2）生产场地存放的生产物料，须分类摆放整齐，加工制作时做到人走场清。生产用金属网、棚梁、木料不得在生产区域存放。

（3）新购生产材料如黄沙、泡泥、石料、水泥、石子等严格按规定地方存放，不得占道，方堆要规整。

5. 施工现场材料堆放的要求

1）一般要求

（1）建筑材料的堆放应当根据用量大小、使用时间长短、供应与运输情况确定，用量大、使用时间长、供应运输方便的，应当分期分批进场，以减少堆场和仓库面积。

（2）施工现场各种工具、构件、材料的堆放必须按照总平面图规定的位置放置。

（3）位置应选择适当，便于运输和装卸，应减少二次搬运。

（4）地势较高、坚实、平坦、回填土应分层夯实，要有排水措施，符合安全、防火的要求。

（5）应当按照品种、规格堆放，并设明显标牌，标明名称、规格和产地等。

（6）各种材料物品必须堆放整齐。

2）主要材料半成品的堆放

（1）大型工具应一头见齐。

（2）钢筋应堆放整齐，用方木垫起，不宜放在潮湿处或暴露在外受雨水冲淋。

（3）砖应码成方垛，不得超高且距沟槽坑边不小于 0.5m，防止坍塌。

（4）砂应堆放成方，石子应当按不同粒径规格分别堆放成方。

（5）各种模板应当按规格分类堆放整齐，地面应平整坚实，叠放高度一般不宜超过 1.5m；大模板存放应放在经专门设计的存架上，应当采用两块大模板面对面存放，当存放在施工楼层上时，应当满足自稳角度并有可靠的防倾倒措施。

（6）混凝土构件堆放场地应坚实、平整，按规格、型号堆放，垫木位置要正确，多层构件的垫木要上下对齐，垛位不得超高；混凝土墙板宜设插放架，插放架要焊接或绑扎牢固，防止倒塌。

涉及地点：维修车间、选矿车间（加工车间）、物资仓库、库房、井下工作面、设备停放场所、物资料场、停车场等工作场所。

现场评价或支撑材料：①硐口、库房、维修车间、库房场所、停车场、自行车棚、料场、办公室、井下工作面等地方的定置化管理照片。②提供定置化场所的管理制度。③查看现场物资仓库、危废暂存间、机修场等定置化管理的设备、物料摆放情况。

5　清洁卫生

标准分：2。

评分说明：矿区保持清洁卫生，主干道路表面平整、密实和粗糙度适当，内部道路或专用道路及时清理无洒落物，生产区及管理区无垃圾、无废石乱扔乱放，生产现场管线无跑、冒、滴、漏现象。

符合要求得 2 分，发现一处不符合扣 0.5 分。

考核方法：查现场。

依据或标准：《厂矿道路设计规范》(GBJ 22)。

指标属性：提升性。

【解析】本条是对生产区、管理区卫生的要求，展示了矿区的社会形象和精神面貌。

本条要求是根据《绿色矿山建设规范》中有关矿区整洁美观的有关要求而制定的评价指标。

1. 相关标准

《厂矿道路设计规范》（GBJ 22）包含的主要内容有总则、路线、路基、路面、桥涵、路线交叉、沿线设施及其他工程等的设计要求。

2. 生产区、管理区厂区清洁卫生

厂区的目视路面、人行道应干净、无浮尘、无杂物、无油污、无垃圾、无废石、无积水、无积雪、无污渍、无泥沙等。

3. 主干道路面要求

1）厂矿道路分类

（1）厂外公路为厂矿企业与国家公路、城市道路、车站、港口相衔接的对外公路，或本厂矿企业分散的车间（分厂）、居住区等之间的联络公路。

（2）厂内道路为工厂（或港口、商业仓库、露天矿山机修场地、矿井井口场地等，下同）的内部道路。

（3）露天矿山运输道路为露天矿经常行驶矿用汽车的公路和通往爆破材料库、水源地、总变电所、尾矿坝等行驶一般载重汽车的辅助道路（包括矿井的地面辅助道路）。露天矿山运输道路可分为干线道路、支线道路、联络线道路和辅助线道路。干线道路是指露天矿采矿场各开采台阶通往卸矿点或排土场（废石场）的共用道路；支线道路是指开采台阶或排土场（废石场）与干线道路相连接的道路，或一个开采台阶直接到卸矿点或排土场（废石场）的道路；联络线道路是指露天矿内与干线道路、支线道路连通的其他道路；辅助线为通往矿区范围内的附属厂（车间）和各种辅助设施行驶各类汽车的道路。

2）矿区主干道路路面符合规范

根据《厂矿道路设计规范》（GBJ 22）要求，矿区专用主干道路面应具有足够的强度和良好的稳定性，其表面应平整、密实、粗糙度适当。

（1）产尘较大的生产区道路，可采用沥青路面和混凝土硬化路面。

（2）埋有地下管线并经常开挖检修的路段，可采用水泥混凝土预制块路面或块石路面。

（3）坡较大或圆曲线半径较小的路段，可采用块石路面。

（4）常行驶履带车的道路，可采用块石路面或低级路面。

（5）盐湖矿山和高寒等易结冰区域的矿山可根据具体情况采取相应的措施（非《厂矿道路设计规范》（GBJ 22）要求）。

3）路面硬化的作用

硬化路面就是在已经形成的道路路面上面覆盖硬化层，如沥青、混凝土等，其作用如下。

（1）提高运输效率。硬化后车辆出行快速方便。

（2）改变矿区环境。硬化后整洁美观，改变了以往脏、乱、差的面貌。

（3）降低运输能耗。

4. 道路清洁情况

1）清洁范围

道路两侧墙到墙范围内的可清扫面积（含道路绿地），以及地上建筑物、附着物上乱贴乱画，沿路建筑垃圾、杂物的清理等。

2）道路清洁要求

（1）道路清扫作业应达到本路段路级要求的相应标准。快车道、慢车道及人行道清扫彻底，无漏扫、死角、果皮、纸屑、塑料袋、树叶、烟蒂、砂石、尘土及其他废弃物。

（2）保持路面、牙石、墙角无积水，窨井口不堵塞。

3）道路清洁措施

（1）及时收集清扫保洁垃圾并按时清运。

（2）及时清掏、清洗垃圾容箱，保持周围无杂物。

（3）及时清除路面污染，并积极配合洒水车冲洗路面。

4）作业现场管理

为加强各作业现场有效管理，实施现场检查和跟踪清扫保洁工作目标的落实，及时纠正不合格服务，应保障道路清扫保洁作业顺利进行，其具体内容如下：

（1）根据作业点清扫工作的总体范围和程序细则，制订清扫保洁工作计划表，详细列明各项清扫保洁项目及时间安排。依据清扫保洁工作计划表，编排人员岗位，落实岗位责任制。

（2）清扫保洁的岗位需要根据岗位的范围、工作项目、卫生标准，按岗位“五定”(定员、定岗、定量、定时、定标准）的要求实施。

（3）各项清扫保洁作业必须按清扫保洁工作程序和卫生标准的要求完成。

（4）道路清扫保洁必须按照操作规程进行规范作业，并落实安全作业管理措施，做到安全、文明作业。

（5）确保清扫保洁的质量和工作效率，管理人员和员工必须按“道路清扫保洁作业标准及考核细则”的要求填写“人员作业情况登记本”“日常检查情况登记本”等，完善管理制度。

（6）在作业过程中，必须爱护道路范围内的公共设施设备。

（7）在节假日期间，应根据各路段情况适当增加道路清扫保洁工人。涉及地点：进场道路、办公区内联络道路、办公区到生产区内部道路。

5）矿区及主干道路地面养护的内容

养护包含路面的保养与维护，保养侧重于从建成通车开始的全过程养护，维护侧重于对被破坏的部分进行修复。道路养护统一划分为日常养护、定期养护、特别养护和改善工程四类。硬化地面常见的问题有起皮、起砂、冻融、坑槽、裂缝、啃边断角等问题。

（1）日常养护。日常养护是对道路各组成部分（包括附属设施）按需要进行的日常作业，其目的是保持路面原有的良好状态和服务水平。主要包括以下方面。

A. 路面及其他部分的清扫。

B. 轻微损坏的修补和设施的零星更换。

C. 割草和树枝修剪。

D. 冬季除雪除冰。

E. 为恢复偶尔中断的交通进行紧急处理。

（2）定期养护。定期养护是在道路使用期限内所进行的、可编制程序的、较大的养护作业。主要包括以下方面。

A. 辅助设施的改进。

B. 路面磨耗层的更新或修复。

C. 路面标线、涵洞及附属设施的修复。

D. 金属桥的重新油漆等。

（3）特别养护。特别养护是把严重恶化的路况改善到原有状态的作业。主要包括以下方面。

A. 加强和改建已破损的路面结构。

B. 修复已破坏的路基和涵洞。

C. 防治外部因素对公路的损害，如稳定边坡、防治塌方、添建挡土墙、改善排水设施、防治水毁、预防雪崩、砍伐树木等。

（4）改善工程。改善工程是对路面在新建或改建时遗留下的缺陷进行的改善作业。主要包括以下方面。

A. 改善卡脖子路段，提高通行能力。

B. 校正路拱和超高，改善行车视距。

C. 调整交叉道和进入口，消除事故多发点，以策安全。

D. 采取防噪声措施。

E. 扩建和改善建筑物和其他设施。

F. 添建路旁休息区，以提高公路服务水平等。

硬化后的路面要及时养护。很多矿山道路的养护和维修意识淡薄，已硬化好的道路使用状况不良，浪费资源。

5. 生产现场无跑、冒、滴、漏现象

跑、冒、滴、漏是指液体、气体在存放，运输等过程中，因管理不善及操作不当而产生跑气、冒水、滴液、漏液的现象。

1）供水排水系统的跑、冒、滴、漏的控制

每周巡检供水、排水系统管道，对有跑、冒、滴、漏现象的管线、控制阀等及时予以维修、更换。

设备自身供、排水系统的水池、管件等有跑、冒、滴、漏现象时，予以及时维修。地下镀锌管满三年需更换。

2）设备供油系统跑、冒、滴、漏的控制

每周巡检相关设备，当存在跑、冒、滴、漏现象时，予以及时维修。根据设备要求定

期更换废弃油污、集中处理。

设备自身管道系统及控制阀、电磁阀等出现跑、冒、滴、漏现象时，予以及时维修。

相关部门不定期巡查跑、冒、滴、漏的情况并记录于环境、安全巡查记录表。

涉及地点： 进场道路、办公区内联络道路、办公区到生产区内部道路；办公区、生活区、进场道路、办公区内道路、办公区到生产区内部道路、表土堆放场、排土场、尾矿库、矸石山、废石或矿石周转场地、选矿车间（加工车间）、生活污水处理厂、开采废水处理厂、选矿废水处理厂、变电站、水泵房、硐口、卸料口、绞车房、危废间、机修厂等。

现场评价或支撑材料： ①清洁卫生管理制度，生产车间跑、冒、滴、漏、控制的管理制度。②进场道路、办公区内联络道路、办公区到生产区道路路面等照片。③采区路面及两侧、场地积尘严重，污、废水横流的不能得分。④机修厂、污水处理厂等外围场所的清洁卫生应纳入评价。⑤查看现场设备设施，如管道、控制阀、电磁阀、水池、运输设备等实际情况不少于6处，现场实际情况的照片。⑥查看道路清洁措施、道路养护台账。

第二节　矿区绿化美化

6　矿区绿化

标准分： 2。

评分说明： 矿区可绿化区域实现全覆盖，且无大面积表土裸露。符合要求得2分，发现一处不符合扣0.5分。

考核方法： 查现场。

依据或标准： 可绿化区域是指除采场、建筑覆盖区、硬化地面等不宜进行绿化区域以外的区域

指标属性： 提升性。

【解析】本条是矿区绿化覆盖的要求，展示了矿区的社会形象。

本条要求是根据《绿色矿山建设规范》中绿化覆盖率的有关要求而制定的评价指标。

1. 相关标准、政策

《工业企业总平面设计规范》（GB 50187）、《矿山生态环境保护与恢复治理技术规范（试行）》（HJ 651）、《厂矿道路设计规范》（GBJ 22）、《尾矿污染环境管理办法》（中华人民共和国生态环境部令第26号）均对矿区及厂矿道路的绿化提出要求。

2. 绿化的作用

绿化是“使……变为绿色”，也就是通过人工的方法种植和保养植物。矿区绿化是在矿区里植树造林、种草种花，把一定的地面（空间）覆盖或者是装点起来。绿化不仅是一种美化环境的方式，更是一种重要的生态修复手段。

绿化可改善环境卫生并在维持生态平衡方面起多种作用，具体如下。

（1）补充空气中的氧气。绿化植物在进行光合作用时，吸收空气中的二氧化碳，放出氧气。空气中有60%的氧气是由森林、绿地制造的。

（2）吸收大气中的有害气体。许多植物具有较强的吸收过滤大气中有害气体的能力。绿化能有效地减少汽车尾气中的氮氧化合物，从而减少大气中臭氧的含量，还可以防止光化学烟雾的形成。此外，有些树的叶子还能吸收大气中的铅、镉和砷。

（3）防尘。植物的叶面和茎的表面有的生着绒毛，有的能分泌黏液或油脂。因此能拦截、过滤、吸附或黏着悬浮于大气中的各种颗粒物。据统计，在绿化好的地区，大气含颗粒物的量比非绿化地区大气的含颗粒物量少50%～70%。吸滞颗粒物的植物经雨雪水冲洗后，还可以恢复其吸尘能力。草地也有防尘的作用，草本身不但能固定地皮表面的土壤，而且能防止二次扬尘现象。草地是不平滑的、粗糙的表面，故还能使近地面气流中的颗粒物停滞在草地上。

（4）防风。绿化是防风的有效措施之一，特别是茂密的森林，其防风作用更明显。因树干、树枝和树叶都能阻挡气流前进，所以气流通过森林后速度会减慢。其减弱的程度与树木的高矮、数量与树木的品种及森林的宽度有关。例如，气流通过120～240m宽的森林时，风速几乎可减到零，故植树造林已成为重要的防风措施。

（5）减噪。测定结果证明，一个中等程度的森林能使噪声的强度减少10～13dB，茂密森林可减少18～20dB，通常的街心花园也能使噪声减少4～7dB。故树木与植物能起到隔音墙与消声器的作用。马路两旁及住宅的周围多栽植乔木、灌木，能极有效地降低噪声污染。

（6）灭菌。有些植物不仅能分泌黏液滞留空气中的细菌，还能释放出具有杀菌作用的植物杀菌素，所以多种植树木和花草可以减少借助于空气传播的某些疾病。

（7）改善地区微小气候。植物通过阻挡太阳辐射，调节气温与温度来改善微小气候。绿化地区的太阳辐射温度比非绿化地区低14%左右，这样便减少了炎热程度和严重的日晒现象。绿化有使地区冬暖夏凉的调节作用。

（8）净化水质。树木有吸收水中溶解物质的作用。试验证明，有色、有味、混浊和含细菌的污水流过森林后，水的色度降低，异味减弱或消失，透明度升高，细菌的含量明显减少，大大减轻了污水对环境的污染。

（9）保持地面干燥。沼泽地区和地下水位高的地带，地面往往十分潮湿。地面潮湿的环境对健康不利。树木具有极强的吸取地下水分和含蓄水分的能力，因此，植树造林已成为保持地面干燥的有效措施。

绿化不等于生态修复，最终不能达到自我维持能力，只是生态修复的手段之一。恢复生态是恢复当地生物多样性、生态的完整性、周围环境的协调性和生态系统自我维持性。

3. 绿化布置及绿化范围

《工业企业总平面设计规范》（GB 50187）中有如下规定。

1）工业企业绿地率宜控制在20%以内，改建、扩建的工业企业绿地率宜控制在15%范围内因生产安全等有特殊要求的工业企业可除外，也可根据建设项目的具体情况按当地规划控制要求执行。绿化布置应符合下列要求：①应充分利用厂区内非建筑地段及零星空地进行绿化；②应利用管架、栈桥、架空线路等设施下面及地下管线带上面的场地布置绿化；③应满足生产、检修、运输、安全、卫生、防火、采光、通风的要求，应避免与建筑物、构筑物及地下设施的布置相互影响；④不应妨碍水冷却设施的冷却效果。

2）下列地段应进行重点绿化布置

①进厂主干道两侧及主要出入口；②企业行政办公区；③洁净度要求高的生产车间、装置及建筑物区域；④散发有害气体、粉尘及产生高噪声的生产车间、装置及堆场；⑤受洗晒的生产车间及建筑物；⑥受雨水冲刷的地段；⑦厂区生活服务设施周围；⑧厂区内临城镇主要道路的围墙内侧地带。

3）专用主干道路绿化美化

隔离绿化带是用于隔离汽车行驶、美化环境的设施。在市政道路中，机动车道两侧与非机动车道之间的隔离绿化带称为公路侧分带。

（1）有关要求如下。

A. 在有绿化空间的矿区专用道路两侧设置隔离绿化带，隔离绿化带的设置应符合《矿山生态环境保护与恢复治理技术规范（试行）》(HJ 651）中第10.3的规定。

B.《厂矿道路设计规范》（GBJ 22）要求：厂矿道路的两侧、中间带、交叉口、停车场及其他附属设施等，宜进行绿化。绿化时宜选用不同的树种穿插栽植。对于干旱缺水地区，矿区专用道路可因地制宜进行美化。

C.《尾矿污染环境管理办法》第十六条尾矿库运营、管理单位应当采取库面抑尘、边坡绿化等措施防止扬尘污染，美化环境。

（2）隔离绿化带的作用如下。

A. 降低噪声干扰和防止环境污染。隔离绿化带科学地选择具有较强吸收能力的树种，起到降低车辆的排放污染、净化空气的作用。

B. 更为有效地分离了对向车流，极大地减少了车辆对撞的可能性。

C. 提供了设置标志标牌、交通指示线、路灯等交通辅助设施的空间，降低了驾驶难度，提高了行车安全。

D. 绿化带能够较好地改善道路景观，一定高度的绿化设施还可以起到防眩的作用。

E. 专用道路两侧设置隔离绿化带不但可以绿化矿区，同时可以美化路容、改善环境。

（3）不具备绿化条件的道路如下。

不具备绿化条件的道路可通过对道路两侧进行美化、安装遮挡墙（板）、制作宣传牌或宣传标语来减少对可视景观的不利影响或者减缓司机驾驶疲劳。

4. 矿区绿化覆盖率

（1）可绿化面积是指不影响生产并能够进行绿化的土地裸露区域的面积，不包含硬化地面、建筑覆盖区、工艺装置区、油品储罐组与消防车道之间、防火堤或防护墙内等严禁绿化的区域。绿化面积可包含植物用地面积，园林的亭子、水池、水塘等用地面积。

（2）矿区绿化覆盖率是指矿区土地绿化面积占办公生活区、矿区工业场地、矿区专用道路两侧绿化带等可绿化面积的百分比。

本条要求矿区绿色矿化全覆盖，即绿化覆盖率达到100%，应做到可绿化的面积全部绿化，无绿化死角，无裸露表（泥）土。基岩裸露、硬化路面不属于可绿化范围。

大面积表土裸露可参照城市管理对绿地内裸露地面不超过1m^{2}等明确界定（这一规定并非全国统一的强制性标准，有一些省市对此提出明确认定，如《长春市城市管理条例（草案）》明确规定了城市绿地内裸露地面不超过1m^2），超过即算绿化大面积裸露地面。

涉及地点：办公生活区、选矿厂、生活污水处理厂、开采废水处理厂、选矿废水处理厂、办公区到生产区内部道路、生产区内部道路、办公区内部道路、进场道路。

现场评价或支撑材料：①在重点绿化布置的地段查看，进场道路、场内道路等主干道路绿化或绿化隔离带的照片。②道路两侧美化、制作宣传牌或宣传标语。

7 绿化效果

标准分：1。

评分说明：绿化植物以本土物种为主，搭配合理，与周边环境协调一致，符合当地气候条件。符合要求得1分，发现一处不符合扣0.5分。

考核方法：查现场，查资料。

指标属性：提升性。

【解析】本条是对绿化的物种选择和绿化效果的要求，展示矿区的企业形象。

本条要求是根据《绿色矿山建设规范》中有关绿化的要求而制定的评价指标。

1. 绿化的原则

（1）要因地制宜地选择绿化物种，保持物种原生态培养，不能受到外来物种占领。

（2）选择植物的时候尽可能地以本地乡土植物为主，外来植物为辅的原则。本地乡土植物更能适应本地的气候环境，具有易成活、好养护、货源充足以及价格相对便宜等优点。本地植物可以保证植物的成活和减少后期养护的麻烦，同时还能彰显本地特色。

2. 绿化物种的选择

（1）绿化工程植物搭配在绿化植物的选材上，以本土物种为主，是维护生态平衡的需要，也是传承本土生物多样性的必然选择。本土植物对当地气候条件适应性强，生长状况稳定，能够迅速融入周边环境，形成和谐的自然景观。

（2）搭配合理是指在绿化植物的选择上，要充分考虑其生长习性、观赏价值、生态功能等方面的因素，使得各种植物能够在同一环境中和谐共生，形成丰富的植被结构。例如，乔木、灌木、草本植物等各类植物的合理搭配，既可以提高绿化覆盖率，又可以增加生物多样性，提高生态系统的稳定性。

（3）与周边环境协调一致是指绿化植物的选材和配置要充分考虑其所在地的地理、文化、社会等背景因素，使得绿化植物能够与周边环境相融合，体现出整体的美感和协调性。例如，在历史文化街区进行绿化建设时，可以选择与历史氛围相符的植物种类，如古树名木、传统花卉等，以体现地域特色和文化底蕴。

（4）为了让绿化更加科学合理，我们需要根据植物的生长特性、生长环境以及景观美学等方面进行合理搭配。

A. 要充分考虑植物的多样性，选择不同层次、不同功能的植物，使绿化景观具有丰富的物种结构和层次感。

B. 要注重植物种类的互补性，避免相似物种的过度种植，以减少病虫害的发生和传播。

C. 还要根据植物的生长习性进行搭配，使得植物能够自主生长，降低人工干预的成本。

（5）符合当地气候条件是绿化植物选材的重要原则之一。我国地域辽阔，气候多样，不同地区的气候条件对植物的生长有着显著影响。因此，在选择绿化植物时，要充分了解当地的气候特点，选择适宜的植物种类。例如，在寒冷地区，可以选择耐寒性强的植物，如松、柏等；在炎热地区，可以选择耐旱、耐热的植物，如橡皮树、油橄榄等。

绿化植物以本土物种为主，搭配合理，与周边环境协调一致，符合当地气候条件，要充分考虑生态、气候等多种因素，以实现人与自然和谐共生。

3. 绿化保障机制、安排专职人员或委托专业队伍对矿区进行绿化管理

（1）制定绿化管养规范，按专业技术要求指导日常养护工作，加强道树养护及修剪。

（2）维护和完善好绿化供水设施，确保浇灌系统的正常运行。

（3）加强对草坪和花灌木的修剪，对景观树木进行适当的艺术整形，营造良好的植物景观。

（4）增加合理的导游指示和安全警示牌，完善服务配套设施。

（5）加大对草坪杂草的综合治理。

（6）及时补种死亡、缺失的绿篱、花卉和乔木，保持绿地的整洁和完美。

（7）加强病虫害的防治和肥水治理，确保植物花繁叶茂，健康正常，生机盎然。

（8）做好防严寒等防护措施，及时处理突发事件。

（9）提高园艺工的综合素质，专人养护。

（10）建立和完善植物养护治理技术档案，方便总结、分析和改进工作。

4. 绿化保障效果

认真落实绿化保障机制才能达到相应的绿化保障效果。效果主要体现在：绿化树种及植物长势良好、生长旺盛，枝叶健壮，无枯死，无明显徒长枝和过密的内膛枝、枯枝，无烂头、过密枝，无腐枝，草边切除整齐，杂草不入花丛。

对于发现绿化的问题要及时采取措施处理。

涉及地点：办公区、办公生活区、选矿厂（加工车间）、办公区到生产区内部道路两侧、办公区内道路两侧、生产区内部道路两侧、进场道路、污水处理厂。

现场评价或支撑材料：①外委的查绿化养护合同，有专门部门（或个人）的管理制度和养护台账。②公园、花园、水池、绿地景观等的照片。

第五章　资源开采

资源开发应实行“统一规划、集中开采、规模开采、成片治理”，做到开采一片，整治一片，利用一片。开采区要统一规划开采布局、开采总量，规模化利用矿山固废、及时治理环境和恢复生态系统功能。

资源开发方式的评估结果应体现资源开发对环境保护的水平。

第一节　开采活动

8　开采方式

标准分：5。

评分说明：

★露天开采：露天开采采用自上而下分台阶开采，符合开采设计要求。坚持采剥并举、剥离先行的原则，优化开采布局，选择合理工艺，科学制定采排计划，尽量减少对地表的破坏。

★地下开采：地下开采方法和顺序合理，符合开采设计要求，开采技术符合生态环境保护要求。

符合要求得 5 分，不符合得 0 分。

考核方法：查资料、查现场。

依据或标准：开采设计。

指标属性：约束性。

【解析】**本条是矿产资源规范开采的要求。**

本条要求是根据《绿色矿山建设规范》中的资源开发的有关要求而制定的评价指标。

1. 有关法律法规、标准、法定文件

1）有关法律法规

《中华人民共和国矿产资源法》是中国全国人民代表大会常务委员会批准的中国国家法律文件。文件经 1986 年 3 月 19 日第六届全国人民代表大会常务委员会第十五次会议通过，自 1986 年 10 月 1 日起施行。2023 年 12 月 1 日，国务院总理李强主持召开国务院常务会议，会议讨论并原则通过《中华人民共和国矿产资源法（修订草案）》，决定将修订草案提请全国人大常委会审议。同月，矿产资源法（修订草案）征求意见。

在《中华人民共和国矿产资源法》第四章 矿产资源的开采提出开采方式的要求。

第二十九条　开采矿产资源，必须采取合理的开采顺序、开采方法和选矿工艺。矿山企业的开采回采率、采矿贫化率和选矿回收率应当达到设计要求。

第三十二条　开采矿产资源，必须遵守有关环境保护的法律规定，防止污染环境。

2）有关标准

矿山的初步设计依据的规范有《煤炭工业矿井设计规范》(GB 50215)，《煤炭工业露天矿设计规范》(GB 50197)，《有色金属矿山井巷工程设计规范》(YSJ 021)，《装饰石材矿山露天开采工程设计规范》(GB 50970)，《有色金属采矿设计规范》(GB 50771)，《冶金矿山采矿设计规范》(GB 50830)等。

3）有关法定文件

（1）矿山设计。

矿山设计是矿产资源开发中的一个阶段，也是矿山建设的一个重要环节。指在取得地质勘查成果的基础上，为矿山建设和生产而进行的全面规划工作。根据矿床赋存状况和经济技术条件，选择技术可行、经济合理的矿产资源开发方案。

主要内容是：确定矿山生产规模、服务年限、工艺流程、产品方案等，并对矿床开拓方案、采矿方法、矿石洗选加工工艺、主要矿山设备、地面及地下工程布置、动力供应、给排水和施工组织等方面选择合理方案；核算建设投资、编制单项工程设计和施工图等。

根据资料的完备程度和设计程序，一般分为：设计任务书、初步设计、技术设计和施工图四个阶段。为加速矿山建设，尤其是中小型矿山，可将初步设计和技术设计两个阶段合并一起完成。

（2）开采设计。

《初步设计》是矿山设计的一个阶段，属于总体设计性质，目的在于解决未来企业的主要原则性问题。主要内容为：确定矿山建筑场地及水源，主要建筑材料、辅助材料和动力供应；确定矿山生产能力和服务年限，建厂规模及其设备的选择；确定选（冶）厂生产的工艺技术流程；确定矿床开拓方案、开采方法；确定工业储量分布范围和开采界线；划分井区或开采区段；规定开采顺序；解决生产厂房及民用建筑场地和排土场、堆矿场、尾矿场的配置，安排各种辅助生产及交通运输系统。

矿山初步设计可以提出新的设计思路，更合理的设计方案，但初步设计不能违背开发利用方案所确定的资源总量、资源利用率、产品方向等要求，当这些内容出现较大改变时，必须重新编制开发利用方案并按程序报批。矿山初步设计是详细研究矿山建设的技术设计，目的是指导矿山建设施工。

初步设计经批准后，即开始矿山基建施工准备工作。

《安全设施设计》也叫安全设施设计专篇。安全设施设计专篇是指把建设项目各专业的设计方案（图纸）中有关安全设施设计的内容提炼出来，按照编写提纲或导则的要求形成的文字材料（包括相应的图纸）。

安全设施设计是“三同时”的核心、基础和保障，建设单位需要组织专家对安全设施的设计情况进行评审、把关。鉴于安全设施分布于建设项目的总图、建筑、工艺、结构、电气、给排水、暖通等各专业的设计内容中，参与评审的人员不可能，也难以对各专业的所有设计说明和图纸都进行审阅，所以要求提供由设计单位编制的《安全设施设计专篇》，依托专篇完成对建设项目安全设施的评审。

2. 露天开采

露天开采是一个移走矿体上的覆盖物，得到所需矿物的过程，是从敞露地表的采矿场采出有用矿物的过程。露天开采作业主要包括穿孔、爆破、采装、运输和排土等流程。

露天矿山必须遵循自上而下的开采顺序，分台阶开采。小型露天采石场不能采用台阶式开采的，必须自上而下分层顺序开采，并确保台阶（分层）参数符合设计要求；严禁掏采，严禁在工作面形成伞檐、空洞。

1）露天矿山自上而下开采

（1）自上而下分层顺序开采，是目前在不分台阶开采的情况下能够保证开采安全的唯一可行的开采方式。由于该开采方式不分台阶，可以省去上山公路的修筑，节省大量的投资，适合小型露天采石场规模小、采掘设备简单、赢利能力弱的特点。同时由于该开采方式设有分层凿岩平台，与在坡面上凿岩相比，可保证凿岩作业安全。

（2）实施中深孔爆破时，分层高度不得超过 20m。分层高度与岩体稳定性和采掘设备能力密切相关，限制分层高度是基于开采安全和效率两方面考虑。

（3）分层凿岩平台宽度不得小于 4m。分层平台宽度过窄，凿岩作业场地面积不足，作业过程中易发生坠落事故。分层平台也不宜过宽，否则爆碴不能全部直接抛掷到装岩平台，需要在分层平台转 运，这样会增加生产成本，降低作业效率。

2）露天矿山分台阶开采

（1）自上而下分台阶顺序开采，必须有上山公路的修筑，公路要开拓到运输平台，采装设备在运输台阶上进行铲装，适合上规模的露天矿山开采、采掘设备要求比较高，分多个工作面开采时，相互之间必须错开一定的距离。

（2）实施中深孔爆破时，高度最多不得超过挖掘机举高的 1.5 倍（根据岩层硬度系数定）。台阶高度与岩体稳定性和采掘设备能力密 切相关。

（3）运输平台宽度根据设备定，终了平台一般为 3m，清扫平台一般为 6m。

严格遵守“贫富兼采、采剥并举、剥离先行”的采矿工作原则，有计划、科学合理地开采，确保矿山地质环境安全和减少对表的破坏，实现矿山可持续发展。

3. 地下开采

地下开采是指从地下矿床的矿块里采出矿石的过程，通过矿床开拓、矿块的采准、切割和回采 4 个步骤实现。地下采矿方法分类繁多，常用的以地压管理方法为依据，分为三大类：自然支护采矿法、人工支护采矿法以及崩落采矿法。地下采矿系统主要包括了生产管理、凿岩、爆破、出矿、溜矿系统、井下破碎、箕斗提升以及提升井架子系统。

地下开采会对地表、地下水等产生破坏，必须采取有效的技术措施，保护矿区的生态环境。

涉及地点：露天采场、地下开采范围内和开采工作面。

现场评价或支撑材料：开采设计方案。

9　开采技术

标准分：8。

评分说明：

★露天开采：

①钻孔：采用湿式、干式（带收尘）等凿岩作业，得 2 分；

②爆破：采用微差爆破、预裂爆破、光面爆破等爆破作业，得 2 分；

③铲装：采用大型化自动化液压铲装设备、液压挖掘机或装载机、自卸式矿车、大型自移式破碎机等先进设备进行铲装作业，得 2 分；

④排土：生产期采用分期内排技术，最大化利用内排土场排土，减少外部土地占用，得 2 分。

（兼备地下和露天开采的，以现阶段主要开采方式选择其一进行评分，分数不可累加）

★地下开采：

①采用减轻地表沉陷变形、减少对土壤和地下水污染的开采方式，如充填法、保水开采等技术进行地下开采，得 3 分；

②利用采空区规模化环保化处置尾矿、废石、煤矸石等，得 3 分；

③应用其他无废开采、深部开采等先进开采技术，得 2 分。

（兼备地下和露天开采的，以现阶段主要开采方式选择其一进行评分，分数不可累加）

★适用于石油天然气、地热矿泉水等：

①采用电动钻机及顶驱等钻井装置，得 2 分；

②采用优快、控压等钻井技术，得 2 分；

③采用环保型钻井液及循环利用技术，得 2 分；

④及时无害化处置钻井泥浆等钻井废弃物，得 2 分。

考核方法：查资料、查现场。

依据或标准：工艺技术装备资料。

指标属性：提升性。

【解析】本条是对地下矿山、露天矿山、油气矿山等不同类型的开采方式所用技术的要求，体现了开采技术对矿区生态环境的保护。

本条要求是根据《绿色矿山建设规范》中有关开采技术的有关要求而制定的评价指标。

1. 露天开采

露天开采是一个移走矿体上的覆盖物，得到所需矿物的过程，是从敞露地表的采矿场采出有用矿物的过程。露天开采作业主要包括穿孔、爆破、采装、运输和排土等流程。

1）钻孔

湿式凿岩是指用凿岩机打眼时，将压力水通过凿岩机送入孔底，以抑制岩尘产生和湿润、冲洗并排出产生的岩尘。它是凿岩工作普遍采用的有效防尘措施。

干式凿岩（带收尘）有两种方法。一种是孔口抽尘式，一种是孔底抽尘式。

孔口抽尘式干式捕尘装置，由抽尘塞、孔口罩、引射器、滤尘袋及抽尘软管组成，主要机理是与凿岩机供风软管连通的引射器产生400mmHg以上的负压，使抽尘软管、孔口罩、抽尘塞内处于负压状态，从而将孔内产生的吸尘吸到呢绒等织物所制的滤尘袋内，完成集尘、滤尘的全过程。其特点是设施简单，但不适于孔深超过1.5m及倾角较大的下向孔。

孔底抽尘式干式捕尘的机理是利用系统中的压气引射器产生的负压，直接作用至孔底，将粉尘从孔底吸出，经导尘管，进入内部安装有引射器、滤尘袋的干式捕尘器的筒体内，从而完成集尘、滤尘的全过程。其特点是使用方便、适用性较强、应用较广，但设施比较复杂[4]。

2）爆破

临近最终边坡作业应采用控制爆破减震。控制爆破主要有微差爆破、预裂爆破、光面爆破等。

微差爆破又称毫秒爆破，是一种延期时间间隔为几毫秒到几十毫秒的延期爆破。由于前后相邻段炮孔爆破时间间隔极短，致使各炮孔爆破产生的能量场相互影响，既可以提高爆破效果，又可以减少爆破地震效应、冲击波和飞石危害。

预裂爆破是指进行石方开挖时，在主爆区爆破之前沿设计轮廓线先爆出一条具有一定宽度的贯穿裂缝。以缓冲、反射开挖爆破的振动波，控制其对保留岩体的破坏影响，使之获得较平整的开挖轮廓。预裂爆破不仅在垂直、倾斜开挖壁面上得到广泛应用；在规则的曲面、扭曲面，以及水平建基面等也频繁采用。预裂爆破适用于稳定性差而又要求控制开挖轮廓的软弱岩层。

光面爆破是指通过正确选择爆破参数和合理的施工方法，分区分段微差爆破，达到爆破后轮廓线符合设计要求，临空面平整规则的一种控制爆破技术。它是一种爆出的新壁面保持平整而不受明显破坏的控制爆破技术。其特点是在设计开挖轮廓线上钻凿一排孔距与最小抵抗线相匹配的光爆孔，并采用不耦合装药或其他特殊的装药结构，在开挖主体爆破后，光爆孔内的装药同时起爆，从而形成一个贯穿光爆炮孔且光滑平整的开挖面。

3）设备

液压设备：通过动力元件、执行元件、控制元件、辅助元件和液压油等将系统内的液体介质压力能和力学能相互转换，达到传递运动、力及力矩的目的。液压设备传递的能量范围大，并能在宽广的范围内实现无级调速；运行平稳，特别是低速运动时；可远距离控制，操纵方便，易于实现自动化；运动机件润滑好，寿命长。

常用铲装设备有大型自动化液压铲装设备（电铲是以电作为动力，带动电动机，电动机作为动力带动液压泵工作）、液压挖掘机（柴油发动机带动液压泵工作）或装载机、自卸式液压矿车、大型自移式液压破碎机等。

4）排土

生产期间采用分期内排技术采取分期开采和内部排土技术。在早期，由于没有形成可排土的空间，必须把排土场设在开采范围外，后期要充分利用已开采的空间，最大化利用内排土场排土，减少外部土地占用。

5）露天开采主要的优点与缺点

露天开采的主要优点为受开采空间限制较小；劳动生产率高；开采成本低；矿石损失贫化小；露天开采比地下开采更为安全可靠；基建时间短；劳动条件好，作业比较安全。

露天开采的主要缺点为作业粉尘与有害气体危及人身健康与生态环境；露天开采需要较多的废石场用地；气候条件对露天开采作业有一定影响。

本条提出的“不涉及项”是指挖砂、挖土、挖煤等不需要钻孔、爆破的施工工艺。

2. 地下开采

地下开采是指从地下矿床的矿块里采出矿石的过程，通过矿床开拓、矿块的采准、切割和回采 4 个步骤实现。绿色矿山建设主要考虑采用充填法等开采方法减少地表沉降、岩层位移，保护地表水和地下水资源，达到资源开发过程以生态为优先的目的。

1）充填法

充填法是以充填材料充满采空区，支撑两帮围岩，防止岩石移动，达到控制地压的目的。随着回采工作面的推进，逐步用充填料充填采空区的方法称为充填采矿法。

必须贯彻“采掘并举、掘进先行”的方针，制定周密细致的组织计划，完善施工管理和安全管理，鼓励智能化、机械化采挖监管，确保井巷掘进工程质量和作业人员的人身安全。在实际开采方式上，根据开采的矿种、围岩地质条件、矿床技术条件和经济因素，合理选择地下采矿方法，以满足安全、经济、高效和优质的要求。地采煤矿要加强洁净开采技术应用，大力推广井下矸石充填技术，从源头上避免污染物的产生或最大程度控制污染物的生成量，使煤炭的开采对环境的污染和破坏降低到最低程度。对于厚度大于 5m 的特厚煤层的开采，建议采用综合机械化放顶煤采煤法。要充分考虑煤与瓦斯的关系，能够抽采瓦斯的煤矿要利用好煤与瓦斯的协调开采技术，综合利用煤层气。地采金属矿要根据矿体的形状、倾角、厚度、有用成分的分布，围岩和矿石的物理、力学、化学性质等选用适宜的地采方法，严格依据矿山开采设计方案加强开拓、采准和切割、回采三项工作的管理，一般不建议采用崩落采矿法，对于开采贵金属矿，鼓励采用充填采矿法。为了保护生态环境，石灰石矿全面推行地下开采方式，在具有坚固的直接顶底板和有足够保险的顶板岩层总厚度的前提下，一般采用空场采矿法。

（1）充填开采的优点如下。

A. 减排功能。充填采矿技术的作用和意义已远远超出了矿山开采的范畴。世界上已经出现了少数典型的无废料排弃的矿山。例如，德国格隆德铅锌矿利用浮选后的全尾砂和重选碎石制备膏体充填料回填下向充填进路，不再有尾矿排弃到尾矿库。毋庸置疑，这类矿山开采的首要条件是能否将大量工业固废回填到地下。大量处理工业固体废料将是今后矿山设计优先考虑的重要任务，是解决矿区环境污染问题的最好方法。

B. 消除地表变形及下沉功能。利用充填技术快速、有效地充填采空区，可以及时支撑采空区顶部岩层，阻止和抵抗围岩进一步变形，防止大幅度的位移发生。通过充填可以快速形成新的工作面，为后续作业创造条件，缩短采充循环周期，提高采矿综合生产能力。充填采矿技术可以有效地阻止岩层发生大规模移动，实现水体下、建筑物下采矿，同时保护了地表不遭破坏，维持原有的生态环境。

C. 贫损开采功能和远景资源保护功能。充填采矿技术可以应用到水平矿体、缓倾斜矿体、急倾斜矿体、分枝复合矿体等各种复杂多变的矿体，特别是厚大矿体，将大幅度提高矿柱回收率和出矿品位，最大限度地回收矿石。充填采矿技术可以对某些需要优先开采下部或底盘富矿的矿山实现“采富保贫”而不会造成矿产资源的破坏和浪费。废石、尾矿、废渣仍含有当前技术不能回收的有用物质，置于地表难以长期保存，充填也是一种最为可靠的保护方式。

（2）充填开采应考虑的问题。充填区域一般是需要保护的区域，它与保护级别、保护目标有关。充填区域的选择及充填开采方案应与《矿山地质环境保护与土地复垦方案》有机结合，主要从下面几个方面考虑。

A. 在“三下”（建筑物下、铁路下、水体下等）区域，按照《建筑物、水体、铁路及主要井巷煤柱留设与压煤开采规范》中列出的保护等级选择合适的开采方式。

B. 在环境敏感区域按照破坏程度可能造成的影响来确定保护等级从而选择合适的开采方式。

C. 其他区域综合考虑相关因素，选择合适的充填开采方式。

D. 充填的边界按岩土移动影响角和充填层与地表或保护区域距离计算确定，保护带（保护区域或建构筑边界以外的安全带）宽度按《建筑物、铁路、水体及主要井巷煤柱留设与压煤开采规程》内各类保护级别确定。

E. 应优先利用煤矸石（废石、尾砂）、建筑垃圾等固废充填采空区，且应避免二次污染。

F. 土地复垦方案充分考虑采用充填开采后的环境影响程度。

G. 地下矿山非允许塌陷区用充填法采矿，做到矸石不出坑及地面无矸石山堆放。

（3）保证安全。在开采过程中，要加强地表移动、岩石变形及铁路、建筑物变形的观测。分析研究地表下沉量、下沉速度、变形值、曲率值、影响范围，以及冒落、裂隙、弯曲三带等数据，以掌握规律，保证安全。

（4）金属矿山充填开采。充填采矿法开采一方面可以降低矿石贫化、损失率，提高出矿品位；另一方面可以大幅度地降低岩层的移动，减轻或避免地表沉陷。有色金属矿山井下开采宜优先采用充填法，并采取留设保护矿柱、控制采矿强度、加强变形监测等方法，有效维护地表稳定，减少井下开采对周围环境的破坏。

充填法开采的特点如下。

A. 避免农田损坏和地表建筑物的搬迁，采空区充填后，地表基本不会出现塌陷。

B. 减少了尾矿库的建设投资和复垦费用。尾矿回填采空区，少排或不排尾矿，尾矿库容量减小甚至可以不建，减少土地使用面积。

C. 矿山环境得到保护。地表不会塌陷，尾矿库占地或污染大为减少。

D. 资源得以安全和充分的利用。

充填采矿法有：上向分层充填法、下向分层充填法、进路式充填法、削壁充填法、袋装充填法、分段空场或阶段空场嗣后充填法等。

（5）煤矿充填开采。充填采矿法是将废弃的矸石等不可燃物品充填入采空区来控制顶板的冒落，达到安全管理顶板和规模化处置废弃物目的的采煤方法。目前煤矿广泛适用的充填开采方法如下[5]。

A. 固体充填开采，主要采用矸石、粉煤灰、风积沙等固废，利用充填采煤液压支架、多孔底卸式输送机、充填转载机、夯实机构等直接充填入采空区，不使用胶结材料。

B. 膏体充填开采，主要采用矸石、粉煤灰、水泥、辅助料等，加水搅拌，利用工业充填泵、充填管路，泵送入采空区。

C. 高水充填开采，主要采用高水速凝固化充填材料或者超高水速凝固化充填材料，加水搅拌，利用普通充填泵、充填管路，泵送入采空区。

D. 逐巷胶结充填开采，主要采用矸石、粉煤灰、水泥等充填材料，加水搅拌，利用工业充填泵、充填管路，泵送入充填巷进行充填。

E. 离层注浆充填，属于补充充填控制地表变形，采用粉煤灰、水泥等材料，加水搅拌，由地面打注浆孔至工作面岩层离层区，注入粉煤灰浆，从而控制地表变形，适用于地表变形的后期控制等。

2）保水开采

矿山的开采工程使地下水原有的径流发生改变，从而对地下水系统造成一定影响。保水开采就是从采矿方法和利用堵、截、转、灌等工程方法向地面注浆，多管齐下地采取措施，实现矿井水资源的保护和综合利用的开采方法。

3）其他先进开采技术

无废开采：是指所采出的矿石与岩石全部被利用，不产生废弃物的开采方式。

深部开采：深部开采是指深度大于600m的地下开采作业。开采深度大于2000m时，为超深开采。深部开采技术主要有深部原位流态化开采颠覆性技术、深部固体矿产资源立体探测、勘查、评价技术、深穿透地球化学勘查技术、深部固体矿产资源开采技术、深部和复杂地质条件下矿产资源规模化开采技术。

4）地下开采主要的优点与缺点

与露天开采主要的优点和缺点相反，此处不再赘述。

3. 石油天然气、地热矿泉水等

油气开采是将埋藏在地下油层中的石油与天然气等从地下开采出来的过程。油气由地下开采到地面的方式，可以按是否需给井筒流体人工补充能量分为自喷和人工举升。

1）采用电动钻机及顶驱装置

（1）电动钻机又称电驱动钻机，是由电作为动力，用电动机驱动来提升下放钻具，提供钻井液循环所需要的动力，驱动钻具旋转，以及为其他钻井设备提供动力的一套钻井设备。电动钻机相对于传统的机械钻机来说有如下优点：

A. 传动效率高。常用机械钻机的总传动效率约为73%，而直流电动钻机的总传动效率约为86%，交流变频电动钻机的总传动效率约为90%。

B. 可操作性好。无论直流电机还是变频电机都可以实现无级调速，因此在启动及调整转速时产生的冲击比较小，这样对于泥浆泵、绞车、转盘等设备的使用有很好的保护作用。这也称为电动钻机的软特性。

C. 燃料消耗少。对钻深6000m，钻井周期120天，每年钻3口井，统计机械钻机和直流电动钻机燃料消耗结果表明，直流电动钻机与机械钻机相比可节约15%～20%的燃料。

D. 井眼质量比较好。机械钻机在启动时，由于产生冲击，存在很大的加速度，造成下部钻具产生离心力，井眼不规则。而电动钻机的无级调速可以保证井眼质量，这样对于井壁稳定、固井质量都有很大的好处。

E. 维护管理方便。电动钻机的柴油机在最优的工况下运转，且带有过载保护，使柴油机的大修期得以延长。电动钻机上易损件少，它以电缆代替链条、皮带等传动副，振动冲击小，能防止过载，这也降低了各工作机构维修量。电机及其电气控制设备只需保持干燥清洁即可。控制室和电机都有冷却设备，保证机器温升不超过50℃。电机的密封轴承只要每三年加一次润滑脂即可。对比之下，机械钻机有大量易损件，要经常调整换新（如轴承、摩擦片、链条、皮带等），要经常加润滑脂和更换密封件，其维护工作量比电动钻机要大得多。总体来看，电动钻机的维护费只相当于机械钻机的30%。

F. 环保程度高。在电动钻机上，可方便配置噪声控制装置，使其噪声低于标准规定的85dB，钻台上的钻工可清楚地听到指令和警号。电动钻机可在市区内打井，可以不用柴油发电机组而直接从工业电网上取动力。

（2）顶驱装置：顶驱装置是用于取代传统转盘－方钻杆钻井模式的一种新型钻井装备，是集机、电、液、通信于一体的高技术产品，是近代钻井装备的三大科技成果之一。顶驱装置将钻井动力从转盘直接移至水龙头处，由顶部直接驱动钻具旋转钻进，不使用转盘和方钻杆。顶驱装置可使用立根钻进。在起下钻过程中遇阻、遇卡时，可在井架内任何高度处与钻柱连接，迅速建立循环、旋转钻具。正倒划眼通过遇阻、遇卡点，因此可有效防止卡钻事故的发生，具有常规钻井方式无法比拟的优势，应用于勘探井、定向井、水平井、大位移井等高难度复杂井钻井作业时，经济效益尤为显著。

2）优快、控压等钻井技术

（1）优快钻井技术。优快钻井技术全称是优快钻井综合配套技术。优快钻井技术是应用长寿命螺杆和高效PDC钻头，从井位优选开始，通过对钻头、螺杆、剖面、钻具组合、钻井参数及泥浆参数等的优选实现的一体化钻井技术，是提高机械钻速缩短钻井周期的有效途径。它包括钻井工艺、钻头、工具、泥浆、钻井设备、钻井仪表在内的综合配套技术。优是指优质、优选（优选是指优选井位、钻头、螺杆、钻具组合、参数等）；快是指快速钻井、快速完井、快速组织生产。

（2）控制压力钻井技术。控制压力钻井技术是一种在整个井眼内精确控制环空压力剖面的自适应钻井过程，其目的在于确定井下压力窗口，从而控制环空液压剖面。

主要特点有：始终精确控制井下压力稍大于地层孔隙压力，不会诱导地层流体浸入。钻井液密度低于常规钻井密度，避免超出地层破裂压力梯度。通常使用液相钻井液。使用闭合、承压的钻井液循环系统。

主要作用有：在地层破裂－孔隙压力小的时候，减少井涌－井漏现象，提高井控安全性，能够钻更深的裸眼段；能够使套管下得更深，从而有可能减少一层甚至更多层套管；提高较大井眼钻达目的层的可能性；减少由于环空压力引起的井漏。减少钻遇大裂缝发生严重井漏时的钻井液成本及井漏引起的井控问题；避免地下井喷；提供健康、安全与环境管理（HSE）效果，尤其是在要求更高的海上。减少非生产作业时间。

3）环保型钻井液及循环利用技术

（1）环保型钻井液。环保型钻井液是既能保护环境又能满足钻井工程需要的钻井液体系，如白油基钻井液、烷基葡萄糖苷钻井液、硅酸盐钻井液、合成基钻井液、聚合醇钻井液。为使钻井液体系更好地满足工程需要，需要加入各种化学处理剂。常见的环保型钻井液有环保型阻垢缓蚀剂聚天冬氨酸、环保型润滑剂聚合醚 HLX、环保型硫化氢清除剂、抗高温钻井液添加剂柠檬酸锆、复合离子降黏剂 PX 等。

（2）循环利用技术。钻完井后排放的钻井液是石油钻井行业的主要污染源之一，其废物处理是长期困扰企业的一大难题。传统钻井施工模式基本都是采取"一开配浆开钻，二开后在适当井段加入处理剂转浆钻进，完井后钻井液排入循环池自然沉降固化"的模式。这一模式，成本较低、处理方便。但随着钻井成本的不断增加、环保标准要求的逐渐严格及企业自身社会责任的日益彰显，该模式引致的成本压力和环境困境逐渐显现出来。

钻井液循环利用技术是指井内返出的钻井液在地面循环过程中，因地面钻井液池体积大，流速低，钻井液中的岩屑颗粒在重力作用下沉降到底部而被分离，上部的钻井液再入井循环使用的过程。

4）钻井泥浆无害化处理

废弃泥浆是石油天然气工业的主要污染源之一。它是一种含黏土、加重材料、各种化学处理剂、污水、污油及钻屑的多项稳态胶体悬浮体系，危害环境的主要成分是烃类、盐类、各种聚合物、木质素磺酸盐、某些金属离子（汞、铜、砷、铬、锌及铅）和重晶石中的杂质。为防止钻井废弃泥浆对环境造成污染，必须对其进行处理。

钻井作业经振动筛、除沙器、离心机分离出的废弃钻屑液、泥浆、废水，经螺旋输送机送至分散切割均料装置。钻井作业至岩屑层时出料以钻屑和钻井液为主，用软管抽吸泵送至岩屑分离机，滤出液经管道直接送至钻井液循环箱回用于生产，岩屑收集送至制砖装置或填埋。钻井作业至泥浆层时出料以泥浆和钻井液为主，用泵经管道混合器加破胶剂、助凝剂送至混凝罐进行破胶、絮凝，使泥浆中的液相和固相分离，进干燥机或压滤机进行初级泥水分离，滤出液经管道直接送至钻井液循环箱回用于生产，泥饼收集后集中处理。

涉及地点：开采工作面，排土场、开采设备停放处、充填站等。

现场评价或支撑材料：①开采设计方案。②相关照片，如爆破孔痕、充填站等。

10 开采回采率

标准分：2。

评分说明：开采回采率符合矿产资源合理开发利用“三率”指标一般要求及以上。符合要求得 2 分，不符合得 0 分。

考核方法：查资料。

依据或标准：自然资源部发布的“三率”指标要求。

指标属性：约束性。

【解析】本条体现了矿山资源开发利用水平。

本条要求是根据《绿色矿山建设规范》中有关回采率的要求而制定的评价指标。

根据不同的计算范围，开采回采率还可以分为工作面、采区（矿块）、阶段和全矿井的回采率。

1. 金属矿山

金属矿山的开采回采率：指采矿过程中采出的矿石或金属量与该采区拥有的资源储量的百分比。

$$开采回采率 = \frac{原矿采出量}{拥有的资源储量} \times 100\%$$

不同矿山的开采回采率最低指标要求不同，例如镍矿露天开采回采率不低于 92%，地下开采回采率最低指标要求为 75% ~ 92%；锡矿、锑矿等也有相应的标准。

2. 煤矿

煤矿一般计算采区回采率（表 5-1、表 5-2）。

煤矿采区回采率：指采区实际采出煤量与采区动用资源储量的百分比。

$$采区回采率 = \frac{采区采出量}{采区动用储量} \times 100\%$$

采区采出煤量：指采区内实际采出的煤量。

采区动用储量：指采区采出煤量与开采损失煤量之和。

表 5-1 井工煤矿回采率最低指标要求

井工煤矿采区回采率 /%	厚煤层（> 3.5m）	≥ 75（采用水力采煤，≥ 75）
	中厚煤层（1.3 ~ 3.5m）	≥ 80（采用水力采煤，≥ 75）
	薄煤层（< 1.3m）	≥ 85（采用水力采煤，≥ 80）

表 5-2 露天煤矿回采率最低指标要求

露天煤矿采区回采率 /%	厚煤层（> 10m）	≥ 97
	中厚煤层（3.5 ~ 10m）	≥ 90
	薄煤层（< 3.5m）	≥ 93

3. 石油、天然气

油气采收率：指采出的原油或天然气数量与油藏原始地质储量之比。

1）原油采收率

$$\text{原油采收率} = \frac{\text{原油采出量}}{\text{油藏地质储量}} \times 100\%$$

油藏地质储量是指石油在地下油藏或油田中的蕴藏量。原油开采年度动态法标定的采收率应达到开发方案指标要求，并遵照表 5-3 的规定。

表 5-3 各类油藏采收率最低指标要求

油藏类型		一次采油率 /%	二次采油率 /%	三次采油率 /%
稀油	中高渗透多层砂岩油藏	6 ~ 10	18 ~ 24	28 ~ 35
	中高渗透复杂断块砂岩油藏		10 ~ 14	14 ~ 20
	低渗透砂岩油藏		8 ~ 11	—
	物低渗透砂岩油藏	3 ~ 5	6 ~ 8	—
	物殊岩性油藏		6 ~ 10	—
稠油	普通稠油 I 类	7 ~ 9	10 ~ 15	20 ~ 30
	其他稠油	—	11 ~ 15	20 ~ 30

2）天然气采收率

$$\text{天然气采收率} = \frac{\text{天然采出量}}{\text{天然气地质储量}} \times 100\%$$

天然气地质储量是指天然气在地下天然气藏或天然气田中的蕴藏量。天然气开采年度动态法标定的采收率应达到开发方案指标要求，并遵照表 5-4 的规定。

表 5-4 各类天然气藏采收率最低指标要求

序号	类型	最低采收率 /%
1	活跃水驱气藏	40
2	次活跃水驱气藏	60
3	不活跃水驱气藏	70

续表

序号	类型	最低采收率 /%
4	气驱气藏	70
5	低渗透气藏	30
6	特低渗透气藏	15

现场评价或支撑材料：①矿产资源开发利用方案。②矿山储量年报及矿山开采回采率原始数据支撑材料。

第二节 开采工作面

11 质量要求

标准分：5。

评分说明：

★露天开采：

作业平台干净，保持平整、通畅，无杂物、无积水，工作台阶与非工作台阶坡面无危石，非工作台阶滚落物及时清理。符合要求得 5 分，发现一处不符合扣 1 分。

★地下开采：

工作面满足通风、运输、行人、设备安装、检修的需要，支护完好；无较大面积积水、无浮碴、无杂物，材料堆放整齐。符合要求得 5 分，发现一处不符合扣 1 分。

★适用于石油天然气等：

生产作业场地无明显油污，无“跑冒滴漏”及对井场表层土壤造成污染；钻井废弃物不落地，进行集中无害化处理。符合要求得 5 分，发现一处不符合扣 1 分。

★适用于地热矿泉水等：

生产作业场所应干净整洁、无污渍；井（泉）及其附属设施保持完好并正常运行，无堵塞或泄露；应建有规范完备的污废水处理设施，正常运行合理处置污水、废水。符合要求得 5 分，发现一处不符合扣 1 分。

考核方法：查资料、查现场。

指标属性：提升性。

【解析】本条是对地下矿山、露天矿山、油气矿山、地热矿泉水等不同类型的开采方式的工作面质量要求，重点体现是安全标准化的要求。

矿山安全生产标准化旨在规范矿山企业的安全生产行为，提高安全生产管理水平，减少事故发生的可能性，保障员工和环境的安全。质量和安全是不可分割的，安全的前提是质量，而衡量质量的标准就是安全。因此，矿山安全生产标准化等级较高的矿山，质量做的就好。

1. 露天开采

1）工作面有关知识

正在进行开采工作的台阶称为工作台阶，其上的平盘称为工作平盘；反之，则称为非工作台阶，其上的平盘称为平台，视其用途而称为保安平台、清扫平台或运输平台。

保安平台是用作缓冲和阻截滑落的岩石及减缓最终边坡角，保证最终边帮（图 5–1）的稳定性和下部水平的工作安全。其宽度较窄，一般在阶段高度的 1/3 以内。

清扫平台用于阻截滑落的岩石并用清扫设备（挖掘机或推土机）进行清理，它又起到安全平台的作用。一般每隔 2 ～ 3 个台阶在四周边帮上设 1 个清扫平台，其宽度依所用的清扫设备而定。

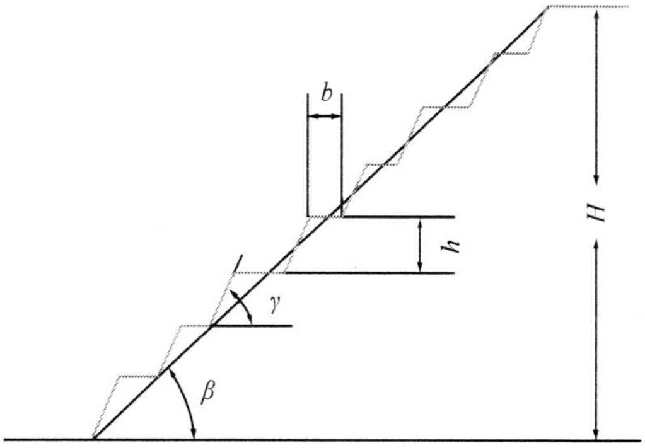

图 5–1 最终边帮构成要素
H— 采场高度；*h*— 阶段高度；*β*— 采场边帮角；*γ*— 阶段坡面角；*b*— 安全平台

运输平台是作为工作台阶与出入沟之间的运输联系的通道，它设在出入沟同侧的非工作帮和端帮上，其宽度依所采用的运输方式和线路数目决定。

（1）生产台阶高度。根据《金属非金属矿山安全规程》（GB 16423），生产台阶高度应符合表 5–5 的规定。

表 5–5 生产台阶高度规定

矿岩性质	采掘作业方式		台阶高度
松软的岩土	机械铲装	不爆破	不大于机械的最大挖掘高度
坚硬稳固的矿岩		爆破	不大于机械的最大挖掘高度的 1.5 倍
砂状的矿岩	人工开采		不大于 1.8m
松软的矿岩			不大于 3.0m
坚硬稳固的矿岩			不大于 6.0m

开采结束，并段后的台阶高度超过表 5–5 的规定时，应经过技术论证，在保证安全的前提下，由设计确定。

挖掘机或装载机铲装时，爆堆高度应不大于机械最大挖掘高度的 1.5 倍。

我国设计和生产的露天矿，小型矿山的阶段高度一般为 8 ～ 10m，大、中型矿山一般为 10 ～ 12m。大型露天矿选用斗容 8m^3 以上挖掘机时，阶段高度可采用 12 ～ 15m。

（2）为保证边坡的稳定，当阶段采完后，必须保留安全平台和清扫平台，每个阶段的安全平台，其宽度不小于 2 ～ 3m，每隔 2 ～ 3 个阶段设置清扫平台，其宽度不小于 4 ～ 5m。

（3）露天矿由于所处位置工程地质条件差、岩石老、顽固性差、结构不完整，存在地质构造弱面，岩石不稳定，非常容易造成滑坡。边坡角过陡、过高都会造局部失稳。因此，对于高陡坡必须按设计进行自上而下台阶式或分层开采。边坡角度不大于55°，最终边坡不超过60°。分层凿岩平台宽度不小于4m，采石场需要剥离的，剥离工作面超前于开采工作面4m以上。

（4）终了平台应按照土地复垦方案中的计划开展土地复垦。

2）有关质量标准要求

露天开采工作台阶坡面角的大小直接影响到矿山的安全生产，影响工作台阶坡面角的主要因素有矿岩的性质、穿孔爆破方式、推进方向、矿岩层理方向和节理发育情况等，主要要求如下。

（1）边坡位置、边坡角等露天边坡相关参数符合设计要求，保证边坡整体的安全稳定。台阶坡面角不大于设计值，不应超挖坡底。

（2）帮齐：采完后的掌子不得出现凹凸超过2m，长超过30m的包。

（3）底平：按规定标高采掘，采尽爆量，工作平盘要平顺，每30m为一点，高低差不得超过±1m。

（4）伞檐：采掘完的掌子不得出现突出1m的伞檐。

（5）工作面整洁、平整，不能装车的大块放到一边堆放整齐，工作平盘无积水（地质原因除外）、无杂物、无危石，电缆线摆放整齐。

（6）安全挡墙：采掘平盘需要留安全挡墙的，其高度不超过2m，下部厚度不超过5m。

（7）最终边界：采掘整齐、到位，既不能超挖，又不能挖不到位。

（8）电缆桥：摆放位置和角度合理、安全。

（9）非工作台阶滚落物及时清理，并在安全隐患位置设置警戒线或安全牌。

（10）最终边坡应设安全平台和清扫平台，平台宽度符合设计要求。工作平台宽度符合设计要求。

（11）在采场境界外围修筑截水沟，拦截外部地表水，并保持截水沟畅通，避免水流直接冲刷边坡。

3）工作管理要求

（1）及时清理平台上的疏松岩土和坡面上的浮石，边坡浮石清除完毕之前，其下方不应生产；人员和设备不应在边坡底部停留。

（2）对软弱边坡或坚硬岩层边坡上的破碎岩块、松动部位采取加固措施，必要时应进行削坡。

2. 地下开采

地下开采工作面主要应考虑如下内容。

（1）地下矿山工作面满足通风、运输、行人、设备安装、检修的需要，支护完好。

（2）工作面无较大面积积水、无浮碴、无杂物。

（3）作业场照明符合规定。

（4）工具、材料等放置整齐，管线吊挂规范，图牌板内容准确、清晰。

3. 石油天然气

为实现减少土地占用，降低环境污染，促进资源的循环利用，应采用下面的技术和方法。

（1）生产作业场地无明显油污，防止“跑冒滴漏”及对井场表层土壤造成污染。

（2）钻井废弃物随钻即时处理不落地、压裂返排和投产排液等废弃物在线收集处理不落地。

（3）危险化学物品应防止泄漏、抛洒，按照《危险废物贮存污染控制标准》（GB 18597）相关要求进行处置。

4. 安全生产标准化分级

安全生产标准化分级是指根据企业所处的安全生产管理水平和相关指标，将企业安全生产管理分为不同等级，以便对企业进行分类和评估，并针对不同等级企业制定相应的管理要求和标准。目的是促进企业安全生产管理水平不断提升，减少安全事故发生。安全生产标准化分级一般分为三个等级，即一级、二级和三级，应急管理部为一级企业以及海洋石油全部等级企业的定级部门；省级和设区的市级应急管理部门分别为本行政区域内二级、三级企业的定级部门。各级别的要求和评分标准不同，下面对各级别进行介绍。

一级安全生产标准化：一级标准化是最高级别的安全生产管理水平，属于行业内的先进水平。一级企业应具备完善的安全生产管理制度和规章制度，员工安全意识普遍较高，安全教育培训工作做得较好，设备设施维护保养情况良好，安全隐患排查和整改工作及时有效，安全生产责任制落实到位。

二级安全生产标准化：二级标准化与一级标准化相比仍需改进和完善。二级企业应具备安全生产管理制度和规章制度，员工安全意识较高，安全教育培训工作基本到位，设备设施维护保养较好，安全隐患排查和整改工作勉强达标，安全生产责任制基本得到落实。

三级安全生产标准化：三级标准化是最低级别的安全生产管理水平，属于行业内的基础水平。三级企业应完善安全生产管理制度和规章制度，提高员工安全意识，加强安全教育培训工作，改进设备设施维护保养，加大安全隐患排查和整改力度，加强安全生产责任制的落实。应急管理部为一级企业以及海洋石油全部等级企业的定级部门。省级和设区的市级应急管理部门分别为本行政区域内二级、三级企业的定级部门。因此，绿色矿山第三方估机构应参照“申报国家级绿色矿山原则上为一级安全生产标准化企业，省级绿色矿山原则上为二级安全生产标准化企业，三级申报绿色矿山评估时要谨慎对待”。

建议评分时一级满分，二级占满分的三分之二，三级占满分的三分之一，没级不得分。

涉及地点：开采工作面、巷道、采油场、采水井等。

现场评价或支撑材料：①矿山安全标准化等级证书、工作面现场照片。②下井或通过调度室视频监控画面了解井采掘工作面现场质量标准情况。

第六章　资源综合利用

资源综合利用推动了矿业循环经济的发展，包含共伴生资源的开发、有价元素的回收、废弃物的资源化利用等方面的内容。“资源化、减量化、无害化”的原则不但实现了企业新的经济增长点，同时大大减少了对环境的污染，是资源开发与生态保护相协调的重要表现形式。

本章的评估重点应体现资源综合利用程度和利用水平。

第一节　选矿回收（非建材类）

本节适用于非金属、化工、黄金、冶金、有色、油气、煤炭、地热水、矿泉水等行业。

12　选矿加工工艺

标准分：3。

评分说明：选矿工艺符合设计规范，不得使用国家规定的限制类和淘汰类技术、工艺和装备。地热、矿泉水的利用做到资源分级利用、优质优用。符合要求得3分，不符合得0分。

考核方法：查资料、查现场

依据或标准：《煤炭洗选工程设计规范》（GB 50359）等矿山选矿工艺设计规范，符合环评批复相关要求。

指标属性：约束性。

【解析】本条是对选矿或矿物加工工艺、选矿核心装备管理的有关要求，体现出选矿加工对环境的保护能力。

本条要求是根据《绿色矿山建设规范》中有关矿物加工工艺技术的有关要求而制定的评价指标。

1. 相关标准

选矿厂、选煤厂设计规范主要有《煤炭洗选工程设计规范》(GB 50359)，《有色金属选矿厂工艺设计规范》(GB/T 50782)，《冶金矿山选矿厂工艺设计规范》(GB 50612）等，这些工程设计规范涉及矿物加工工程的各个方面。

《食品安全国家标准饮用天然矿泉水》（GB 8537）涵盖了饮用天然矿泉水的品质要求、生产与加工、包装和运输、储存和营销等方面的内容。

2. 选矿方法

选矿就是利用矿物的物理或物理化学性质的差异，借助各种选矿设备将矿石中的有用矿物与脉石矿物分离，并达到使有用矿物相对富集的过程。

选矿的目的是除去矿石中所含的大量脉石及有害元素，使有用矿物得到富集，或使共生的各种有用矿物彼此分离，得到一种或几种有用矿物的精矿产品，供下一步利用。选矿对开发矿产，充分利用矿产资源有着十分重要的意义。

常用的选矿方法有重选法、浮选法、磁选法、电选法和化学选矿。

重选法是根据矿物相对密度（通常称比重）的差异来分选矿物的。密度不同的矿物粒子在运动介质（水、空气与重液）中受到流体动力和各种机械力的作用，造成适宜的松散分层和分离条件，从而使不同密度的矿粒得到分离。

浮选法是根据矿物表面物理化学性质的差别，经浮选药剂处理，使用矿物选择性地附着在气泡上，达到分选的目的。有色金属矿石的选矿，如铜、铅、锌、硫、钼等矿主要用浮选法处理；某些黑色金属、稀有金属和一些非金属矿石，如石墨矿、磷灰石等也用浮选法选别。

磁选法是由于矿物磁性的不同，导致不同的矿物在磁选机的磁场中受到不同的作用力，从而得到分选。它主要用于选别黑色金属矿石（铁、锰、铬），也用于有色和稀有金属矿石的选别。

电选法是根据矿物导电率的差别进行分选的。当矿物通过电选机的高压电场时，由于矿物的导电率不同，作用于矿物上的静电力也就不同，因而可使矿物得到分离。电选法用于稀有金属、有色金属和非金属矿石的选别。目前主要用于混合粗精矿的分离和精选，如白钨矿和锡石的分离，锆英石的精选、钽铌矿的精选等。

化学选矿是基于矿物和矿物组分的化学性质的差异，利用化学方法改变矿物组成，然后用其他的方法使目的组分富集的矿物加工工艺。例如，用稀硫酸浸出含孔雀石的铜矿石，使矿物组分发生变化，即孔雀石变成了硫酸铜溶液，再用铁屑置换溶液中的铜离子可以得到金属铜（海绵铜）。化学选矿是处理和综合利用某些贫、细、杂等难选矿物原料的有效方法之一。也是充分利用矿产资源和解决三废（废水、废渣和废气）处理、变废为宝和保护环境的重要方法之一。

化学选矿的处理对象和目的与物理选矿相同，都是处理矿物原料并使目的组分得到富集、分离及综合利用矿产资源。但其应用范围较物理选矿宽，除了可以处理难选原矿外，还可以处理物理选矿方法无法处理的中间产品、尾矿、粗精矿，并能从“三废”中回收有用组分。因此，化学选矿很有发展前途，但应该指出，目前化学选矿普遍存在成本较高的问题，主要是化学选矿过程需要消耗大量的化学试剂，因而在通常条件下，能用物理选矿方法处理的物料就不宜用化学选矿方法。

3. 选矿工艺符合设计规范

选矿和矿物加工要突出清洁生产。清洁生产是指不断采取改进设计、使用清洁的能源和原料、采用先进的工艺技术与设备、改善管理、综合利用等措施，从源头削减污染，提高资源利用效率，减少或者避免生产、服务和产品使用过程中污染物的产生和排放，以减轻或者消除对人类健康和环境的危害。

1）有色、冶金、黄金、非金属、化工、煤炭等行业

在工业上可将矿产资源分为金属、非金属和可燃有机矿产资源。除少数富矿外，一般品位都较低，绝大多数需要加工后才能利用，选矿就是主要的加工过程。一些选矿常见的概念如下。

原矿：选矿厂内，未经选别作业处理的矿石。

精矿：原矿经过选别之后，品位提高，适合于工业应用的产品。

尾矿：原矿经过选别之后，品位降低，目前的经济技术水平不适合再做处理的产品。

中矿：原矿经过选别之后，品位有所提高，但还没有达到工业要求，还需要进一步选别或处理的产品。

（1）选矿的目的和意义如下。

A. 将有用矿物和脉石矿物分离。

B. 将彼此共生的有用矿物尽可能地分离并富集成单独的精矿。

C. 排除对冶炼和其他加工过程有害的杂质，提高选矿产品质量。

D. 综合回收有价元素，充分、合理、经济地利用矿产资源。

（2）矿物特性如下。

A. 密度：单位体积矿物的质量，是重选的依据。

B. 润湿性：指矿物能被水润湿的性质。易被水润湿的矿物称为亲水性（与水的接触角＜90°）矿物；反之，称为疏水性（与水的接触角＞90°）矿物，是浮选的依据。

C. 磁性：被磁铁吸引或排斥的性质，是磁选的依据。

D. 导电性：指矿物的导电能力，是电选的依据。

（3）选矿基本作业流程如下。

A. 准备作业：矿石的破碎筛分、磨矿分级（少数需要洗矿、脱泥）。

B. 选别作业：如重选、浮选与磁选等。

C. 产品处理作业：精矿脱水、尾矿储存等。

（4）选矿中磨矿和碎矿的作用。在选矿厂中，碎矿和磨碎作业的设备投资、生产费用、电能消耗和钢材消耗往往所占的比例最大；设备费用占选矿环节设备费用的60%左右，生产费用占选矿环节生产费用的40%～60%；电能消耗占选矿环节电能消耗的50%～65%，钢材消耗占选矿环节钢材消耗的50%以上。故破碎和磨碎选别的技术选择及操作管理的好坏，在很大程度上决定着选矿厂的经济效益。

选矿工艺过程中，有两道最基本的工序：一是解离，就是将大块矿石进行破碎和磨细，使各种有用矿物颗粒从矿石中解离出来；二是分选，就是将已解离出来的矿物颗粒按

其物理化学性质差异分选为不同的产品。由于自然界中绝大多数有用矿物都是与脉石紧密共生在一起的，且常呈微细粒嵌布，各种矿物和脉石充分解离，是采用任何选别方法的先决条件，而碎矿与磨矿的目的就是使矿石中紧密连生的有用矿物和脉石充分解离。影响解离的因素有：给矿粒度、磨球数量、磨球大小级配、磨矿时间、磨机类型等。

粉碎过程就是使矿块粒度逐渐减小的过程。各种有用矿物粒子的解离正是在粒度减小的过程中产生的。如果粉碎的产物粒度不够细，有用矿物与脉石没有充分解离，分选效果不好；而粉碎产物的粒度太细了，产生过粉碎的微粒太多，尽管多种有用矿物解离得很完全，但分选的指标也不一定很好。这是因为任何选别方法能处理的物料粒度都有一定的下限，低于该下限的颗粒（即过粉碎微粒）就难以有效分选。若粉碎作业的工艺和设备选择不当，生产操作管理不好，则粉碎的最终产物或者解离不充分，或者过粉碎严重。这两种情况都将导致整个选矿厂技术经济指标的下降。影响解离的因素有：给矿粒度、磨球数量、磨球大小级配、磨矿时间及磨砂机本身的参数和性能。

选矿厂的技术指标高低和经济指标好坏，其根源常常在于碎矿和磨矿，所以应选择合理碎磨工序和所用的设备，尽可能降低碎矿和磨矿的成本，在矿物加工中具有重要的作用。

（5）设备的选择。

选矿应选用自动化程度高、能耗低、污染物产生量少的生产设备和工艺，实现资源高利用、高回收、废弃物低排放的清洁生产目的。

破碎是利用外力克服固体内部各质点的内聚力，使其粉碎成较小颗粒的过程。优化选用先进的处理量大、高效超细破碎机等破碎设备，配有除尘净化设施。

筛分是将粒度范围广泛的粒群按照粒度大小进行分离，从而得到粒度范围较窄的产物。利用筛子作为分级工具，筛子上有特定大小的筛孔。优化选用筛分效率高、能耗低的设备。

磨矿是在机械设备中，借助于介质（如钢球、钢棒、砾石）和矿石本身的冲击和磨剥作用，使矿石的粒度进一步变小，直至研磨成粉末的作业。优化选用先进的处理量大、能耗低、效率高的筒式磨矿机、高压辊磨机等磨矿设备。

分级是将粒度大小不一的混合矿粒在介质中按其沉降速度不同分成若干个粒度相近的窄级别的过程。优化选用先进的分级效率高的高频振动细筛分级机等分级设备。

选别是将物料或产品按照某种标准或特性进行分离或分类的过程。优化选用先进的回收率高、自动化程度高的大粒度中高场强磁选机和跳汰机、立环脉动高梯度强磁选机、冲气机械搅拌式浮选机等选别设备。

脱水过滤是指通过过滤介质将固体颗粒从流体中分离出来的过程。优化选用先进的效率高、自动化程度高的高效浓缩机和大型高效盘式过滤机等脱水过滤设备。

（6）选矿药剂环保性。

选矿药剂环保性至今仍无专门的评价规范和标准，传统的数百种无机或有机选矿药剂，包括捕收剂、起泡剂、絮凝剂、活化剂、抑制剂、pH 调整剂、萃取剂、稀释剂等，在环保方面都存在一定问题。这些对环境有害的化学药剂有氰化物、硫化氢、磷化氢、氟化物、砷化物、重铬酸盐、硫酸铜、硫酸锌、二硫化碳、亚硫酸、各类烷基黄药、有机磷、脂肪醇、苯胺、吡啶、烃、烯、醚、酮、醛酯等上百种。这些选矿药剂通过尾矿、水体、精矿等形式进入环境而危害自然生态与人类健康。因此，环境友好型选矿药剂的开发应用非常必要。

选矿药剂环保性是一个相对概念，用无毒或低毒选矿药剂替代高毒药剂、选矿废水循环使用等都属于选矿药剂环保性方面的进步。无毒、低毒、环境友好型药剂是选矿药剂环保性追求的最终目标，但其发展方向、生产方式、处理模式都还缺乏相关标准和评价规范。

2）石油天然气、地热矿泉水等行业

原油的预处理是指对原油进行脱盐脱水的过程。石油在开采过程中夹带油田伴生盐水和固体沉淀物，导致原油含水、含盐。原油含水量和含盐量因不同油田而异，也与开采年限和采用的强化开采方法（如注水、注气等）有关，含水量可在百分之几、百分之十几甚至高达百分之几十；含盐量可在几十至几千甚至高达几万毫克/升。随着原油的重质化、劣质化趋势，原油含水量、含盐量也有所增加。

原油中的杂质主要包含：少量的泥沙和铁锈等固体杂质；油中含水（油田伴生水、开采过程中注水）；原油中含盐（钠、钾、钙、镁的氯化物，含量：钠盐高于钙盐，镁盐和钾盐很少；硫酸盐、碳酸盐和油溶性有机酸盐）。

一般在油田上都先采取沉降法除去部分水和固体杂质（泥沙、固体盐类等），外输原油控制含水量小于0.5%，含盐量小于50mg/L。本条具体要求如下。

（1）选用合理的原油脱水技术装备进行脱水，选用合理油气分离装备和原油稳定技术。

（2）对伴生有二氧化碳气体、硫化氢气体的油气藏，且伴生气体含量未达到工业综合利用要求的，采取有效处置措施。

4. 国家明令淘汰的落后生产工艺装备

国家明令淘汰的落后生产工艺装备是指在主要采选工艺环节上的能耗大、产生粉尘和噪声的设备对环境有影响的装备，国家明令淘汰的落后生产工艺装备主要是2005年、2011年和2013年发布的《产业结构调整指导目录》。2019年发布的《产业结构调整指导目录（2019年本）》共涉及行业48个，条目1477条，其中鼓励类821条、限制类215条、淘汰类441条。2024年2月1日实施，全国落后生产工艺装备淘汰目录清单，产业结构调整指导目录（2024年本），共涉及行业15个，条目193条。

5. 地热水、矿泉水的利用做到资源分级利用、优质优用

1）地热水

地热能资源是指能够经济地被人类所利用的地球内部的地热能、地热流体及其有用组分，是一种可再生的能源，具有清洁、环保、利用系数高等特点。目前可利用的地热能主要包括：通过热泵技术开采利用的浅层地温能、通过天然通道或人工钻井直接开采利用的水热型地热能以及干热岩体中的地热能。

（1）浅层地温能。

浅层地温能指蕴藏在地表以下一定深度（一般小于200m）范围内岩土体、地下水和地

表水中的热能，它受地球内部能量传导和太阳辐射共同作用而产生，一般温度低于25℃。主要通过地热泵技术对浅层土壤、地下水和地表水中的地热能进行利用。

（2）水热型地热能。

水热型地热能是指蕴藏在地下水中、通过天然通道或人工钻井进行开采利用的地热能。温度一般在25℃以上，埋深介于200 ~ 4000m之间。分为对流型地热能和传导型地热能两种。对流型地热能的成因为构造隆起，包括火山型、非火山型地热系统；传导型地热能的成因为构造坳陷，包括断陷盆地型、坳陷盆地型地热系统。

按照地热水的温度，可分为高温地热能、中温地热能和低温地热能。

（3）增强型地热系统。

增强型地热系统（EGS）是指通过钻井建立地下人工热交换系统获取地热能的系统。埋深一般大于4000m，温度大于200℃。

地热能的利用可分为地热发电和直接利用两大类，而对于不同温度的地热流体可能利用的范围如下。

A.200 ~ 400℃直接发电及综合利用。

B.150 ~ 200℃双循环发电，制冷，工业干燥，工业热加工。

C.100 ~ 150℃双循环发电，供暖，制冷，工业干燥，脱水加工，回收盐类，罐头食品。

D.50 ~ 100℃供暖，温室，家庭用热水，工业干燥。

E.20 ~ 50℃沐浴，水产养殖，饲养牲畜，土壤加温，脱水加工。

2）矿泉水

矿泉水是指饮用天然矿泉水，是指从地下岩石中获得的水源，经过自然过滤和矿物质丰富的岩石接触而富含矿物质。矿泉水是从地下深处自然涌出的或经人工揭露的、未受污染的地下矿水，含有一定量的矿物盐、微量元素或二氧化碳气体，在通常情况下，其化学成分、流量、水温等动态在天然波动范围内的相对稳定。

矿泉水是在地层深部循环形成的，含有国家标准规定的矿物质及限定指标。国家标准中规定的九项界限指标包括锂、锶、锌、硒、溴化物、碘化物、偏硅酸、游离二氧化碳和溶解性总固体，矿泉水中必须有一项或一项以上达到界限指标的要求，其要求含量分别为：锂、锶，锌、碘化物均≥0.2，硒≥0.01，溴化物≥1.0，偏硅酸≥25，游离二氧化碳≥250和溶解性总固体≥1000（单位：g/L）。市场上大部分矿泉水属于锶（Sr）型和偏硅酸型，同时也有其他矿物质成分的矿泉水。

矿泉水等级一般分为特级、一级、二级、三级四个等级。

A. 特级：特级矿泉水是等级最高的，其指标要求最严格，适合于优质稀有水源地。

B. 一级：一级矿泉水是优质的矿泉水，适合于人类日常饮用。

C. 二级：二级矿泉水是相对普通的矿泉水，含有一定的矿物质，适合于泡茶、煮饭等用途。

D. 三级：三级矿泉水是天然水或纯净水，经过适当的处理和消毒，适合于日常饮用或作为饮料的配料。

矿泉水的加工工艺如下。

A. 采集原水：矿泉水的原水通常是天然地下水或山泉水，需要在合适的地方进行采集。采集好的原水需要经过严格的检测和筛选，以确保其符合矿泉水的质量标准。

B. 前处理：原水经过粗过滤、沉淀、澄清等前处理步骤，去除其中的悬浮物、泥沙、有机物等杂质。

C. 深度处理：经过前处理的水进入反渗透设备，通过滤膜将其中的离子、微生物等有害物质去除，得到高纯度的水质。此过程还可以加入适量的氯等消毒剂，以确保水质的卫生安全。

D. 矿化调整：将深度处理好的水按照矿泉水标准配制成合适的硬度、pH 值等，同时加入适量的矿物质和微量元素，赋予其特有的滋味和营养成分。

E. 灌装封装：将调整好的矿泉水经过灌装、消毒、封装等步骤，装入瓶子、罐子等容器中，以保证其质量和卫生安全。最终的矿泉水产品可以在市场上销售，供人们饮用。

矿泉水取水处（泉眼）的保护需要综合运用多种措施，从设立保护区、建立监测体系、加强污染防治、环境宣传教育、制定和执行法律法规，以及科研和技术支持等方面入手，确保水源地的水质安全和矿泉水的可持续利用。

涉及地点：加工车间（选矿厂）。

现场评价或支撑材料：①选矿或矿物加工设计方案、生产工艺流程。②设备清单，选矿工艺中使用的药剂清单。③查看现场选矿加工设备。④有关设备、工艺的照片。

13　选矿回收率

标准分：2。

评分说明：选矿回收率符合矿产资源合理开发利用“三率”指标一般要求及以上。符合要求得 2 分，不符合得 0 分。

考核方法：查资料。

依据或标准：自然资源部发布的“三率”指标要求，符合环评批复相关要求。

指标属性：约束性。

【解析】本条是体现矿产资源选矿过程中对有用成分回收利用的水平。

本条要求是根据“绿色矿山建设规范原煤入选率、采矿回收率”等要求而制定的评价指标。附件二列出 43 种矿产资源三率指标。

1. 选矿回收率

选矿回收率是指选矿产品（一般指精矿）中所含被回收有用成分的质量占入选矿石中该有用成分质量的百分比。

$$选矿回收率=\frac{精矿产品中某组分质量}{入选原矿中该组分质量}\times 100\%$$

$$=\frac{某组分精矿产品质理\times 该组分精矿品位}{入选原矿质量\times 该组分原矿品位}\times 100\%$$

2. 原煤入选率

原煤入选率是指每年进入选煤设备进行分选的原煤量与矿山年度生产原煤量的百分率。煤炭矿山企业的原煤入选率原则上应达到75%以上。

$$原煤入选率=\frac{年度进入选煤设备煤量}{年度生产原煤量}\times 100\%$$

3. 煤层气、石油、天然气、油页岩的回收率

（1）石油、天然气回收率是指从地下矿藏中采出的可商业化的石油和天然气的总量与其所在储层可采储量的比率。

$$石油、天然气回收率=\frac{采出的可商业化的石油和天然气的总量}{储层可采储量}\times 100\%$$

（2）煤层气回收率是指经过集输、净化等工艺处理后的煤层气量占煤层气工业产气量的百分比。

$$煤层气回收率=\frac{处理后的煤层气量}{煤层气工业产气量}\times 100\%$$

煤层气工业产气量指井口的煤层气产量。煤层气回收率不低于86%。

（3）油页岩的油回收率是指从干馏炉中回收的油页岩油量占进入干馏炉中的油页岩油量的百分比。

$$油页岩回收率=\frac{干馏炉中回收的油页岩油量}{进入干馏炉中的油页岩油量}\times 100\%$$

4. 其他

石材开采矿山一般考虑板材成材率指标。

芒硝矿开采后直接化工加工，无选矿，故不设选矿回收率指标。

现场评价或支撑材料：生产报表或台账及财务数据。

第二节　共伴生资源综合利用（非建材类）

本节适用于非金属、化工、黄金、冶金、有色、油气、煤炭、地热水、矿泉水等行业。

14　共伴生资源综合勘查与评价

标准分：2。

评分说明：按矿产资源综合勘查评价规范进行综合勘查、综合评价。符合要求得2分，不符合得0分。

考核方法：查资料、查现场。
依据或标准：《矿产资源综合勘查评价规范》(GB/T 25283)，符合环评批复相关要求
指标属性：提升性。

【解析】本条是对共伴生资源开发的原则性要求。

本条要求是根据《绿色矿山建设规范》中“应对共伴生资源进行综合勘查、综合评价、综合开发”等要求而制定的评价指标。

1. 相关标准

《矿产资源综合勘查评价规范》(GB/T 25283)规定了矿产资源勘查各阶段和矿山地质工作中，综合勘查评价的目的和任务、基本原则及工作要求、矿产资源储量类型的确定和估算等。

我国很多省份矿产资源在经济发展中所占比重很大，随着《关于建立以国家公园为主体的自然保护地体系的指导意见》的下发，大量的矿产资源开发受限，开发低品位的共伴生资源势在必行。

2. 矿产资源开发利用方案

《矿产资源开发利用方案》是为加强矿产资源开发利用前期管理，采矿权申请人需向采矿登记管理机关提交的技术方案，是采矿权审查的重要内容之一。矿产资源开发利用方案须按自然资源部制订的编写内容编写，包括概述、矿产品需求分析、矿产资源概况、主要建设方案、矿床开采、选矿及尾矿设施、环境保护、土地复垦、开发方案简要结论和附图等。

3. 共伴生资源概念

共生资源是指同一成因、同一成矿阶段中形成的一组矿物，彼此互称为共生矿物。伴生资源是指同一成因、同一矿化期（或矿化阶段）生成的、非同一组但在空间上共存的矿物。

共生矿产是在同一矿区（或矿床）内存在两种或多种符合工业指标，并具有小型以上规模（含小型）的矿产。伴生矿产是在矿床（或矿体）中与主矿、共生矿一起产出，在技术和经济上不具单独开采价值，但在开采和加工主要矿产时能同时合理地开采、提取和利用的矿石、矿物或元素。

共伴生资源有如下特点[4]。

（1）共伴生资源数量大，大多数主矿种都有共伴生资源。

（2）共伴生矿一般情况下与主矿种一起产出，在技术和经济上不具有单独开采价值。

（3）开采过程中为保证主矿种的开发，共伴生资源贫化比较严重。

基于上述特点，加大科技创新，选择先进适用、经济合理的工艺和技术对共伴生资源的综合利用非常必要。低品位有价元素的提取是共伴生资源开发和利用的关键、重点和难点。

4. 综合勘查、综合评价、综合开发

矿产资源综合利用是综合勘查、综合评价、综合开发的延伸，综合找矿、综合勘查、

综合评价、综合开发则是共伴生资源开发利用的基础。对共伴生矿产资源进行综合评价、综合勘查，采用与主矿种同采同运、分采分运、共采分选等方式进行开发。

1）综合勘查

综合勘查是勘查主要矿产时对伴生矿产和共生矿产同时进行勘查的工作。综合勘查可提高资源利用率和经济效益，降低勘查成本，是矿产勘查工作中应重视的问题。

（1）综合勘查时，应当考虑共伴生组分及其分布规律，取样和测试方法的合理选择，工业指标正确确定和共伴生组分储量计算方法的选择等方面。综合勘查可提高资源利用率和经济效益，降低勘查成本。

（2）同体共生矿产应随主矿产一起进行综合勘查评价，对于达到工业利用要求、矿产资源储量规模达到中型及以上的同体共生矿产，当主矿产勘查程度达不到共生矿产相应要求时，可根据实际需要，按该矿种的勘查规范适当增加勘查工程或进行专门的勘查工作。

（3）异体共生矿产的勘查工作应利用揭露主矿产的工程或增加适当工作量对矿体进行勘查和评价；对矿产资源储量规模达到中型及以上、揭露主矿产的工程达不到相应控制程度的，应根据实际需要，按该矿种的勘查规范进行专门的勘查和评价工作。

2）综合评价

综合评价是对综合勘查出的主矿产、共生或伴生矿产进行科学的、综合的评价，确定其可供利用的经济技术价值和开采条件等。

综合评价时，对矿床内的各类矿石，应查证共伴生矿产的矿石矿物组成、粒度、结构构造特征，有用、有益和有害组分的赋存状态，矿物之间的共生关系。对呈分散状态存在的组分，应查明载体矿物及赋存形式（如呈类质同象、呈固熔体或微晶分散状态的包裹体、呈离子或络合离子状态吸附于矿物表面、胶体等），加强工艺矿物学的研究，选择合理的加工选冶方法和流程。在勘查报告中应对查明的共伴生资源进行综合评价。

3）综合开发

综合开发是指对共生和伴生矿产进行统筹规划，按一定顺序，对不同矿床或同一矿床的不同有益组分，以及不同层位的共生和伴生矿产同时进行开采。

4）相关要求

（1）在勘查过程中发现共伴生资源时要进行综合勘查。

（2）在勘查报告中应对查明的共伴生资源进行综合评价。

（3）在资源开发利用方案中，对有利用价值的共伴生资源提出综合开发要求。

（4）确定共伴生资源在目前的社会、技术和经济指标条件下是否有开发利用的价值，以及在实际勘查、生产中进行合理利用。

5. 共伴生资源开发利用方案编写

制定共伴生资源综合开发利用方案时，应根据国家《矿产资源综合勘查评价规范》和《矿产资源开发利用方案编写内容》规定编制并严格执行。具体内容包括概述、矿产品需求分析、矿产资源概况、主要建设方案确定、矿床开采、选矿及尾矿设施、环境保护、土地复垦、开发方案简要结论和附图等。确定共伴生矿综合开发利用方案应考虑：

（1）开采设计方案需充分考虑共伴生资源共采，充分利用已有的生产系统。

（2）凡具备综合利用条件的项目，其项目建议书、可行性研究报告和初步设计均应有伴生资源开发和资源综合利用内容。

现场评价或支撑材料：①矿产资源开发利用方案。②勘查报告、评价报告。③环境影响评价报告。

15 共伴生矿产资源综合利用率

标准分：2。

评分说明：共伴生矿产综合利用率达到国家发布的矿产资源合理开发利用“三率”指标一般要求及以上。符合要求得2分，不符合得0分。

考核方法：查资料。

依据或标准：自然资源部发布的“三率”指标要求，符合环评批复相关要求。

指标属性：约束性。

【解析】本条是对共伴生资源开采工艺技术的要求，以提升共伴生资源开发利用水平。

本条要求是根据《绿色矿山建设规范》中有关共伴生矿产综合利用率要求而制定的评价指标。附件二列出43种矿产资源三率指标。

矿产资源综合利用率主要是估算主、共（伴）生矿产资源的综合利用程度。是指矿山企业开发利用的主、共伴生矿产资源及其生产过程中所产生的尾矿、废石、废水、废气、废渣等的综合利用程度。矿产资源综合利用率也叫共（伴）生矿产综合利用率。它是指通过选冶等工艺过程能够回收、利用的有用组分的总质量与其所对应消耗资源储量中储量表所列矿种有用组分总质量的百分比（矿山难以检测和计量的元素除外）。

矿产资源综合利用率的计算公式是：综合利用率＝采选利用的（主）共伴生有用组分的质量和与动用资源储量中（主）共伴生有用组分质量和百分比。矿产资源综合利用率计算公式：

$$\text{矿产资源综合利用率} = \frac{\text{选冶等后续工艺过程能够回收、利用的有用组分的总质量}}{\text{其所对应消耗资源储量中储量表所列矿种有用组分的总质量}} \times 100\%$$

$$= \frac{\text{开采回采率} \times \text{选矿回收率} \times \text{原矿品位}}{\text{当量品位}}$$

加大科技创新，选择先进适用、经济合理的工艺和技术对共伴生资源的综合利用非常必要。低品位有价元素的提取是共伴生资源开发和利用的关键、重点和难点。

现场评价或支撑材料：①共伴生资源开发报告或方案。②环境影响评价报告。③有先进适用的技术证明。④相关的措施和设施。

16　对暂不能开采利用的矿产

标准分：1。

评分说明：对暂不能开采利用的共伴生矿产采取保护措施。符合要求得1分，不符合得0分。

考核方法：查资料、查现场。

依据或标准：《矿产资源开发利用方案》，矿山设计，符合环评批复相关要求。

指标属性：提升性。

【解析】本条是对暂不能开采利用的共伴生矿产采取有效保护措施的要求。

《矿产资源开发利用方案》的相关内容见评价指标14部分的内容。

《中华人民共和国矿产资源法》第三十条规定：在开采主要矿产的同时，对具有工业价值的共生和伴生矿产应当统一规划，综合开采，综合利用，防止浪费；对暂时不能综合开采或者必须同时采出而暂时还不能综合利用的矿产以及含有有用组分的尾矿，应当采取有效的保护措施，防止损失破坏。

暂不能综合开采的矿产是指共伴生矿产在采、选、冶技术暂时没有解决；开采出来技术上不能处理；经济不过关或国内市场暂时没有销路的；在开采主要矿产时，主矿产与暂时不能综合利用的共伴生矿产不能分采、分运，只能一起采出的矿产；主矿产和伴生有用组分都存在于同一种矿石里，只能同时采出，在选、冶过程中分离出来的矿产。

矿山企业应当贯彻"综合勘探、综合评价、综合开采、综合利用"的方针，加强对矿产资源综合利用的可行性研究，新建或改建矿山的设计应当落实综合开发利用的技术方案、工艺和措施。在采选主要矿产的同时，对具有工业价值的共伴生矿产，在技术可行、经济合理的条件下，都要综合利用矿产资源，矿山企业及其上级主管部门要进行统一规划；对跨部门管辖的矿种，要打破部门和行业分割的界限，由开采主要矿种的部门负责，有关部门参与进行规划、设计，实行一业为主，多业经营。对重要复杂的矿床，国家要专门组织矿产综合利用的科技攻关。

对暂不能综合开采或者必须同时采出而暂不能综合利用的矿产，以及含有有用组分的尾矿，应当采取有效的保护措施。对暂不能综合开采的矿产，可以保留必要的保安矿柱并维护好巷道和必要的设施，留待以后开采；矿山企业应当执行综合利用与治理污染相结合的方针，加强对滞销矿石、粉矿、中矿、尾矿、废石和煤矸石的管理，积极研究其利用途径。

现场评价或支撑材料：①矿产资源开发利用方案。②环境影响评价报告。③能够体现对暂不能开采利用的共伴生矿产保护的方案或制度。

第三节　固废综合利用（非建材类）

本节适用于非金属、化工、黄金、冶金、有色、油气、煤炭、地热水、矿泉水等行业。

17　工业固废处置与利用

标准分： 2。

评分说明： 通过回填、铺路、工程建设等方式充分利用固体废弃物，得 0.5 分；剥离表土用于土地复垦、生态修复，得 1 分（无表土的，直接得 1 分）；渗滤液收集、废水处理、地下水环境监测等尾矿库污染防治设施符合相关法规标准要求，得 0.5 分。

考核方法： 查资料、查现场。

依据或标准：《矿产资源开发利用方案》《一般工业固体废物贮存和填埋污染控制标准》(GB18599)、《尾矿污染环境防治管理办法》，符合环评批复相关要求

指标属性： 提升性。

【解析】本条是对固废、表土的处置和综合利用的要求

本条要求是根据《绿色矿山建设规范》中有关废弃物资源化利用的要求而制定的评价指标。

1. 相关法律法规、标准、法定文件

《一般工业固体废物贮存和填埋污染控制标准》(GB 18599)规定了一般工业固体废物贮存场、填埋场的选址、建设、运行、封场、土地复垦等过程的环境保护要求，以及替代贮存、填埋处置的一般工业固体废物充填及回填利用环境保护要求，以及监测要求和实施与监督等内容。

《尾矿污染环境防治管理办法》(中华人民共和国生态环境部令第 26 号)自 2022 年 7 月 1 日起施行，目的是为了防治尾矿污染环境，更加突出保护和改善生态环境。

《矿产资源开发利用方案》的相关内容见评价指标 14 部分的内容。

2. 固废的概念

废弃物是指特定条件下对某一活动无用、不要而丢弃的物品、物质；广义而言，包括固态、液态和气态废弃物；狭义而言，多指固废或含大量固体的废弃物；但需要说明，“无用、不要”是相对的，并不表示丢弃的废弃物完全失去了使用价值，当技术、环境等条件改变或活动方式、方法、目的改变后，被丢弃的废弃物有可能成为生产的原材料、燃料或消费物品，这是废弃物资源化处理的基础。

固体废物是指在生产、生活和其他活动中产生的丧失原有利用价值或者虽未丧失利用价值但被抛弃或者放弃的固态、半固态和置于容器中的气态的物品、物质，以及法律、行政法规规定纳入固废管理的物品、物质。

3. 尾矿资源综合利用

尾矿资源综合利用的途径主要有二次回收和资源化利用。二次回收可以回收其中的有用矿物，为矿山企业创造经济效益。整体利用方面，矿山尾矿资源中 80% 以上是非金属矿物，所含成分与建材、无机化工、轻工业等非金属原材料相似，经过适当加工可作为建

材、无机化工、轻工业等非金属材料的原材料，且不需要采矿、碎磨、筛分等加工作业，便可以作为细粒复合矿物原料使用。下面对尾矿、煤矸石等综合利用方向进行简单介绍。

（1）建筑石料集中开采区的建筑石料矿山都要加装先进的机制砂生产线，对矿山剥离土等固废可洗选分筛机制砂的洗选排水必须采用多级沉淀、循环利用，沉淀的泥土用于制作建筑用砖，基本实现零排放。

（2）尾矿的综合利用主要包括有价元素回收、尾矿充填、制作建筑材料、制作化工产品、原料直接利用以及土壤改良利用等方式。

（3）煤矸石的综合利用主要包括有价元素回收、余热利用、煤矸石充填、制作建筑材料、原料直接利用以及土壤改良利用等方式。

4. 固废的资源化利用

控制固废对环境污染和对人体健康危害的主要途径是对固废进行资源化利用，全过程实现固废的减量化、资源化和无害化处理。

1）减量化处置

减量化处理又称为“三减”处理，即减少、减量、减害。它指的是通过减少产生固体废物的数量，减少无法回收的固体废物的放置，最大限度地减少堆放污染物的面积和减少污染物对环境的危害。矿山主要采用降低贫化率和降低剥采率的方式来固体减少固体废弃物的产生以及将可回收的废物与不可回收的废物分类存储，减少废物的体积和重量。

矿山资源被大量开采后，会留下大面积的采空区，对矿山采空区的回填是直接利用固体废弃物的有效途径之一。在采矿过程中，以矿山固废作为采空区的充填物，实现资源的回收利用，也减少了矿山固废对生态环境的破坏。主要有两种方式：一是直接回填到采空区，采矿产生的废石或水仓的淤泥不出坑，将固废直接回填到采空区中；二是将废石破碎到一定的粒径，作为充填骨料，改善全尾砂的级配，充填到井下采空区。采用固体废弃物作为充填料，可就地取材，废物利用，不仅解决因固体废弃物堆放造成环境污染的问题，减轻相关企业的经济负担，还可省去或大大减少固体废弃物堆放场所的建设及其运行费用。

2）资源化处置

固废资源化是指对固废的再循环利用，实现回收能源和资源。对工业固废的利用，必须根据具体的行业生产特点而定，还应注意技术可行、产品具有竞争力及能获得经济效益等因素。

（1）筑路。

废石和尾矿内含大量的脉石，质地坚硬，是天然的砂石材料，可以用来制作合格的砂石骨料，用作路基的铺设材料，一方面可大幅度减少开山炸石生产砂石料对环境的影响；另一方面也解决了废石及尾矿地表堆存带来的环境问题。

另外，针对低品位铁矿石，也可以选用高效干、湿法磁选机进行预选抛尾。使得少量预选精矿进入后段磨机细磨选矿，大量干、湿法抛出的尾矿可用于人工砂石料、免烧砖等建筑原料，使预抛尾矿得到高效利用，降低选矿成本。

（2）工程建设。

工程建设是指建筑工程、线路管道和设备安装工程、建筑装饰装修工程等工程项目的新建、扩建和改建，是形成固定资产的基本生产过程及与之相关的其他建设工作总称。固体废弃物一般情况下不能直接用于工程建设。

（3）制作建筑材料。

黏土制砖导致土地资源被损坏，水泥的制备会消耗大量的黏土和石灰等不可再生资源，使用尾矿代替这些原材料，可有效解决土地资源破坏的问题，也能实现尾矿资源的充分利用。矿山固废制作建筑材料主要包括生产建筑用砂石骨料、砖块、水泥、玻璃制品和建筑陶瓷。

A. 砂石骨料，多数矿山废石强度高、力学性能稳定，可用来制成砂石骨料。矿山废石生产机制砂是废石利用量最大的一种方式。

B. 砖块，利用尾矿和其他工业固废为主要原料，在添加剂的作用下，经蒸压成型制造成加气混凝土砌块和蒸压砖，与传统建材产品相比，性能优良，是国内外广泛应用的新型节能墙体材料。

C. 制作水泥和硅酸盐建材，由于固废中含有大量的铝、硅等元素，可以经提取之后制作硅酸盐岩建材。碳酸盐岩型和高铝硅酸盐岩型尾矿可以代替石灰石和黏土用于煅烧水泥熟料。火山凝灰岩贫硫型黄金矿床尾矿富含硅、铝，可直接压制建筑用砖或作为水泥原料；碳酸盐岩型矿床尾矿也可作为水泥原料。当尾矿成分与水泥成分相差较大时，可作为掺配料或矿化剂使用。

D. 玻璃制品，利用矿石中含有大量的石英，硅酸盐岩含有大量的萤石、方解石、白云石。花岗岩型的尾矿可以作为生产玻璃的原料和配料；当金属矿尾矿的氧化物成分与其原料成分接近，通过调整工艺和配方，用铁尾矿可以生产满足性能要求的陶瓷玻璃。

E. 铸石。矿山固废中含有花岗岩、白云岩、萤石等，可将其作为铸石的理想材料。

（4）用作矿物化肥或土壤改良剂。

磷石膏、炼钢钢渣、脱硫灰渣、电除尘灰等工业废弃物含有大量的磷、钾、钙、镁等的矿物质元素通过化学转化、生物发酵等特定的工艺处理，可将有机废弃物转化为富含养分的肥料，对土壤起到改善土质的作用。如磷石膏是磷酸生产过程中产生的副产品，通过CO2 矿化等技术，可以将其转化为硫基复合肥，既解决了磷石膏的堆放问题，又提供了优质的肥料资源；钢铁、有色金属等冶金行业产生的电除尘灰中含有大量的氯化钾资源，通过水浸出、沉降分离、硫化钠除杂、分步结晶等工艺，可以回收其中的氯化钾，用于农业生产。

矿山副产品、粉煤灰、炉渣等工业固废具有增加土壤的疏松度、含有能够中和土壤酸碱度的成分、含有丰富的矿物质元素和有机质等特点，经过适当处理，可以作为土壤改良剂使用，不仅改善了土壤的特性，还可以改善土壤的透气性、空隙度和结构性。

3）无害化处置

固废的无害化处置是指经过适当的处理或处置，使固废或其中的有害成分无法危害环境，或转化为对环境无害的物质。下面以尾矿为例，介绍固废无害化处置方法。

（1）化学中和法。化学中和法是利用添加碱性物质（如石灰、碳酸盐岩等）与矿山尾矿混合堆放发生中和反应，从而实现控制酸性矿山废水的产生。其中，将石灰等碱性物质与矿山尾矿混合中和，以提高矿山尾矿的环境pH值，而pH的升高可以有效降低可能起氧化作用的微生物活性，从而抑制其氧化。另外，添加碱性物质还能与矿物金属离子形成金属沉淀物沉积在矿山尾矿的表面，形成一层有效抑制尾矿氧化溶出产生的酸性矿山废水，最终达到处理尾矿的目的。

（2）物理隔离法。所谓物理隔离法就是采用水体、碎石、污泥、木屑废物等材料覆盖在矿山尾矿表面以隔离其与氧气的接触，从而控制其产生酸性矿山废水的方法。如在加拿大魁北克省的某矿山尾矿就被直接排放到一个由土坝围筑的永久性水库中，从而实现水体隔离矿山尾矿的防氧化处理。此外，还有科技人员采用水体隔离的方法处理加拿大的一处铀尾矿，从连续运行两年的监测数据表明，用水体隔离的方法能有效防止氧气接触尾矿，以减少酸性矿山废水的产生。

（3）表面固化法。表面固化法是采用有机或无机的药剂（如石灰、磷酸盐、硅酸盐、有机物等）通过物理化学作用在尾矿或表面形成保护膜，以阻止氧气、水及微生物接触尾矿表面，从而抑制尾矿化学氧化和生物氧化，最终实现防止酸性矿山废水产生的目的。如有人采用油酸钠在硫铁矿物上形成一层钝化保护膜，以防止硫铁矿物的氧化，最终达到从源头控制酸性矿山废水的产生。

（4）植被修复法。与其他方法相比，尾矿的植被修复更加环保和廉价。一般而言，尾矿的植被修复法主要有两种，一种是在尾矿表面覆盖一层厚度适宜的土壤，然后再种上植物。这一方法虽然有效，但需要移植大量的客土，还要有一系列的后续工艺相配套，较高的运行成本影响了它的大规模推广使用。

5. 剥离表土的综合利用

开采前应当对拟损毁的耕地、林地、牧草地进行表土剥离堆存，剥离的表土用于被损毁土地的复垦。

表土剥离是指露天开采中，将覆盖在矿体上部及周围的表土和岩石剥离后，需运到一定的地点排弃。在绿色矿山建设过程中要求表土剥离后先保存，用于后期的土地复垦。

1）表土堆存

（1）“分区、分片集中保存”，表土临时堆存应尽量占用场内空闲地，如场内无适合堆处则应另行征地，表土保存过程中应设有临时防护措施。表层营养丰富的腐殖质土挖除并集中堆放。

（2）表土堆放点应将原地面整平。表土回填及整地过程中地面与周边地形应相协调，应避免出现中间低四周高，以避免雨天造成洼地积水。

（3）堆放点应远离河道。如堆放在渣场，一般应集中堆放在渣场下游或者两侧地势平缓处，避开低洼及水流汇集处。

（4）对于表土堆土场，尽量避免高填，并进行分层填筑、分层压实。

（5）表土堆放量小，可用塑料彩条布或薄膜覆盖，四周用土袋压脚。

（6）表土如保存期较长，超过1个生长季，可撒播草籽临时绿化，草种应该选择有培肥地力的牧草（如豆科）。

（7）临时占地利用完毕后应先铲除地表泥结石层，然后回填表土进行全面整地，全面整地后地面高度应与周边相一致，以利于复绿、复耕（园）。

（8）当采用喷混植生或打土钉挂网喷草绿化时，不需覆土。

（9）应利用表土进行复垦复绿或资源化利用。

注：矿山削顶和表土剥离是有差别的，共同点是都针对露天矿开采。矿山削顶是针对比较大的露天矿在采用自上而下分台段开采时先期做出的工作平台，其削顶部分可能是表土也可能是矿石（如石灰石矿山）。表土剥离一般是指较小型的矿山为采出矿石而将无用的覆盖层剥离掉。凹陷露天矿开采一般都需要表土剥离。

2）表土利用

剥离的表土用于复垦可有效保护地表熟土资源不流失，不浪费，减少复垦造地时外调土产生的额外资金投入。剥离的表土进行造地复垦，土壤肥力充足，作物产量高、减少造地外调土的熟化费用和时间，能有效地减少水土流失[4]。

（1）表土的利用是露天矿开采的重要技术和手段之一。露天开采宜采用剥离－排土－造地－复垦的一体化技术，采用台阶式开采、表土独立存放的技术和手段，为后期生态系统恢复提供可行条件。有表土的露天开采最经济的做法是将揭露的废石和表土分类堆放，矿山开采结束后，对废石场和露天坑进行覆土，然后进行复绿和种植植被。

（2）按设计要求建设合适的表土堆存场地（废石场），表土堆放场应布置合理、堆存有序。

6. 渗滤液收集、废水处理、地下水环境监测等尾矿库污染防治设施符合相关法规标准要求

《尾矿污染环境防治管理办法》《一般工业固体废物贮存和填埋污染控制标准》等标准或政策文件提出了对渗滤液收集、废水处理、地下水环境监测等尾矿库污染防治设施的要求。

1）《尾矿污染环境防治管理办法》的有关规定

第十条　新建、改建、扩建尾矿库的，应当根据国家有关规定和尾矿库实际情况，配套建设防渗、渗滤液收集、废水处理、环境监测、环境应急等污染防治设施。

第十一条　尾矿库防渗设施的设计和建设，应当充分考虑地质、水文等条件，并符合相应尾矿属性类别管理要求。

尾矿库配套的渗滤液收集池、回水池、环境应急事故池等设施的防渗要求应当不低于该尾矿库的防渗要求，并设置防漫流设施。

第十二条　新建尾矿库的排尾管道、回水管道应当避免穿越农田、河流、湖泊；确需穿越的，应当建设管沟、套管等设施，防止渗漏造成环境污染。

第十三条　采用传送带方式输送尾矿的，应当采取封闭等措施，防止尾矿流失和扬散。

第十五条　尾矿库运营、管理单位应当采取防扬散、防流失、防渗漏或者其他防止污染环境的措施，加强对尾矿库污染防治设施的管理和维护，保证其正常运行和使用，防止尾矿污染环境。

第二十一条　尾矿库运营、管理单位在环境监测等活动中发现尾矿库周边土壤和地下水存在污染物渗漏或者含量升高等污染迹象的，应当及时查明原因，采取措施及时阻止污染物泄漏，并按照国家有关规定开展环境调查与风险评估，根据调查与风险评估结果采取风险管控或者治理修复等措施。

生态环境主管部门在监督检查中发现尾矿库周边土壤和地下水存在污染物渗漏或者含量升高等污染迹象的，应当及时督促尾矿库运营、管理单位采取相应措施。

第二十四条　尾矿库运营、管理单位应当在尾矿库封场期间及封场后，采取措施保证渗滤液收集设施、尾矿水排放监测设施继续正常运行，并定期开展水污染物排放监测，确保污染物排放符合国家和地方排放标准。

尾矿库的渗滤液收集设施、尾矿水排放监测设施应当正常运行至尾矿库封场后连续两年内没有渗滤液产生或者产生的渗滤液不经处理即可稳定达标排放。

尾矿库运营、管理单位应当在尾矿库封场后，采取措施保证地下水水质监测井继续正常运行，并按照国家有关规定持续进行地下水水质监测，直到下游地下水水质连续两年不超出上游地下水水质或者所在区域地下水水质本底水平。

第二十九条　鼓励地方各级生态环境主管部门综合利用远程视频监控、无人机、遥感、地理信息系统等手段进行尾矿污染防治监督管理。

2）《一般工业固体废物贮存和填埋污染控制标准》的有关规定

（1）贮存场和填埋场一般应包括以下单元。

A. 防渗系统、渗滤液收集和导排系统。

B. 雨污分流系统。

C. 分析化验与环境监测系统。

D. 公用工程和配套设施。

E. 地下水导排系统和废水处理系统（根据具体情况选择设置）。

（2）贮存场及填埋场在施工完毕后应保存施工报告、全套竣工图、所有材料的现场及实验室检测报告。采用高密度聚乙烯膜作为人工合成材料衬层的贮存场及填埋场还应提交人工防渗衬层完整性检测报告。

（3）贮存场及填埋场渗滤液收集池的防渗要求应不低于对应贮存场、填埋场的防渗要求。

（4）当天然基础层饱和渗透系数不大于 1.0×10^{-5}cm/s，且厚度不小于 0.75m 时，可以采用天然基础层作为防渗衬层。

（5）Ⅱ类场应设置渗漏监控系统，监控防渗衬层的完整性。渗漏监控系统的构成包括但不限于防渗衬层渗漏监测设备、地下水监测井。

（6）封场后渗滤液处理系统、废水排放监测系统应继续正常运行，直到连续 2 年内没有渗滤液产生或产生的渗滤液未经处理即可稳定达标排放。

涉及地点：表土堆放场、临时堆放场、尾矿库。

现场评价或支撑材料：①资源开发利用方案（综合利用工艺或系统）。②环境影响评价报告。③财务报表。④矿产资源开发利用方案中有关表土利用的方案，查看表土库的堆放情况。⑤尾矿库污染防治设施。

18　回收提取有价元素 / 有用矿物

标准分：1。

评分说明：鼓励从已有尾矿、煤矸石、废石等固体废弃物中提取有价元素或有用矿物。符合要求得1分，不符合得0分。

考核方法：查资料、查现场。

依据或标准：生产报表、销售报表、财务报表等，符合环评批复相关要求。

指标属性：提升性。

【解析】本条是对固废中提取有价元素的要求。

本条要求是根据《绿色矿山建设规范》中有关资源综合利用等的要求而制定的评价指标。

随着我国经济的健康稳定发展，矿产资源的需求量日益增加，优质矿产资源越来越少，资源贫乏越来越明显，尾矿、煤矸石等作为潜在的二次矿产资源越来越受到重视。

尾矿、煤矸石等再选或有价元素的回收（含有益组分、有用矿物利用）是尾矿、煤矸石等整体综合利用的主要措施之一，尾矿、煤矸石等再选既可减少尾矿坝建坝（或建设堆放场所）及维护费，节省破磨、开采、运输等费用，还可节省设备及新工艺研制的更大投资，因此越来越受到重视。矿山尾矿、煤矸石等具有二次资源与环境污染的双重特性。通过有价元素的回收，有益组分、有用矿物的利用，可以减少最终废弃物的排放，减少对环境的污染。

1. 煤矸石

煤矸石是采煤过程和洗煤过程中产生的固体废物，是一种在成煤过程中与煤层伴生的一种含碳量较低、比煤坚硬的黑灰色岩石，包括巷道掘进过程中的掘进矸石、采掘过程中从顶板、底板及夹层里采出的矸石以及洗煤过程中挑出的洗矸石。其主要成分是Al_2O_3、SiO_2，另外还含有数量不等的Fe_2O_3、CaO、MgO、Na_2O、K_2O、P_2O_5、SO_3和微量稀有元素（镓、钒、钛、钴）。

2. 尾矿

从尾矿资源中二次回收有价金属是尾矿资源开发的一个重要战略方向。我国矿业资源的主要特点是共伴生矿物较多，受到选冶技术条件的限制，许多有价金属或稀有元素残留在矿山尾矿。随着科技的迅速发展，选冶设备和技术的提高已逐步对尾矿中的有价元素进行综合回收利用。尾矿大都含有各种有色、黑色、稀贵、稀土和非金属矿物等有价成分，是宝贵的二次矿产资源。尾矿有价元素回收不但能缓解日益紧张的矿产资源供需矛盾，而且随着市场需求的变化有望获得较好的经济效益，因此，回收有价元素被认为是矿山尾矿综合利用的途径之一。

3. 废石

矿山废石中的有价元素种类繁多，主要包括金属元素和非金属元素两大类。金属元素如铁、铜、铅、锌、金、银等，在矿山废石中常以伴生矿或残余矿物的形式存在。非金属元素如硫、磷、硅等，在特定条件下也具有较高的利用价值。矿山废石中有价元素的回收技术多种多样，主要包括磁选、浮选、重选、化学浸出等。这些技术可根据废石中有价元素的种类和含量进行选择和组合，以实现最佳回收效果。

涉及地点：尾矿库、矸石山。

现场评价或支撑材料：①固废综合利用设计方案。②环境影响评价报告。③财务报表、销售报表。④固体废弃物的化验单或检测报告。

第四节　废水综合利用（非建材类）

本节适用于非金属、化工、黄金、冶金、有色、油气、煤炭、地热水、矿泉水等行业。

19　生产废水综合利用

标准分：3。

评分说明：

①配备完备的废水处理设施，并正常运行的得 1 分。

②采用洁净化、资源化技术工艺合理处置矿井水、废水、尾水，得 1 分。煤矿、黄金等行业矿井水处置率达到 100%，不达标不得分。

③选矿废水循环利用，得 1 分。煤矿矿井水利用率达到相关标准，冶金选矿废水循环利用率不低于 90%，非金属矿山选矿废水重复利用率不低于 85%，化工行业选矿回水利用率达到 100%，地热矿泉水尾废水集中处理达标后外排或回灌。不达标不得分。

考核方法：查资料、查现场。

依据或标准：《煤炭采选业清洁生产评价指标体系》（国家发展改革委、生态环境部、工业和信息化部，2019 年发布），冶金、非金属、煤炭、化工行业绿色矿山建设规范，符合环评批复相关要求。

指标属性：提升性。

【解析】本条是对开采、生产废水的处置与综合利用的要求。

本条要求是根据《绿色矿山建设规范》中有关矿井水、选矿废水等的处理、利用等要求而制定的评价指标。

生产废水指的是矿山开采和选矿生产过程中产生的废水。

1. 相关标准

《煤炭采选业清洁生产评价指标体系》规定了煤炭采选企业清洁生产的一般要求，它将清洁生产指标分为五类，即生产工艺及装备指标、资源能源消耗指标、资源综合利用指标、生态环境指标、清洁生产管理指标。适用于煤炭采选企业的清洁生产审核、清洁生产潜力与机会的判断以及清洁生产绩效评定和清洁生产绩效公告制度，也适用于环境影响评价、排污许可证管理、环保领跑者等环境管理制度。

2. 矿井水收集、处理与综合利用

矿井水，是指在矿建和开采过程中，所有渗入井下采掘空间的水，有时也含有少量渗入的地表水。主要包括地下涌水、地表渗透水、井下生产排水（防尘、灌浆、设备冷却水等外排水）汇集所产生的废水。矿井水是矿井生产过程中排放量最多的废水。

矿床开采破坏了地下水的原始赋存状态并产生了裂隙，密切了大气降水、地表水、地下水和生活用水之间的水力联系，使各种水沿着原有的和新的裂隙渗入井下采掘空间形成矿井水。长期以来，由于技术所限和认识不足，矿井水被当作水害加以预防和治理，矿井水被白白排掉而未加以综合利用和保护。随着科学的发展和人们环境保护意识的提高，人们对矿井水也已有了新的认识，开始将矿井水作为一种水资源加以处理利用，即矿井水资源化。

1）矿井水处理及利用的必要性

矿区采矿抽排大量的地下水，破坏、疏干矿区和周边地区地下水资源，使地下水水位下降，造成矿区水资源的枯竭，引起隐伏矿区的地面下降，诱发岩溶矿区岩溶地面塌陷。大量的矿井地下水若直接外排则会引起水质恶化，造成水环境污染，危害人类、动物类及生物类的生存。由于这些地下水初始流入井筒和巷道时比较清洁，如果将矿井地下水资源净化成饮用水，不仅可以满足生产和生活用水，还可以节省大量钻探深水源井的资金，创造较好的经济效益和环境效益。目前大部分煤矿缺水很严重，因此有必要对矿井水加以利用。

2）采矿排水的种类及特点

（1）种类。

井下采矿：来自奥陶纪灰岩水、砂岩裂隙水、溶洞水、第四纪冲积层水，各巷道内岩溶排水、充填尾砂含水，地表裂缝渗水等。

露天采矿：露天坑雨排水与少量岩溶水。

废石场：淋溶排水（主要为雨水）。

（2）特点。

受气候影响较大，雨季排水量大，旱季排水量小。

井下排水量：相对稳定，雨季排水量略有增加；污染物浓度变化相对较小；但井下水仓容积有限。

露天坑排水量：不稳定，雨季排水量剧增，污染物浓度较低；旱季排水量少，污染物浓度高；但露天坑的储存容量可灵活增减。

废石场淋溶排水量：不稳定，雨季排水量剧增，污染物浓度较低；旱季排水量少，污染物浓度高；无储存容量。

3）矿井水的处理技术

目前我国按照对环境的影响程度及作为生活饮用水水源的可行性，习惯上将矿井水按水质类型特征分为洁净矿井水、含悬浮物矿井水、高矿化度矿井水、酸性矿井水和含有毒有害元素或放射性元素矿井水五类。不同的矿井水采取不同的处理方法。

（1）洁净矿井水。

洁净矿井水多指奥灰水、砂岩裂隙水、第四系冲积层水及老空积水。这种水质中性、低浊度、低矿化度、有毒有害元素含量很低，基本符合生活饮用水的标准，可设专用输水管道给予利用。作为生活饮用水时需进行消毒处理。

（2）含悬浮物矿井水。

含悬浮物矿井水中含有较多煤粒、岩、粉等悬浮物，一般呈黑色，但其总硬度和矿化度并不高。悬浮物的主要特性是在动水中呈悬浮状态，但在静水中可以分离出来，轻的上浮，重的下沉。根据悬浮物的特性，对工业用水净化处理常用的主要方法有混凝、沉淀。混凝是水处理工艺中十分重要的环节。选用混凝剂的原则是产生大、重、强的矾花，净水效果好，对水质没有不良影响，价格便宜，货源充足。常用的混凝剂为铝盐和铁盐混凝剂。混合过程是让药剂迅速而均匀地分散到水中，应在尽量短的时间内与原水均匀混合，使水中的全部胶体杂质都能和药剂发生作用。原水加混凝剂后，经过混合作用，水中胶体杂质凝聚成较大的矾花颗粒，在沉淀池中去除。在经过快滤和消毒处理后也可达到饮用水标准。

（3）高矿化度矿井水。

高矿化度矿井水是指矿化度无机盐总含量大于1000mg／L的矿井水。主要含有SO_4^{2-}、Cl^-、Ca^{2+}、K^+、Na^+等离子。硬度相应较高，水质多数呈中性或偏碱性，带苦涩味，少数有酸性。高矿化度矿井水不利于作物生长，会使土壤盐渍化。用作锅炉用水，容易结垢。用作建筑用水，会影响混凝土质量。人们长期饮用，将引起腹泻和消化不良，对心脏和肾脏病患者影响更严重。我国北方缺水矿区的矿井水往往属于高矿化度矿井水，有必要通过净化和淡化工艺处理成饮用水和生产用水。

（4）酸性矿井水。

酸性矿井水是指pH小于5.5的矿井水，一般为3～3.5，个别小于3，总酸度高。当开采含硫煤层时，硫受到氧化与生化作用产生硫酸，酸性水易溶解煤及其围岩中的金属元素，故铁、锰重金属及无机盐类增加，使矿化度、硬度升高。酸性水在我国南方高硫矿区比较常见。酸性水容易腐蚀矿井设备与排水管路，并且危害工人健康。如果抽排至地面，会影响土壤酸碱度，导致土壤板结和作物枯萎，而且使地表水酸度上升，间接地影响了水生生物的生存。对环境与生态会造成重大的损害，因此必须经治理达标后外排。

（5）含有毒有害元素或放射性元素的矿井水。

含有毒有害元素或放射性元素的矿井水主要指含有氟、铁、锰、铜、锌、铅及铀、镭等元素的水。含氟矿井水主要来源于含氟较高的地下水区域或煤与围岩中含有氟矿物萤石（CaF_2）或氟磷灰石的地区。饮用高氟水，容易产生骨质疏松，氟斑牙等病症。我国北方一些煤矿矿井水含氟超过 1mg/L。含铁、锰矿井水一般是在地下水还原条件下形成的，大多呈现二价铁和二价锰的低价状态，有铁腥味，容易变浑浊，可使地表水的溶解氧降低，这类水需要经过处理才能使用或外排。含重金属矿井水主要指含有铜、锌、铅等元素的矿井水，这些元素浓度符合排放标准，但超过生活饮用水标准，所以不宜直接饮用。放射性元素水主要指含有超过生活饮用水标准的铀、镭等天然放射性核素及其衰变产物氡的矿井水。对于这类矿井水，首先应去除悬浮物，然后对其中不符合目标水质的污染物进行处理。

4）矿井水处理设施

矿井水处理设施包括：矿井水收集、预沉与调节、净化处理、深度处理、消毒、污泥浓缩与脱水、药剂配制及自动控制等设施或设备。

5）矿井水处置率

（1）计算。

处置率 = 处理并达标的矿井水（疏干水）量 / 矿井水（疏干水）总量 ×100%。

无论重复利用还是外排，都要按照相应的标准处理，处置率达到 100%。矿井水、疏干水处理后可作为选矿用水循环利用水、除尘用水、绿化养护灌溉用水等。

（2）要求。

根据《绿色矿山建设规范》的要求：煤炭行业要求矿井水、疏干水处置率达到 100%；黄金行业要求矿井水处置率达到 100%；化工行业要求西北缺水地区尾矿水、老卤利用（或处置）率不低于 95%。其他矿种应参照执行。

6）采矿使用部分矿井水

采矿用水主要为矿井设备冷却水、湿式凿岩用水和降尘用水等，这些用水对水质要求不高，主要指标是悬浮物。为了充分利用水资源，减少新水用量，采用二次利用水系统，提高废水重复利用率。矿井涌水经收集系统中的水仓集中，沉淀池沉淀后，废水中悬浮物含量降到 100mg/L，满足采矿工艺对用水指标要求，用于凿岩用水、喷水降尘等采矿工艺用水。

3. 选矿废水

1）选矿废水的危害

选矿废水中的污染物主要有悬浮物、黄药、黑药、松油醇、氰化物、硫化物、化学耗氧物及其他污染物，如油类、酚、铵、膦等。重金属如铜、铅、锌、铬、汞及砷等离子及其化合物的危害，已是众所周知，此处不再赘述。

其他污染物的主要危害如下。

（1）悬浮物：水中的悬浮物可以阻塞鱼鳃、影响藻类的光合作用等，从而干扰水生物生活条件，如果悬浮物浓度过高，还可能使河道淤积，用其灌溉又会使土壤板结。如果作为生活用水，悬浮物是感观上使人不舒服的一种物质，又是细菌、病毒的载体，对人体存在潜在的危害。更严重的是，当悬浮物中存在重金属化合物时，在一定条件下（水体的pH下降、离子强度、有机螯合剂浓度变化等），会将其释放到水中。

（2）黄药：即黄原酸盐，为淡黄色粉状物，有刺激性臭味，易分解，嗅味阈为0.005mg/L。被黄药污染的水体中的鱼虾等有难闻的黄药味。黄药易溶于水，在水中不稳定，尤其是在酸性条件下易分解，其分解物一硫化碳（CS）可以是硫污染物。因此，我国地面水中丁基黄原酸盐的最高容许浓度为0.005mg/L。

（3）黑药：以二羟基二硫化磷酸盐为主要成分，所含杂质包括甲酸、磷酸、硫甲酚和硫化氢等。呈现黑褐色油状液体，微溶于水，有硫化氢臭味。它也是选矿废水中酚、磷等污染的来源。

（4）松醇油：即2#浮选油，主要成分为萜烯醇。黄棕色油状透明液体，不溶于水，属无毒选矿药剂，但具有松香味，因此能引起水体感观性能的变化。松醇油是一种起泡剂，易使水面产生令人不快的泡沫。

（5）氰化物：剧毒物质，其进入人体后，在胃酸的作用下被水解成氢氰酸而被肠胃吸收，然后进入血液。血液中的氢氰酸能与细胞色素氧化酶中的铁离子结合，生成氧化高铁细胞色素酸化酶，从而血液失去传递氧的能力，使组织缺氧导致中毒。但氰化物可以通过水体的自净作用而去除，因此，如果利用这一特性延长选矿废水在尾矿库中的停留时间，可以使之达到排放标准。

（6）硫化物：一般情况下，S、HS在水中会影响水体的卫生状况，在酸性条件下生成硫化氢。当水中硫化氢含量超过0.5mg/L时，对鱼类有毒害作用，并可觉察其散发出的臭气；大气中硫化氢嗅觉阈为10mg/m^3。此外，低浓度CS，在水中易挥发，通过呼吸和皮肤进入人体，长期接触会引起中毒，导致神经性疾病夏科氏二硫化碳癔症。

（7）化学耗氧物：化学需氧量是水中的耗氧有机物的量化替代性指标，在选矿废水中的耗氧物，主要是残存于水中的选矿药剂。

2）生产废水的来源

（1）碎矿收尘排水和地面冲洗排水。

这部分排水水量不大，但收集面广、点多。主要成分是悬浮物，其含量高，易造成管道堵塞，设计中一般采用水泵加压输送。可以因地制宜采用就地设置沉淀池和设置浓密机两种方法进行处理。

就地设置沉淀池。沉淀后的清水就地回用或集中送到回水泵站，沉泥人工清理由泵送到球磨机磨矿口。其优点是管道行程短，不易堵塞，但增加车间人工管理成本。

设置浓密机。将各处排水集中排入浓密机处理。浓密机上清液送到回水泵站集中回用，沉泥由泵抽送到球磨机磨矿口。其优点是便于水的集中管理，但需增加管道和设备投资，因各点排水需用泵送到浓密机，不宜采用重力流。

（2）精矿浓密机排水。

在有色选矿、黑色选矿中，精矿浓密机排水绝大部分是可以直接回用的，不需处理。但有色选矿中，为提高少数金属回收率，添加各种选矿药剂，有些药剂在达到一定浓度后，影响选矿指标，多余水就排出选矿流程，由生产新水补充，排出的污水需进行处理达标后排放。

（3）尾矿浓密机排水。

尾矿浓密机排水（又称厂前回水）水量大，一般都能直接回用，只是在选金矿采用氰化法时，需将尾矿浆+水一起处理后，达到氰化物排放标准才能排放。采用碱性氯化法处理比较经济。

（4）尾矿库排水。

在矿山工程中，尾矿库是整个工程的最后排出口，它的排水水质好坏，将直接影响当地的江、河、湖泊的水质，与当地生态系统密切相关。

在早期的选矿生产中，尾矿库是最大的回用水储水池，将尾矿浆运送到尾矿库自然澄清后，大量水回用；在近些年绝大部分尾矿回水改为厂前浓缩机回水，极大减小尾矿库的库容，很多尾矿库不具备储存回用水的能力。库内污染物的溶解达不到排放标准，需要处理达标后排放。

A. 尾矿库排水口的污染物与选矿所选矿物质有关：其主要表现有 pH、重金属、氟化物、氰化物等超标，有时达不到地方或国家及行业的排放标准。

B. 该部分废水处理工艺与前面介绍处理工艺一样，只是处理水量大小的问题。

C. 尾矿库澄清水及尾矿坝渗水经回水池收集后应全部回用于选厂，坝下应设事故水收集池、物资储备库，配备备用电源、回水设施等，确保事故时尾矿水不外排。

3）选矿废水污染处理方法

选矿废水具有水量大、悬浮物含量高、含有害物质种类较多而浓度较低等特点。每吨矿石的选矿用水量为 5 ~ 10t。1973 年中国选矿废水排放量达 10 亿 m^3。我国选矿厂废水的特点之二是废水成分较复杂，有毒有害成分较多，但浓度较低。

针对选矿废水中的污染，可以采用的处理单元如下。

（1）悬浮物：主要采用预沉淀、混凝 / 沉淀法。

（2）酸碱性废水：废水相互中和法、尾矿碱度中和酸性。

（3）重金属离子：调节原水 pH 共沉淀或浮选技术、硫化物沉淀、石灰－絮凝沉淀、吸附技术（包括生物吸附）、螯合树脂法、离子交换法、人工湿地技术。

（4）黄药、黑药：铁盐混凝 / 沉淀法、漂白粉氧化、Fenton 氧化降解法、人工湿地技术。

（5）氰化物：自然净化法、次氯酸盐 / 液氯氧化、过氧化氢氧化法、铁络合物结合法、难溶盐沉淀法、酸化－挥发再中和法、硫酸锌－硫酸法、二氧化硫空气氧化法、电解氧化法、臭氧氧化法、离子交换法、生物降解法、人工湿地。

（6）硫化物：与含重金属废水互相沉淀、吹脱法、空气氧化法、化学沉淀法、化学氧化法、生化氧化法。

（7）化学耗氧物：混凝 / 沉淀、生物降解、高级氧化、吸附法。

4）综合利用

我国选矿厂废水的特点之一是废水排放量大。选矿废水包括选矿工艺排水、尾矿池溢流水和矿场排水。选矿工艺排水一般是与尾矿浆一起输送到尾矿池，统称为尾矿水；因此选矿废水处理也称为尾矿水处理。

（1）混凝斜管沉淀法处理选矿废水。

来自车间的废水，首先通过沉砂池进行固液分离，沉砂池沉砂通过卸砂门排入尾矿砂场。沉砂池溢流出的上清液，通过投药混合后进入反应器充分混凝反应，然后流入斜管沉淀器，使细粒悬浮物、有害物进一步去除，斜管沉淀器的沉泥，通过阀门排至尾矿砂场。通过此工艺后，废水即达国家允许排放标准。根据环保的要求，斜管沉淀器出水进入清水池，用清水泵打回车间回用，节约用水，并使废水闭路循环，实现零排放。

（2）混凝沉淀－活性炭吸附－回用工艺。

此法是国内选厂采用较多的选矿废水回用方法，对不同矿山的选矿废水试验研究发现，对同一选矿废水投入不同药剂或同一药剂投入不同的量，其结果也不一样。但其共同点如下。

A. 凝剂效果比较试验：分别采用聚合硫酸铁（PFS）、混合氯化铝（PAC）、明矾作混凝沉淀剂，结果表明，采用明矾作为混凝剂较为经济合理，其最佳用量一般可控制在30mg/L左右。

B. 聚丙烯酰胺（PAM）对混凝效果的影响：PAM的加入，进一步提高了废水的混凝处理效果，但其是有机高分子，会造成水中化学需氧量（COD）值上升。在实践中，将混凝处理效果的变化和COD值的增加结合考虑，一般PAM的投入量设为0.2mg/L即可。

C. 沉降时间对废水的影响：确立混凝后的静置时间为30min。

D. 吸附试验：粉末活性炭的用量比颗粒活性炭的用量少，基本在其一半的情况下，即可达到相同的效果。同时，由于粉末活性炭易进入精矿，不会在水循环中积累，故选用其作为吸附剂。其最佳用量一般为50～100mg/L。

E. 浮选试验：废水经混凝沉淀、活性炭吸附后，可全部回用，且对选矿指标无任何影响。经过明矾（30mg/L）、PAM（0.2mg/L）混凝沉淀，然后用粉末活性炭（50～100rag/L）工艺净化后，出水水质不但达到国家矿山废水排放标准，而且回用结果表明，经该工艺处理后的废水，不仅可以全部回用，不影响选矿指标，在选矿过程中还减少了浮选药剂用量，给企业带来了相当的经济效益。同时，由于废水的回用，每天的新鲜水用量减少，这对于水资源短缺的我国来说，更具有减少污染、净化环境的社会意义。该法流程简单，效果好，具有广泛的工业应用前景。

（3）选矿废水资源化利用综合方法。

专业人士经过大量的水处理试验和选矿对比试验综合研究，总结出一条解决矿山选矿废水的较好方案。

由于各种废水水质不同，在回用处理过程中，调节池起着调节水质、水量的作用。混凝沉淀池可加强混凝剂与废水的混合，使微细粒子成长，使之变成可通过沉淀除去的悬浮物。反应池用于废水进一步深化处理，利用消泡剂把废水中多余的起泡剂反应掉，削弱对浮选指标的影响。

（4）废水循环的要求。

选矿过程需要消耗大量水，宜充分利用矿井水，减少新水使用量。选矿过程产生的废水因含有重金属离子和选矿药剂，不能外排，废水循环重复利用。一是要求各工段产生的废水尽可能直接采取厂前回水措施，回用至各相应的工段；二是要求相应工段未能循环利用的部分，可考虑设置水处理站处理后回用或随尾矿排至尾矿库经自然降解处理后再进行回用。

5）选矿废水循环利用率

工业用水循环利用率指循环水利用量与外补新鲜水量和循环水利用量之和比，以百分比计。其计算公式为：

$$\text{工业用水循环利用率}=\frac{\text{循环水利用量}}{\text{补充水量}+\text{循环水利用量}}\times 100\%$$

$$\text{废水利用率}=\frac{\text{综合利用的矿井涌水量}+\text{循环利用的选矿废水量}}{\text{矿井总涌水量}+\text{选矿废水产生量}}\times 100\%$$

《冶金行业绿色矿山建设规范》规定选矿废水循环利用率不低于85%，干旱戈壁沙漠等特殊地区选矿废水循环利用率不低于50%。

《非金属矿行业绿色矿山建设规范》规定选矿废水重复利用率不低于85%。

《化工行业绿色矿山建设规范》规定选矿回水利用率100%；加工老卤应库存或资源化利用。西北缺水地区尾矿水、老卤利用（或处置）率不低于95%。

涉及地点：矿物加工车间（选矿厂）、废水处理厂、尾矿库。

现场评价或支撑材料：①矿井水废水处理设计方案。②环境影响评价报告。③生产报表中矿井水处理量、选矿废水处理量。④采选生产废水处理工艺流程图。⑤水平衡表及相关台账记录。

20　生活污水综合利用

标准分：2。

评分说明：

①配备生活污水处理系统，并正常运行的得1分；生活污水处置达标后，用于工业场地浇灌绿化、洒水降尘或其他综合利用，得1分。

②企业生活污水直接连入城镇污水处理管网，得2分。

考核方法：查资料、查现场。

依据或标准：生产报表（调度报表）或其他证明材料，符合环评批复相关要求。

指标属性：提升性。

【解析】本条是对生活污水的处置与综合利用的要求。

本条要求是根据《绿色矿山建设规范》中有关生活污水处理、利用等要求而制定的评价指标。

1. 生活污水来源

矿山生活污水主要来自食堂、浴室、办公楼。由于排水点分散，生活污水处理能集中就集中处理，不宜集中时，就分散建设生活污水处理设施。生活污水其主要去除污染物为生化需氧量（BOD_5）、化学需氧量（COD）、悬浮物、氨氮等指标。

2. 生活污水收集

（1）生活区、职工餐饮污水经隔油池处理后和洗漱废水一起进入收集池，最后用于工业场地、道路抑尘洒水。

（2）矿区局部点设有旱厕的，应定期清理、收集粪便水用于周边农田施肥。办公、生活区设有水冲厕所的，生活污水应经化粪池处理，并定期清理、收集后用于周边农田施肥；或经一体化生活污水处理设施处理后，用于工业场地、道路抑尘洒水或达标外排。

3. 生活污水处理方法

生活污水处理方法主要有如下几种。

（1）物理处理法。

物理处理法是指通过物理作用分离、回收废水中不溶解的呈悬浮状态的污染物（包括油膜和油珠）的废水处理法，可分为重力分离法、离心分离法和筛滤截留法等。以热交换原理为基础的处理法也属于物理处理法。

（2）化学处理法。

化学处理法是指通过化学反应和传质作用来分离、去除废水中呈溶解、胶体状态的污染物或将其转化为无害物质的废水处理法。在化学处理法中，以投加药剂产生化学反应为基础的处理单元是混凝、中和、氧化还原等；而以传质作用为基础的处理单元则有萃取、汽提、吹脱、吸附、离子交换及电渗析和反渗透等。后两种处理单元又合称为膜分离技术。其中运用传质作用的处理单元既具有化学作用，又具有与之相关的物理作用，所以也可从化学处理法中分出来，成为另一类处理方法，称为物理化学处理法。

（3）生物处理法。

生物处理法是指微生物的代谢作用使废水中呈溶液、胶体及微细悬浮状态的有机污染物，转化为稳定、无害的物质的废水处理法。根据作用微生物的不同，生物处理法又可分为需氧生物处理和厌氧生物处理两种类型。废水生物处理广泛使用的是需氧生物处理法。需氧生物处理法又分为活性污泥法和生物膜法两类。活性污泥法本身就是一种处理单元，它有多种运行方式。属于生物膜法的处理设备有生物滤池、生物转盘、生物接触氧化池及生物流化床等。生物氧化塘法又称为自然生物处理法。厌氧生物处理法，又称为生物还原处理法，主要用于处理高浓度有机废水和污泥。使用的处理设备主要为消化池。

（4）生物接触氧化法。

生物接触氧化法是指用生物接触氧化法处理废水，即用生物接触氧化工艺在生物反应池内充填填料，已经充氧的污水浸没全部填料，并以一定的流速流经填料。在填料上布满生物膜，污水与生物膜广泛接触，在生物膜上微生物的新陈代谢的作用下，污水中的有机污染物得到去除，污水得到净化。最后，处理过的废水排入生物接触氧化处理系统与生活污水混合后进行处理，氯消毒后达标排放。生物接触氧化法是一种介于活性污泥法与生物滤池之间的生物膜法工艺，其特点是在池内设置填料，池底曝气对污水进行充氧，并使池体内的污水处于流动状态，以保证污水同浸没在污水中的填料充分接触，避免生物接触氧化池中存在污水与填料接触不均的缺陷，这种曝气装置称为鼓风曝气。

4. 生活污水处理系统工艺

矿区生活污水经排水管网进入生活污水处理站，先经粗格栅去除大块的杂物，然后进入调节池内进行水质和水量调节。调节池内配置提升泵，将污水提升经细格栅（去除细小悬浮物、漂浮物）至旋流沉砂池，干砂收集外用，出水进入厌氧池。

在厌氧池里，在聚磷菌的作用下，较好的进行磷的释放，同时转化易降解有机物，部分含氮有机物进行氨化，出水自流进入缺氧池。在缺氧池里，有机物继续进行水解、酸化，将部分的大分子有机污染物降解为小分子物质，同时微生物进行脱氮，出水自流进入好氧池。在好氧池里，进一步对有机物进行降解，大量的磷被吸收，部分混合液回流至缺氧池，出水自流进入辐流式沉淀池。

在辐流式沉淀池，沉淀后的污泥部分回流至厌氧池，剩余污泥排入污泥池（压滤脱水后外运至铝镁合金配套电厂焚烧），上清液进入中间清水池。清水池的出水经泵提升后进入多滤层过滤器过滤，过滤器使污水得到高度净化，出水利用余压进入消毒池，在消毒池进行消毒后溢流至清水池进行复用。

生活污水处理工艺如图 6-1 所示。

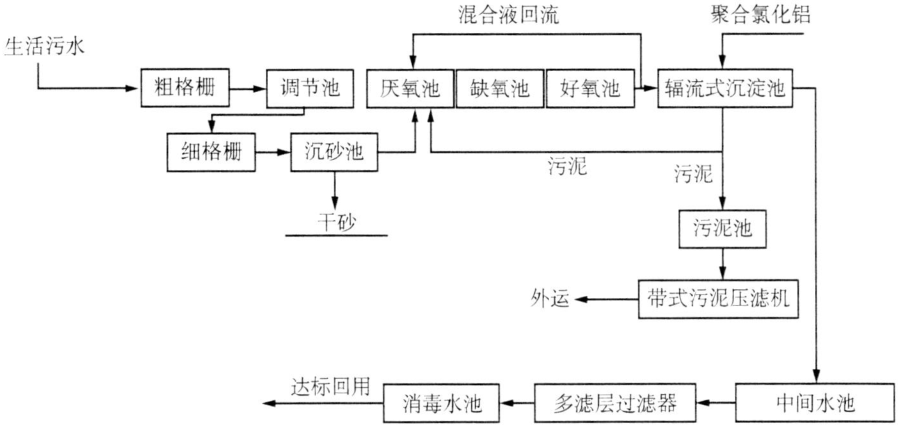

图 6-1　生活污水处理工艺图

5. 企业生活污水直接连入城镇污水处理管网

城镇污水处理管网是指在城市范围内，用于收集、输送和处理污水的一系列设施。主要包括污水收集管道、泵站、污水处理厂和排放管道等。

涉及地点：生活污水处理厂。

现场评价或支撑材料：①环境影响评价报告。②生活污水处理设计方案或者生产报表、生活污水处理量。③直接连入城镇污水处理管网证明材料。

第五节　综合利用（建材类）

本节适用于砂石、水泥灰岩、建筑石材等行业。

21　开采加工等相关产物综合利用

标准分：5。

评分说明：

★适用于砂石、建筑石材等行业：

充分利用石粉、泥粉等矿山开采或加工产物，提高资源化利用水平，如环境治理、土地复垦和土壤改良等。符合要求得5分。

★适用于水泥灰岩行业：

结合水泥生产线多种原料配料的特点，实现开采或加工生产各类产物资源化利用，实现资源分级利用、优质优用，实现高品位矿石与低品位矿石、夹层、顶底板围岩等综合利用。符合要求得5分。

考核方法：查资料、查现场。

依据或标准：生产报表（调度报表）或其他证明材料，符合环评批复相关要求。

指标属性：提升性。

【解析】本条是对水泥、砂石行业废弃物综合利用的要求。

本条要求是根据《绿色矿山建设规范》中有关石粉利用、泥粉利用等要求而设定的评价指标。

1. 砂石、建筑石材行业

砂石、建筑石材行业鼓励利用建筑废弃物和石料等加工生产砂石骨料，鼓励河卵石机制砂石与河道疏浚统筹结合，不断提高工业固废再生利用的比例，鼓励对废弃石矿进行恢复治理，发展循环经济。综合利用砂石生产中的石粉和泥粉等生产水泥、墙体材料、砂浆、环保透水砖等产品，实现砂石企业废水、固废的循环综合再利用，提高资源利用率和附加值。

1）生产过程要求

（1）根据母岩材质性能、产品结构、产能要求等因素选择短流程、低能耗的工艺和设备，配置与生产规模和工艺相符的辅助设施。

（2）干法生产配备除尘设备，并保持与生产设备同步运行，湿法生产配置泥粉和水分离、废水处理和循环使用系统。

（3）生产区域产尘点封闭。

（4）砂石骨料成品堆场（库）地面硬化，分类或分仓储存。

2）石粉

石粉是在原矿加工成机制砂石骨料生产过程中产生的粒径小于0.75mm的颗粒粉末，以及通过环保负压方式收集的粉尘。

石粉含量虽然不算很高，但如果不及时利用，长期堆积数量也会很大。含泥石屑、石粉堆存会占用大量土地资源，污染环境。石粉主要成分与原岩基本一致。石粉一般作为砂石企业的附属产品，石粉收集后应合理储存、综合利用。

以石灰岩、大理岩等为代表的碳酸钙系列岩石加工生产砂石骨料产生的石粉，可根据混凝土强度对集料的需求掺加一定量的石粉，还可用于生产水泥、混凝土和砂浆，或深加工用于脱硫用碳酸钙粉等。

以花岗岩、凝灰岩等为代表的硅质系列岩石加工生产砂石骨料产生的石粉，可根据混凝土强度对集料的需求掺加一定量的石粉，还可用于生产干混砂浆、环保砖、新型墙体材料、陶瓷、水泥用硅质配料等。

3）泥粉

湿法生产废水沉淀的泥浆经脱水干化后形成了泥粉或泥饼，其含水率在30%以下，颗粒细密均匀，可用于生产新型墙体材料、土地复垦和土壤改良等；还可根据泥粉或泥饼的化学成分特性用作水泥配料。

2. 水泥灰岩

水泥企业清洁生产要求企业在水泥生产中不断改进设计，使用清洁的能源和原料（包括废弃物替代原、燃材料），采用先进的生产工艺和装备，降低水泥单位产品的电耗、热耗及其他消耗，提高资源综合利用率，减缓石灰石、黏土、煤炭、水资源的耗竭，最大限度地降低整个水泥生产活动对人类和环境的风险，使水泥生产与环境相协调，生产符合环境标准。

1）生产过程要求

（1）原辅材料及能源。

用少量石灰石作为水泥填充料：用3%石灰石作为水泥填充料，以降低水泥成本。

用熟料余热烘干矿渣：利用窑下熟料高温烘干矿渣，降低入磨混合料含水量，提高水泥台产，达到综合节能的目的。

（2）技术、工艺、改造。

加强入立磨主要原料含水量控制：严格控制黏土的含水量，加强对自晒无烟煤、铁粉中水含量的控制，防止输料胶带黏结。

应用投加复合晶种技术：采用投加复合晶种煅烧技术，以提高熟料产品、质量。

水泥磨仓隔板位置及“钢不过锻”级配优化：通过实验寻找水泥磨仓隔板最佳位置与各种规格钢球、锻的搭配比例，提高台产，防止过粉磨。

窑底熟料破碎系统综合改造：包括链板输料机密封与在颚破口安装单机布袋收尘器，防止链板输料机运行时料外溢及回收破碎时剧烈扬尘。

成球盘参数优化：调整成球盘转速、角度下料口位置等参数，提高小球质量，减少烧成时粉尘的产生。

熟料烧成工艺优化：采用浅暗水和闭门操作工艺，节能实现立窑煅烧消减。

（3）设备维护管理。

推广小球煅烧技术：小球煅烧是水泥行业推广的一种节能技术，通过对成球盘运行参数，如角度、转速、加水量等调整，控制成球粒径在5mm左右，大幅度提高比表面积，节能同时可提高熟料质量。

包装机布袋收尘器改造：将原料库、熟料库、水泥库顶安装“布娃娃”，避免库顶下料扬尘损失。

熟料库底下料改造：在熟料、矿渣、石膏库下安装一节软管，实行下料软着陆，减少因落差引起的扬尘。

水泥磨头斗式提升机下料管与磨头仓密接口封：设备房密封，避免下料时产生的严重扬尘。

（4）废弃物回收利用。

水泥磨尾筛余物回收利用：以往水泥磨尾筛余物作为废弃物丢弃，现经分选后返回作为水泥磨作业原料。

水泥磨冷却水回用：将二台水泥磨冷却水引入蓄水池循环使用。

通过采用一系列清洁生产的措施，达到节能、减噪、降尘的目的，在评价指标中具体要求如下：

A. 生产流程体现短流程、低能耗、高效率。

B. 破碎系统根据岩石的可破性选择合适的高效破碎机。

C. 破碎车间、输送廊道等主要生产区域进行全封闭，并配备收尘、降尘设备。

2）资源分级利用、优质优用、综合利用

资源分级利用、优质优用、综合利用是指根据水泥灰岩的属性和特性不同，参考市场需求，通过对不同原料的分级，采用不同的利用方式，将优质原料加工为品质更高的产品，提升产品附加值，实现优质优用，充分利用矿产资源。

矿山应合理确定采矿范围，处理好近期生产与远期生产，高品位矿石与低品位矿石、优质原料与劣质原料之间的关系，做到统一规划、合理开采、综合利用。

矿山宜利用计算机相关软件系统对多品级矿山（不同矿石或矿物的有用、有害组含量、物理性能、不同工业用途的要求等，划分的不同矿石等级）建立矿床模型，确定最优的搭配开采方案，提高矿产资源利用率。

矿山应研究废石的开采条件及化学成分、研判其是否能与矿石搭配利用，或能够作为硅铝质原料利用，制定废石综合利用方案。

矿山应研究废石的赋存状态、数量，研判是否能够单独剔除，或与矿石混采，或单独剥离后先堆存后利用等。

3）资源搭配综合利用

低品位石灰石（夹层岩石）可以与高品位石灰石合理搭配，混合后出矿，最终符合水泥原料要求，实现矿产资源的综合利用。

土质剥离物用作硅铝质原料或用于复垦；其他剥离物可用作水泥配料、砂石骨料或其他工程用料，最大限度地综合利用资源，减少固废的排放。

涉及地点：生产加工车间、压滤车间。

现场评价或支撑材料：①资源开发利用方案或资源利用图片。②环境影响评价报告。

第六节　固废综合利用（建材类）

本节适用于砂石、水泥灰岩、建筑石材等行业。

22　土质剥离物的综合利用

标准分：5。

评分说明：

★适用于砂石、建筑石材等行业：

排土场堆放的剥离表土或筛分后的渣土、废石等，用于环境治理、土地复垦、生态修复等。符合要求得5分。

★适用于水泥灰岩行业：

将符合要求的土质剥离物用作硅铝质原料或用于土地复垦，其他剥离物用作水泥配料、砂石骨料或其他工程用料。符合要求得5分。

考核方法：查资料、查现场。

依据或标准：生产报表（调度报表）或其他证明材料，符合环评批复相关要求。

指标属性：提升性。

【解析】本条是对水泥、砂石行业废弃物综合利用的要求。

本条要求是根据《绿色矿山建设规范》中有关表土和渣土利用等要求而设定的评价指标。

1. 排土场

排土场又称废石场，是指矿山采矿排弃物集中排放的场所。排土场分内部和外部两种，前者设于采场内部，运距短、成本低；后者设于露天开采境界之外，应选择工程水文地质条件好、不妨碍矿山长远发展的地方，尽量靠近采场，少占土地，并位于居民点的下风侧，对将来还可利用的废石，要考虑回收的方便。

（1）排土场不应受洪水威胁或者由于上游汇水造成滑坡、塌方、泥石流等灾害。山坡排土场周围应修筑可靠的截、排水设施；山坡排土场内的平台应设置2% ~ 5%的反坡，并在靠近山坡处修筑排水沟；疏浚排土场外截洪沟和排土场内的排水沟，确保排洪设施可以正常工作。

（2）排土场不应给采矿场、工业场地、居民区、铁路、公路和其他设施造成安全隐患。

（3）排土场不应影响露天矿山边坡稳定，不应产生滚石、滑塌等危害。

（4）内部排土场不应影响矿山正常开采和边坡稳定，排土场坡脚与开采作业点之间应留设安全距离，必要时设置滚石或泥石流拦挡设施。

（5）排土场应设拦挡设施，堆置高度大于120m的沟谷型排土场应在底部设置挡石坝。

2. 砂石

表土是泥土的最高层，一般将覆盖于基岩之上的第四系冲积层和岩石风化带统称为表土层。由于表土层土质松软、稳定性差、变化大，含水量一般比较丰富，通常在顶部20～30cm。表土中含有丰富的有机质和微生物。

表土剥离是指露天开采中将覆盖在矿体上部及周围的表土剥离的过程。

渣土是覆盖在岩石上的泥土和石碴碎块混合组成的松散覆盖层。

1）总体要求

如果剥离土含碎石较多，可通过筛分，充分利用资源；不需进行筛分的则送到专用的排土场集中堆存。表土剥离后先保存，用于后期的土地复垦。剥离后的表土可以用于土壤改良，提升覆土区土壤质量。

2）合理规划

按照“谁开发、谁保护；谁破坏、谁治理”的原则，应合理规划并设置排土场，用于堆存生产过程中的剥离表土和筛分后的渣土。在开采前，应根据矿区土地利用状况与质量、矿山开采对水土损害影响程度等合理预计各损毁类型土地的范围、数量、程度，制定《矿山生态环境保护与土地复垦方案》，明确矿山剥离表土及筛分后的渣土的估算量、去向及用途。

3）综合利用

充分利用堆存的剥离表土和筛分后的渣土进行环境治理和修复。剥离的表土用于复垦可有效保护地表熟土资源不流失、不浪费，减少复垦造地时外调土产生的额外资金投入。利用剥离的表土进行造地复垦，土壤肥力充足，作物产量高，减少造地外调土的熟化费用和时间，能有效地减少水土流失。

3. 水泥灰岩

应将符合要求的土质剥离物用作硅铝质原料或用于复垦，水泥生产需使用石灰质原料、硅铝质原料、铁质原料等多种原料配料，可在生产过程中搭配利用高低品位矿石和各种剥离物，最大限度地节省矿产资源，提高资源综合利用率。其他剥离物可用作水泥配料、砂石骨料或其他工程用料，最大限度地综合利用资源，减少固废的排放[4]。

1）土质剥离物

土质剥离物指矿山采剥出来的表层土状物料，一般包括第四系和岩石强风化层。其利用方向如下。

（1）符合要求的土质剥离物，如黏土，也是水泥生产的一种原料，矿山生产时的土质剥离物可作水泥原料搭配使用。

（2）相对集中的覆盖土可排弃至废石场或表土堆放场所，后期矿山复垦时使用。

2）其他剥离物（岩石）

其他剥离物（岩石）可根据其化学成分选择资源化利用途径，如用作水泥配料、砂石骨料或其他工程用料。

各种剥离物的综合利用，既减少了固废的排放，从而减少占用土地空间，又最大限度地综合利用资源，实现了物尽其用。

涉及地点：表土堆场、周转场地。

现场评价或支撑材料：①资源开发利用方案或资源利用图片。②环境影响评价报告。

第七节 废水综合利用（建材类）

本节适用于砂石、水泥灰岩、建筑石材等行业。

23 生产废水处置与利用

标准分：4。

评分说明：

①配备完善的生产废水处理系统，得2分；

②废水经固液分离处理后，清水得到有效循环利用，得2分。砂石清水循环利用率达到100%，不达标不得分。

考核方法：查资料、查现场。

依据或标准：生产报表（调度报表）或其他证明材料，砂石行业绿色矿山建设规范，符合环评批复相关要求。

指标属性：提升性。

【解析】本条是对废水处置与综合利用的要求。

本条要求是根据《绿色矿山建设规范》中有关废水利用的要求而设定的评价指标。

固液分离：从废水中除去固体一般采用过滤或沉淀方法。

砂石清水循环利用率是指对水重复利用量占总用水量的百分比。

1. 砂石

1）砂石生产废水来源

砂石生产过程中产生的废水主要来自生产喷淋除尘、水雾抑尘，其次来自对原料和成品的清洗除泥。砂石加工厂采用干法工艺，采用高效袋式除尘，基本无废水产生，但若对砂石骨料产品要求进行筛洗的话，冲洗过程中会产生废水。若采用湿法生产工艺，在主要工艺流程中均会产生废水。废水中的悬浮物主要为石粉、泥渣。

2）废水处理系统

（1）生产废水处理系统应设置固液分离装置，将废水中的颗粒物通过多级物理、化学方法进行有效分离。

（2）对废水进行多级沉淀，细砂回收利用，提高资源利用率；然后进一步对废水加药沉淀，降低废水浊度，溢流的清水可以循环利用。

（3）沉淀的污泥通过机械脱水干化，固液分离，清水循环利用，实现清水100%利用、废水零排放。

2. 水泥厂

水泥厂除了耗能高外，耗水量也是巨大的。水泥厂生产用水往往是冷却降温使用，所以生产用水对水质的要求并不高，这些处理后的中水往往回用到循环水池，用于工业生产。

1）生产废水来源

水泥厂工业生产用水主要用于以下几个方面。

（1）机械设备冷却用水。水泥厂需要循环冷却水的机械设备一般有回转窑拖轮、篦冷机油站、润滑油站、减速机稀油站等，用水量较大，对水质要求较小，只要满足水温低于32℃即可，一般处理后的中水可以满足。

（2）电气设备冷却用水。电气设备所需循环冷却水水量较少，随着科技的进步，大部分的电气仪表已采用油冷或者风冷的形式，只有窑头的看火电视和少量的气体分析仪仍需要循环冷却水，水量不超过 $1m^3/h$，对水质要求不高，水温要求在32℃以下，一般处理后的中水可以满足。

（3）石灰石，石膏等破碎卸车坑除尘喷淋用水。石灰石和石膏破碎等车间的卸车坑除尘喷淋用水主要是利用水的喷淋降低卸车时粉尘的污染，对水质基本无要求，只要水中无泥沙等颗粒物堵塞喷头即可。

（4）实验室、化验室试验用水。实验室和化验室试验用水要求较高，一般中水以至于工业用水难以满足实验用水的要求，在水泥厂中，实验化验楼用水通常为生活水池供水，水体满足饮用水标准，在这无需考虑中水对其的影响。

2）生产废水处理

（1）循环水池排污水。由于循环冷却水在冷却过程中不断地蒸发，水中含盐浓度不断增高，易结水垢。为确保冷却水质合格，延缓凝汽器铜管结水垢的时间，提高真空度，需不断向水池内补充新鲜水，长时间循环使用必然会产生一部分外排废水。

（2）水处理排污水、锅炉连续排污水和化验室废水。这部分废水量比较少，酸碱中和处理合格（pH 控制在6.8 ～ 8.2）后，直接用作生料立磨磨内喷水、增湿塔喷水或石灰石破碎机卸料坑降尘喷水，不再循环使用。

涉及地点：生产废水处理系统。

现场评价或支撑材料：①环境影响评价报告。②生产废水处理方案。

24 生活污水综合利用

标准分：4。

评分说明：

①配备生活污水处理系统，得2分；生活污水处置达标后，用于工业场地浇灌绿化，洒水降尘或其他综合利用，得2分。

②企业生活污水直接连入城镇污水处理管网，得4分。

考核方法：查资料、查现场。

依据或标准：生产报表（调度报表）或其他证明材料，符合环评批复相关要求。

指标属性：提升性。

【解析】本条是对生活污水处置与综合利用的要求。

本条要求是根据《绿色矿山建设规范》中有关生活污水利用的要求而设定的评价指标。

矿山需处理污水，可以建立污水处理站或者直接连入城镇污水处理管网，集中处理生活污水，污水处理站具有完备的污水处理功能。

详见第20项。

涉及地点：生活污水处理厂。

现场评价或支撑材料：①环境影响评价报告。②生活污水处理设计方案或生产报表、生活污水处理量。③直接连入城镇污水处理管网证明材料。

第七章　绿色低碳

绿色低碳就是指人类生活时所耗用的能量要尽力减少，从而减低碳元素类，特别是二氧化碳的排放量，从而减少对大气的污染，减缓生态恶化，主要是从节电节气和回收 3 个环节来改变。低碳意指降低（更低）的温室气体（二氧化碳为主）排放。

第一节　节能集约用地

25　节约集约用地情况

标准分： 2。

评分说明： 矿山用地在满足建设、运输生产等要求前提下，综合考虑土地资源、资金、环境等经济技术条件，按照节约集约原则，进行优化配置和科学利用，充分利用荒地、劣地，少占耕地。符合要求得 2 分，不符合得 0 分。

考核方法： 查资料、查现场。

依据或标准：《节约集约利用土地规定（2019 年修正）》、《工业项目建设用地控制指标》（国土资发〔2008〕24 号）、《自然资源部办公厅关于规范开展建设项目节地评价工作的通知》（自然资办发〔2021〕14 号）。

指标属性： 提升性。

【解析】本条提出了节约集约利用土地的要求。

本条要求是根据《绿色矿山建设规范》中有关土地资源利用的要求而设定的评价指标。

节约集约利用土地是指通过规模引导、布局优化、标准控制、市场配置、盘活利用等手段，达到节约土地、减量用地、提升用地强度、促进低效废弃地再利用、优化土地利用结构和布局、提高土地利用效率的各项行为与活动。

1. 相关法规、文件

（1）《节约集约利用土地规定（2019 年修正）》。

2014 年 5 月 22 日国土资源部令第 61 号公布《节约集约利用土地规定》，根据 2019 年 7 月 16 日自然资源部第 2 次部务会议《自然资源部关于第一批废止和修改的部门规章的决定》对其进行修正。该文件明确提出“国家通过土地利用总体规划，确定建设用地的规模、布局、结构和时序安排，对建设用地实行总量控制”，最主要是“土地利用总体规划确定的约束性指标和分区管制规定不得突破，下级土地利用总体规划不得突破上级土地利用总体规划确定的约束性指标”。

（2）《自然资源部办公厅关于规范开展建设项目节地评价工作的通知》。

《自然资源部办公厅关于规范开展建设项目节地评价工作的通知》（自然资办发〔2021〕14号）是为全面提高资源利用效率，充分发挥土地使用标准对建设项目用地的控制作用，促进标准未覆盖或者超标准用地的建设项目合理用地，切实提高节约集约用地水平，出台的政策文件。

（3）《自然资源部等7部门关于加强用地审批前期工作积极推进基础设施项目建设的通知》（自然资发〔2022〕130号）对节约用地的要求。

①可行性研究阶段，用地涉及耕地、永久基本农田、生态保护红线的建设项目，需开展节约集约用地论证分析，从占用耕地和永久基本农田的必要性、用地规模和功能分区的合理性、不可避让生态保护红线的充分性、节地水平的先进性等对方案进行分析比选，形成节约集约用地专章作为用地预审申报材料提交审查。②初步设计阶段，项目应因地制宜优先采用本行业先进的节地技术和节地模式，在满足安全生产等前提下，优化设计方案，提升项目节地水平；农用地转用和土地征收审批严格按照现行各类土地使用标准审查项目用地规模。

（4）《工业项目用地控制指标》是对工业项目（或单项工程）及其配套工程在土地利用上进行控制的标准，适用于新建、改建、扩建工业项目，重点突出了严格节约集约利用的要求、推动提高土地产出效益、支持先进制造业和战略性新兴产业发展。

（5）《建设项目用地预审管理办法》是落实新《土地管理法》和《<土地管理法>实施条例》的重要举措。《土地管理法》第52条规定：“建设项目可行性研究论证时，土地行政主管部门可以根据土地利用总体规划、土地利用年度计划和建设用地标准，对建设用地有关事项进行审查，并提出意见。”《<土地管理法>实施条例》第22条、第23条又对上述规定进行了细化。《建设项目用地预审管理办法》就是要保证土地利用总体规划的实施，控制建设用地总量，规范建设项目用地预审管理工作。实行建设项目用地预审，具体说有以下两方面的意义：一是加强了建设用地管理。建设项目用地预审是实施土地利用总体规划，落实用途管制的重要手段。在建设项目可行性研究阶段，土地行政主管部门依据土地利用总体规划，对项目的选址定点、用地规模等进行审查，能有效地引导建设项目合理布局，节约用地，防止建设用地盲目扩张，保护耕地，确保规划目标的实现。二是加强了服务的功能。建设项目用地预审是保证项目合理用地需求的有效措施，通过预审，参与项目的前期审查，及时掌握和了解建设项目用地情况。对合理的用地需求，通过土地利用年度计划给予安排；对项目用地安排存在的问题，及时提出解决办法和途径，就能保证建设的顺利进行。

《建设项目用地预审管理办法》第十一条关于土地预审的规定要求“建设项目用地规模是否符合有关土地使用标准的规定；对国家和地方尚未颁布土地使用标准和建设标准的建设项目，以及确需突破土地使用标准确定的规模和功能分区的建设项目，是否已组织建设项目节地评价并出具评审论证意见”。

（6）《自然资源部办公厅关于规范开展建设项目节地评价工作的通知》（自然资办发

〔2021〕14号）的目的是充分发挥土地使用标准对建设项目用地的控制作用，促进标准未覆盖或者超标准用地的建设项目合理用地，切实提高节约集约用地水平，规范开展建设项目节地评价工作。

（7）《自然资源部关于规范临时用地管理的通知》（自然资规〔2021〕2号）的目的是为规范和严格临时用地管理，切实加强耕地保护，促进节约集约用地。

（8）《住房和城乡建设部、国土资源部关于批准发布 < 煤炭工程项目建设用地指标露天矿、露天矿区辅助设施部分 >》的通知》（建标〔2011〕145号）对煤矿采掘场、排土场、辅助生产设施、公用工程设施、行政管理与服务设施、露天矿爆破器材库、露天矿地面制备站、矿区辅助企业及设施项目建设用地指标进行规定。

2. 用地类型

用地类型主要分为三大类：农用地、建设用地和未利用地。

1）农用地

农用地是指直接用于农业生产的土地，包括耕地、林地、草地、农田水利用地、养殖水面等。

2）建设用地

建设用地是指建造建筑物、构筑物的土地。建设用地与土壤肥力无关，其土地利用价值高，可以产生更高的经济效益。

（1）商服用地：是指该宗地块规划的用地性质是用于建设商业服务业用房屋，出让后用地的使用年限为40年。可细分为批发零售用地、住宿餐饮用地、商务金融用地、其他商服用地。

（2）综合用地：是指不同用途的土地，即同一宗地包含两种或两种以上不同用途的土地，例如商业、居住综合用地，科研设计、办公综合用地等。

（3）住宅用地：传统意义上的住宅用地，有两层意义，一是住宅建筑基底占地及其四周合理间距内的用地（含宅间绿地和宅间小路等）的总称；二是供人们日常生活居住的房基地（有独立院落的包括院落），包括城镇单一住宅用地、城镇混合住宅用地、农村宅基地等。此外还包含一类居住用地和二类居住用地，主要指城市居民住宅用地，属于城市建设用地。

（4）工业用地：是指独立设置的工厂、车间、手工业作坊、建筑安装的生产场地、排渣（灰）场地等用地。可进一步细分为一类、二类、三类工业用地。

（5）其他用地：是指规划范围内除居住区用地以外的各种用地，包括非直接为本区居民配建的道路用地、其他单位用地、保留的自然村或不可建设用地等。

3）未利用地

未利用地是指农用地和建设用地以外的土地，通常包括荒山、荒沟、荒丘、荒滩、沙漠、冰川等难以利用的土地。未利用地往往自然条件较差，难以直接用于农业生产和建设活动。但随着科技的进步和人们环保意识的提高，未利用地的开发和利用也逐渐受到重视。

3. 土地的功能

一是承载的功能。土地由于其物理特性，能将万物，包括生物与非生物承载其上，成为它们的安身之所。动物、植物等生物，各种建筑物、构筑物、道路等非生物之所以能存在于地球上，是因为土地有承载的功能。没有土地，万物自无容身之地，正如古人所说：皮之不存，毛将焉附。土地具有承载功能，因而成为人类进行一切生活和生产活动的场所和空间。

二是养育（生产）的功能。“地者，万物之本原，诸生之根源也。”在土地的一定深度和高度内，附着了许多滋生万物的养育（生产）能力，如土壤中所含有的各种营养物质，以及水分、空气，还可以接受太阳照射的光、热等，这些都是地球上一切生物生长、繁殖的基本条件。土地的养育功能充分体现于第一性和第二性的生产之中，为人类生存提供必需的农畜产品。

三是仓储（资源）的功能。土地蕴藏着丰富的金、银、铜、铁等矿产资源，石油、煤、水力、天然气等能源资源，沙、石、土等建材资源，人类可以视其为仓库。土地像人类的一座宝藏，里面贮存着极其丰富的物质，为人类从事生产、发展经济提供了必不可少的物质条件。

四是提供景观的功能。从景观学角度看，景观是地面上生态系统的镶嵌，是自然和文化生态系统的载体。土地自然形成的各种景观：秀丽的群山、浩瀚的大海、奔腾的江河、飞泻的瀑布、无垠的沃野等，为人类提供了丰富的风景资源。

五是储蓄和增值（再生产）的功能。土地作为资产，随着人们对土地需要的不断扩大，其价格呈上升趋势，因此，投资于土地，能获得储蓄和增值的功效。

4. 节地预审与节地评价

节地预审和节地评价都是促进节约集约用地的重要手段。通过这两个环节的紧密配合和共同作用，可以确保建设项目在用地过程中始终坚持节约集约的原则，最大限度地提高土地资源的利用效率。

节地预审是土地手续的开始阶段，也是项目核准的要件之一。在这一阶段，自然资源主管部门会对建设项目的用地情况进行初步审查，评估项目用地是否符合节约集约用地的要求，以及是否与土地利用总体规划、城市规划等相关规划相衔接。节地预审的目的是确保项目用地在前期就具备合规性和合理性，为后续的土地审批和供地工作奠定基础。

建设项目节地评价是对建设项目用地总规模和各功能分区用地规模是否合理的自我评价和自我审核过程。它是建设用地标准控制制度的重要组成部分，旨在促进土地资源的节约集约利用。通过节地评价，用地单位可以全面了解项目用地的节约集约水平，发现并解决用地过程中存在的问题，提出优化用地方案的建议。同时，节地评价也是建设项目用地预审和建设用地审查报批的重要依据之一。

节地预审在前，作为土地手续的开始阶段，节地预审是建设项目用地审批流程的初步环节。在这一阶段，自然资源主管部门会对项目用地进行初步审查，判断其是否符合节约集约用地的基本要求。通过预审了解项目用地情况，识别出可能存在的问题和风险点，为节地评价工作提供指导；节地评价在后，对于需要进一步论证用地合理性的项目，节地评价将在节地预审之后进行。用地单位将根据预审意见和实际情况，组织开展节地评价工作，深入分析项目用地的节约集约水平，并提出优化建议。

节地评价可以更加准确地判断项目用地的节约集约水平，提出更加具体和有针对性的优化建议，为自然资源主管部门的决策提供更加充分的依据。

5. 土地资源可持续利用

土地资源可持续利用是指在特定的时间和地区条件下，对国土资源进行合理的开发、使用、治理、保护，并通过一系列的合理利用、组织，协调人地关系及人与资源、环境的关系，以期满足当代人与后代人生存发展的需要。

土地资源可持续利用的意义在于确保土地的数量和质量能够满足不断增长的人口和不断提高的生活水平对土地的需求，同时保护土地的生产能力，避免土地资源的过度消耗和生态环境的破坏。

6. 建设用地控制指标

控制指标是按照《国民经济行业分类》（GB/T 4754）的制造业分类设置的，不同指标有差异。具体参见《自然资源部关于发布〈工业项目建设用地控制指标〉的通知》（自然资发〔2023〕72 号）及附件。主要控制指标为：

（1）容积率：项目用地范围内总建筑面积与项目总用地面积的比值。

容积率 = 项目用地范围内总建筑面积 ÷ 总用地面积 ×100%。

建筑物层高超过 8m 的，在计算容积率时该层建筑面积加倍计算。

（2）建筑系数：项目用地范围内各种建筑物、用于生产和直接为生产服务的构筑物占地面积总和占项目总用地面积的比例。

建筑系数 =（建筑物占地面积＋构筑物占地面积＋堆场用地面积）÷ 项目总用地面积 ×100%。

（3）行政办公及生活服务设施用地所占比重：项目用地范围内行政办公、生活服务设施占用土地面积占项目总用地面积的比例。

行政办公及生活服务设施用地所占比重 = 行政办公、生活服务设施占用土地面积 ÷ 项目总用地面积 ×100%。

当无法单独计算行政办公及生活服务设施占用土地面积时，可以采用行政办公及生活服务设施建筑面积占总建筑面积的比重计算得出的分摊土地面积代替。

（4）固定资产投资强度：项目用地范围内单位面积固定资产投资额。

固定资产投资强度 = 项目固定资产总投资 / 项目总用地面积。其中：项目固定资产总投资包括建筑安装工程、设备工器具购置以及固定资产建造和购置过程中发生的其他费用。

（5）土地产出率：项目用地范围内单位土地面积上的营业收入。

土地产出率 = 项目营业收入 ÷ 项目总用地面积 ×100%。

（6）土地税收：项目用地范围内单位土地面积上缴税金。

土地税收 = 项目税金上缴总额 ÷ 项目总用地面积。

本指标涉及的国民经济行业代码为 13–43，采矿业国民经济行业代码为 06–11，未覆盖采矿业用地控制要求。

7. 临时用地使用范围

2021年自然资源部印发《关于规范临时用地管理的通知》(自然资规〔2021〕2号)，明确临时用地是指建设项目施工、地质勘查等临时使用，不修建永久性建（构）筑物，使用后可恢复的土地（通过复垦可恢复原地类或者达到可供利用状态)。临时用地具有临时性和可恢复性等特点，与建设项目施工、地质勘查等无关的用地，以及使用后无法恢复到原地类或者复垦达不到可供利用状态的用地，不得使用临时用地。

矿山建设项目中符合《关于规范临时用地管理的通知》（自然资规〔2021〕2号）规定的临时用地范围的，如临时办公用房、生活用房、工棚、施工便道、运输便道等可按照规定申请临时用地。对于采矿、采石、采砂（沙）场，砖瓦窑等地面生产用地及排土（石)、尾矿堆放用地，应当按照法律规定申请使用建设用地。

8. 选择厂址关于土地的要求

（1）节约土地，少占耕地，降低土地补偿费用。项目的建设尽量将厂址选择在荒地、劣地、山地和空地，不占或少占耕地，力求节约用地。与此同时，还应注意节省土地的补偿费用，降低工程造价。

（2）减少拆迁移民数量。项目建设的选址、选线应着眼少拆迁、少移民，尽可能不靠近、不穿越人口密集的城镇或居民区，减少或不发生拆迁安置费，降低工程造价。若必须拆迁移民，应制定详尽的征地拆迁移民安置方案，充分考虑移民数量、安置途径、补偿标准、拆迁安置工作量和所需资金等，作为前期费用计入项目投资成本。

（3）要有利于厂区合理布置和安全运行。厂区土地面积与外形能满足厂房与各种构筑物的需要，并适合于按科学的工艺流程布置厂房与构筑物，满足生产安全要求。厂区地形力求平坦而略有坡度（一般5° ~ 10° 为宜)，以减少平整土地的土方工程量，节约投资，又便于地面排水。

现场评价或支撑材料：①矿山土地使用证明材料。②节地预审相关建设项目节地评价。

第二节　节能降耗

26　能源管理体系

标准分：1。

评分说明：有年度能源管理计划，得0.5分。建立全过程能耗管理体系，得0.5分。取得能源管理体系认证，得1分。得分不超过1分。

考核方法：查资料。

依据或标准：能耗核算体系文件或台账，能源管理体系证书。

指标属性：提升性。

【解析】本条要求矿山企业编制能源管理计划，鼓励矿山企业获得能源管理体系认证，是对矿山企业建立全过程能耗管理体系的要求。

本条要求是根据《绿色矿山建设规范》中有关能源减排的要求而设定的评价指标。

能源管理体系是一种系统性的管理方法，其帮助组织建立并实施一系列旨在提高能源效率、降低能源消耗和减少环境影响的政策和程序。这个体系通常遵循一种结构化的框架，包括制定能源政策、设定能源目标和指标、实施能源管理措施、监控和评估能源绩效，以及持续改进和优化能源使用。

能源双控，即能源消费总量和强度双控制度，是我国在“十一五”至“十三五”期间实施的一项重要能源管理政策。该政策旨在通过设定能源消费总量和强度控制目标，推动各地区、各行业节约能源、提高能效，从而促进经济社会的可持续发展。然而，随着我国工业化、城镇化进程的加快，以及碳达峰、碳中和目标的提出，能源双控政策的局限性逐渐显现。一方面，能源总量控制不仅包含化石能源消费，也包括核能和可再生能源等非化石能源，总量的管控直接影响了可再生能源的开发利用；另一方面，能源消费总量中也包含了用于原料的能源消费，这在一定程度上影响了政策的合理性和有效性。

能源双控政策的实施方式包括设定能源消耗总量控制目标、制定能源消耗指标、推广节能减排技术和设备、加强监管和执法力度等。这些措施有助于节约能源资源、减少污染物和温室气体排放、促进经济绿色发展。

能源管理体系与能源双控在目标和手段上具有一定的重叠性和互补性。能源管理体系为能源双控提供了具体的管理框架和实施路径，通过系统化的管理和控制手段，推动组织实现能源消费总量和强度的双控目标。同时，能源双控政策也为能源管理体系的实施提供了指导和方向，确保能源管理体系的目标与国家和地方的节能减排目标相一致。

1. 相关法律法规、标准

《能源管理体系要求及使用指南》(GB/T 23331/ISO 50001 ：2018）规定了建立、实施、保持和改进能源管理体系的要求，旨在使组织通过系统方法实现能源绩效和能源管理体系的持续改进。该标准适用于任何组织、由组织管理和控制的影响能源绩效的活动以及任何数量、用途或种类的能源消耗。

《清洁生产促进法》：第二十九条 企业可以根据自愿原则，按照国家有关环境管理体系等认证的规定，委托经国务院认证认可监督管理部门认可的认证机构进行认证，提高清洁生产水平。

2. 能源管理计划

能源管理计划是结合矿山自身工作的需要，本着节能减排和降本增效管理要求而制定的，主要包含工作目标、指导思想、总体思路、主要节能措施及要求等方面的内容。

节能管理的主要措施：

一是强化目标责任。综合考虑矿属各单位生产职能，差别化地将节能减排目标分解落实到各污染源单位，定期进行检查，根据考核结果进行通报。

二是优化产业结构。根据各单位能耗情况，淘汰了一批污染严重、耗能大的亏损二级单位。

三是推广节能减排设备。更新和采购焊烟、挥发性有机物（VOCs）收集等设备。

四是推动重点领域节能减排。

五是高瓦斯煤矿坚持瓦斯治理先抽后采的方针，加强瓦斯综合利用，先后建成瓦斯抽放泵站和瓦斯发电厂，减少温室气体排放，提高企业效益。

六是编写能源统计分析报告。能源统计分析报告是能源统计分析结果用文字报告表述出来的一种重要表达方式。其结构一般可分为基本情况、成绩和经验、问题及原因、变化和规律、发展和展望、建议和措施等部分。

3. 全过程能耗核算体系

全过程能耗核算体系指由器械装备、定期监测、管理制度、责任落实、计算和考核办法等组成的生产全过程能耗控制系统。综合能耗是指原矿石从露天或地下开采开始，到出场的整个生产过程所消耗的电力、汽柴油等各种能源折算的标准煤量。

1）全过程能耗体系的要求

（1）矿山企业要建立一个完整有效的、形成文件的能源管理体系，对生产全过程进行能耗核算，并在实施中持续改进，达到预期的能源消耗或使用目标。贯彻落实建设工程和生产运营中节电、节气、节水、节材和保护环境的技术经济政策，建设资源节约型、环境友好型社会，通过采用先进的技术措施和管理，最大程度地节约资源、提高能源利用率。

（2）全过程能耗核算体系的建立应符合《综合能耗计算通则》(GB/T 2589）的相关规定。

（3）全过程能耗核算体系将节能减排年度任务目标进行分解，层层落实，并配套各项响应机制，监督各项工作认真实施。矿产资源开采能耗及产品综合能耗相关指标要符合矿山设计或清洁生产报告、当地产业政策及行业准入条件等规定。

（4）节能降耗、节能减排工作符合节能评估报告的要求。

（5）能源管理办法。对于没有建立能源管理体系的企业，需建设能源管理办法，能源管理办法一般包含能源管理、能源统计、能源计量等方面的内容。

2）节能设计原则

节能要从设计开始，从设计上要考虑以下几点。

（1）选用高效率、低能耗的工艺技术和装备，多用大型化、自动化电液驱动设备和散装物料连续运输设备。

（2）优化开采、运输、加工、堆存等工艺流程和设备配置，简化工艺线路，缩短工艺链长度。

（3）优化开采、运输、加工、堆存等工艺布置，充分利用布置空间及其天然优势，缩短石料运输距离，避免倒运。

（4）充分回收利用矿山开采和矿物加工过程中产生的废水、废渣、粉尘，提高资源综合利用率，尽量做到“吃干榨尽”。

（5）针对不同的用电设备负荷及其重要程度，选用合适的供电方案和供电设备，降低供电过程的电耗，功率因数应在0.9以上。

建立全过程能耗核算体系，确定节能目标和考核体系，实施全过程能耗核算。

4. 能源管理体系认证

能源管理体系的建立依据《能源管理体系要求及使用指南》(GB/T 23331）的规定，是从体系的全过程出发，遵循系统管理原理，通过实施一套完整的标准、规范，在组织内建立起一个完整有效的、形成文件的能源管理体系，注重建立和实施过程的控制，使组织的活动、过程及其要素不断优化，通过例行节能监测、能源审计、能效对标、内部审核、组织能耗计量与测试、组织能量平衡统计、管理评审、自我评价、节能技术改造、节能考核等措施，不断提高能源管理体系持续改进的有效性，实现能源管理方针和承诺并达到预期的能源消耗或使用目标。

建立、实施并保持环境管理体系，是通过持续改进环境管理水平，从源头削减污染物的产生，减少或者避免生产、服务和产品使用过程中污染物的产生和排放，以降低或者消除对人类健康和环境的危害。

能源管理体系按照 PDCA 管理模式，即基于策划（plan）– 实施（do）– 检查（check）– 改进（action）的持续改进模式推进能源管理。策划：实施能源评审，明确能源基准和能源绩效参数，制定能源目标、指标和能源管理实施方案，从而确保组织依据其能源方针改进能源绩效。实施：履行能源管理实施方案。检查：对运行的关键特性和过程进行监视和测量，对照能源方针和目标评估确定实现的能源绩效，并报告结果。改进：采取措施，持续改进能源绩效和能源管理体系。

能源管理体系认证是申请认证的企业按照《能源管理体系要求及使用指南》（GB/T23331 /ISO 50001：2018）标准要求建立能源管理体系，并至少有效运行 6 个月，由国家认监委批准设立的认证机构对其能源管理体系及其运行情况、能源管理绩效进行现场审核，经综合评价后，对符合条件的企业颁发认证证书的过程。

绿色矿山第三方评估时除了在国家认监委网站查看证书的有效性还应查看认证证书范围是否与被评估的矿山范围相关。

现场评价或支撑材料：①能源统计分析报告。②全过程能耗核算体系文件。③能源管理体系认证证书[4]。

27　单位产品能耗

标准分：2。

评分说明：单位产品能耗符合国家标准。煤矿、铁矿、金矿、有色金属矿有国家标准的，执行国家标准。其他矿种暂无国家标准、行业标准的，以企业近 3 年能耗等指标均值为依据进行考核，要体现节能降耗进步要求，能耗逐年降低。符合要求得 2 分，不符合得 0 分。

考核方法：查资料。

依据或标准：能耗台账、各行业单位产品能源消耗限额。

指标属性：约束性。

【解析】本条要求矿山单位产品能耗达到相关要求。

本条要求是根据《绿色矿山建设规范》中有关节能减排的要求而设定的评价指标。

单位产品能耗是指单位产品产量或单位产品产值所消耗的某种能源量。通过单位产品能耗比较，可以找出能源管理的差距，查明原因，分析潜力，明确方向，提出对策。

单位产品能耗统计指标是反映平均完成单位产品（工作量）所消耗的能源量，简单地说，就是能源消耗量与产品产量（工作量）的比值，或者说是产品（工作量）与能源消耗的一种数量关系，根据这种数量关系，可以了解各种产品的能耗水平，也可以估算某种产品数量需要多少能源。

1. 煤炭

1）现有煤炭开采单位产品能耗限额

（1）现有煤炭井工开采单位产品能耗限额应符合《煤炭井工开采单位产品能源消耗限额》（GB 29444）中4.1的要求：电力折合标准煤系数采用当量值时，现有煤炭井工开采企业单位产品能耗限定值应不大于11.8kgce/t[1]。

（2）现有煤炭露天开采单位产品能耗限额应符合《煤炭露天开采单位产品能源消耗限额》（GB 29445）中4.1的要求：电力折合标准煤系数采用当量值时，现有煤炭露天开采企业单位产品能耗限定值应不大于8.2kgce/t。

2）新建煤炭开采单位产品能耗准入值

（1）新建煤炭井工开采单位产品能耗准入值应符合《煤炭井工开采单位产品能源消耗限额》（GB 29444）中4.2的要求：电力折合标准煤系数采用当量值时，新建煤炭井工开采企业单位产品能耗准入值应不大于7.0kgce/t。

（2）新建煤炭露天开采单位产品能耗准入值应符合《煤炭露天开采单位产品能源消耗限额》（GB 29445）中4.2的要求：电力折合标准煤系数采用当量值时，新建煤炭露天开采企业单位产品能耗准入值应不大于6.5kgce/t。

3）煤炭开采单位产品能耗先进值

（1）煤炭井工开采单位产品能耗先进值应符合《煤炭井工开采单位产品能源消耗限额》（GB 29444）中4.3的要求：电力折合标准煤系数采用当量值时，煤炭井工开采企业应通过节能技术改造和加强节能管理，单位产品能耗先进值应不大于3.0kgce/t。

（2）煤炭露天开采单位产品能耗先进值应符合《煤炭露天开采单位产品能源消耗限额》（GB 29445）中4.3的要求：电力折合标准煤系数采用当量值时，煤炭露天开采企业应通过节能技术改造和加强节能管理，单位产品能耗先进值应不大于5.0kgce/t。

2. 金矿

金矿开采单位产品能源消耗限额应符合《金矿开采单位产品能源消耗限额》（GB

[1] kgce是能源消耗量的单位，用标准煤来表示。

32032）规定的准入值，金矿选冶单位产品能源消耗限额要符合《金矿选冶单位产品能源消耗限额》（GB 32033）规定的准入值。

3. 铁矿

1）铁矿采矿单位产品能耗限定值

铁矿采矿单位产品能耗限定值见表 7–1。

表 7–1　铁矿采矿单位产品能耗限定值

<table>
<tr><th>开采方式</th><th>开采类型</th><th>矿山规模</th><th>单位产品可比综合能耗 /（kgce · t⁻¹）</th></tr>
<tr><td rowspan="2">露天开采</td><td>现有矿山</td><td>中型以上（含中型）、小型</td><td>≤ 0.80
≤ 1.04</td></tr>
<tr><td>新建、改扩建矿山</td><td>中型以上（含中型）、小型</td><td>≤ 0.49
≤ 0.64</td></tr>
<tr><td rowspan="2">地下开采</td><td>现有矿山</td><td>中型以上（含中型）、小型</td><td>≤ 3.60
≤ 4.68</td></tr>
<tr><td>新建、改扩建矿山</td><td>中型以上（含中型）、小型</td><td>≤ 2.60
≤ 3.38</td></tr>
</table>

2）铁矿选矿单位产品能耗限定值

铁矿选矿单位产品能耗限定值见表 7–2。

表 7–2　铁矿选矿单位产品能耗限定值

<table>
<tr><th>开采方式</th><th colspan="2">选矿工艺类型</th><th>单位产品可比综合能耗 /（kgce · t⁻¹）</th></tr>
<tr><td rowspan="4">现有矿山</td><td colspan="2">弱磁选</td><td>≤ 4.1</td></tr>
<tr><td colspan="2">联合选别</td><td>≤ 5.7</td></tr>
<tr><td rowspan="2">焙烧选别</td><td>竖炉</td><td>≤ 48.5</td></tr>
<tr><td>回转窑</td><td>≤ 54.3</td></tr>
<tr><td rowspan="4">新建、改扩建矿山</td><td colspan="2">弱磁选</td><td>≤ 3.3</td></tr>
<tr><td colspan="2">联合选别</td><td>≤ 4.2</td></tr>
<tr><td rowspan="2">焙烧选别</td><td>竖炉</td><td>≤ 45.6</td></tr>
<tr><td>回转窑</td><td>≤ 51.8</td></tr>
</table>

随着铁矿品位的降低、选矿难度的增加，表 7–2 的数据可能逐渐不适应行业发展需要，此处仅供参考。

4. 有色金属矿

1）采矿综合能耗指标要求

露天开采基准（可比）综合能耗指标 P_0 露天见表 7–3。

表 7-3　露天开采基准（可比）综合能耗指标 $P_{0露天}$

设计规模	$P_{0露天}$/（kgce/t（kW·h/t））		
	一级	二级	三级
大型	0.95（7.73）	1.05（8.54）	1.15（9.36）
中型	1.25（10.17）	1.35（10.98）	1.50（12.21）
小型	1.63（13.26）	1.75（14.24）	1.95（5.87）

注：基准能耗指的是维持某一系统或设备正常运行所需的最小能耗，或者是某一生产流程在基础生产条件下（如设备空载、无额外负荷等）的能耗水平。可比能耗是指在一定可比条件下的单位能耗或综合能耗。

地下开采基准（可比）综合能耗指标 $P_{0地下}$ 见表 7-4。

表 7-4　地下开采基准（可比）综合能耗指标 $P_{0地下}$

设计规模	$P_{0地下}$/（kgce/t（kW·h/t））		
	一级	二级	三级
大型	1.84（15）	2.21（18）	2.70（22）
中型	2.21（18）	2.70（22）	3.20（26）
小型	2.70（22）	3.20（26）	3.81（31）

2）选矿厂工艺综合能耗指标

选矿厂工艺综合能耗指标见表 7-5。

表 7-5　选矿厂工艺综合能耗指标

金属种类	矿石类型	选矿工艺综合能耗/（kW·h/t）		
		一级	二级	三级
铜	硫化矿	≤ 22	<22 ~ 27	<27 ~ 34
	混合矿 氧化矿	≤ 26	<26 ~ 32	<32 ~ 41
钼	硫化矿	≤ 20	<20 ~ 25	<25 ~ 31
镍	硫化矿	≤ 42	<42 ~ 48	<48 ~ 55
铅锌	硫化矿	≤ 29	<29 ~ 37	<37 ~ 46
	混合矿 氧化矿	≤ 35	<35 ~ 44	<44 ~ 55
锑	硫化矿	≤ 17	<17 ~ 21	<21 ~ 26
汞	辰砂矿	≤ 26	<26 ~ 31	<31 ~ 37
钨	黑钨矿	≤ 8	<8 ~ 11	<11 ~ 15
	白钨矿 混合矿	≤ 23	<23 ~ 30	<30 ~ 39

续表

金属种类	矿石类型	选矿工艺综合能耗 /（kW・h/t）		
		一级	二级	三级
锡	硫化矿	≤ 38	<38 ~ 48	<48 ~ 60
	氧化矿	≤ 24	<24 ~ 30	<30 ~ 38
	砂矿	≤ 13	<13 ~ 16	<16 ~ 20

注：选矿工艺综合能耗包括破碎筛分、磨矿、选别、精矿脱水等生产工艺，不包括尾矿、供水、供热等辅助工序能耗。

5. 其他矿种

暂无国家标准、行业标准的，以企业近 3 年能耗等指标的均值为依据进行考核，要体现节能降耗的进步要求；对于新建暂无国家标准、行业标准的矿井，要有节能措施或节能设计。设施设备老化严重的矿山，一般情况能耗比较高，评估时应充分考虑这一因素。

现场评价或支撑材料：①查看近 3 年节能降耗报表或节能减排报表。②查看近 3 年矿山全过程能耗台账。③矿山清洁生产报告或节能报告。④节能措施或节能设计。

第三节　减　碳

28　碳排放核算

标准分：2。

评分说明：按照规定的核算方法，对矿区范围内的温室气体排放进行核算，开展工作的，得 2 分，未开展工作的，得 0 分。

考核方法：查资料。

依据或标准：《工业企业温室气体排放核算和报告通则》（GB/T 32150）、《温室气体排放核算方法与报告要求》（GB/T 32151）。

指标属性：提升性。

【解析】本条是对矿山企业碳排放管理的要求。

1. 政策分析

为了更好地适应新形势和新要求，我国在“十四五”期间开始推动能源双控向碳排放双控的转变。碳排放双控，即碳排放总量和强度双控制度，旨在通过直接控制碳排放量来更有效地应对气候变化问题。这一政策的提出，标志着我国在能源管理和碳排放控制方面迈出了新的步伐。

碳排放强度控制是指对一个地区、企业或组织在单位国内生产总值（GDP）中的碳排放量进行限制的控制方式。它是对碳排放总量控制的重要补充，旨在降低单位GDP的碳排放量，实现低碳发展。

能源双控主要指能耗总量和强度双控，碳排放双控是指对碳排放总量和强度的控制。能源双控到碳排放双控的转变是我国在推动生态文明建设、实现碳达峰碳中和目标过程中作出的重大战略调整，有利于科学精准开展评价考核，树立鼓励可再生能源发展、重点控制化石能源消费的鲜明导向。碳排放核算是掌握碳排放变化趋势、有效开展碳减排工作的基本前提，也是实现由能耗“双控”向碳排放“双控”转变的关键基础。

2. 相关标准

1）《工业企业温室气体排放核算和报告通则》

《工业企业温室气体排放核算和报告通则》（GB/T 32150）规定了工业企业温室气体排放核算与报告的基本原则、工作流程、核算边界、核算步骤与方法、质量保证、报告内容等6项重要内容。其中，核算边界包括了企业的主要生产、辅助生产、附属生产等三大系统。核算范围包括企业生产的燃料燃烧排放，过程排放以及购入和输出的电力、热力产生的排放。核算方法分为“计算”与“实测”两类，并给出了选择核算方法的参考因素，方便企业使用。

2）《温室气体排放核算方法与报告要求》

《温室气体排放核算方法与报告要求》（GB/T 32151）规定了发电企业、电网企业、镁冶炼企业、铝冶炼企业、钢铁生产企业、民航企业、平板玻璃生产企业、水泥生产企业、陶瓷生产企业、化工生产企业等温室气体排放量的核算和报告相关的术语、核算边界、计算步骤与核算方法、数据质量管理、报告内容和格式等内容。矿山企业的温室气体排放核算可参照本标准执行。

3. 碳排核算方法

碳核算方法是对碳排放量进行科学计量的重要手段，主要有三种方法：排放因子法、质量平衡法和实测法。

（1）排放因子法。

排放因子法是通过活动数据与排放因子的乘积来计算温室气体排放量，是目前应用范围最广、最普遍的一种碳核算方法。温室气体（GHG）排放 = 活动数据（AD）× 排放因子（EF）。活动数据（AD）为导致温室气体排放的生产或消费活动的活动量，如每种化石燃料的消耗量、石灰石原料的消耗量、净购入的电量、净购入的蒸汽量等。排放因子（EF）为与活动水平数据对应的系数，包括单位热值含碳量或元素碳含量、氧化率等，表征单位生产或消费活动量的温室气体排放系数。EF既可以直接采用IPCC、美国环境保护署、欧洲环境机构等提供的已知数据（即缺省值），也可以基于代表性的测量数据来推算。

（2）质量平衡法。

质量平衡法基于质量守恒定律，通过计算生产过程中物料投入与产出的碳含量差，来估算碳排放量。二氧化碳（CO2）排放 =（原料投入量 × 原料含碳量 - 产品产出量 × 产品含碳量 - 废物输出量 × 废物含碳量）×44/12。“44/12”是碳转换成 CO2 的转换系数（即 CO2/C 的相对原子质量）。

（3）实测法。

实测法基于排放源实测基础数据，通过现场测量或非现场测量的方式，直接获取碳排放量数据。

现场测量：一般在烟气排放连续监测系统（CEMS）中搭载碳排放监测模块，通过连续监测浓度和流速直接测量其排放量。这种方法准确性较高。

非现场测量：通过采集样品送到有关监测部门，利用专门的检测设备和技术进行定量分析。但由于采样气体会发生吸附反应、解离等问题，其准确性相对较低。

三种碳核算方法各有优缺点和适用范围，在实际应用中应根据具体情况选择合适的方法进行计算。

4. 温室气体排放核算和报告的工作流程

开展温室气体排放核算和报告的工作流程分为四大步骤，根据开展核算和报告工作的目的，确定温室气体排放核算边界，进行温室气体排放核算。

（1）识别温室气体源与温室气体种类。

（2）选择核算方法。

（3）选择与收集温室气体活动数据。

（4）选择或测算排放因子。

（5）计算与汇总温室气体排放量。

（6）核算工作质量保证。

（7）撰写温室气体排放报告。

工作流程如图 7–1 所示。

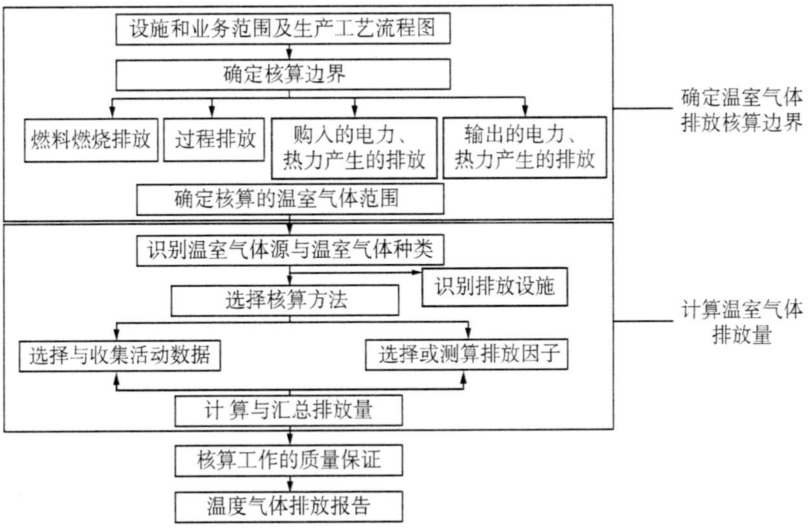

图 7–1　温室气体排放工作流程图

现场评价或支撑材料：企业温室气体排放报告。采选生产废水处理工艺流程图。

第四节 源头预防

29 地下水环境状况

标准分：1。

评分说明：矿区及周边地下水具备使用功能的，其环境状况应达到相关功能限值要求；存在人为因素导致地下水不满足相关功能要求时，应该按照相关标准开展地下水污染风险管控修复，防止地下水污染加重与扩散。符合要求得1分，不符合得0分。

考核方法：查资料、查现场。

依据或标准：《工矿用地土壤环境管理办法（试行）》、《地下水质量标准》（GB/T 14848）、《污染地块地下水修复和风险管控技术导则》(HJ 25.6）。

指标属性：约束性。

【解析】本条是对矿山企业地下水管控的要求。

1. 相关的法律、标准

（1）《污染地块地下水修复和风险管控技术导则》规定了污染地块地下水修复和风险管控的基本原则、工作程序和技术要求。适用于污染地块地下水修复和风险管控的技术方案制定、工程设计及施工、工程运行及监测、效果评估和后期环境监管，污染地块土壤修复技术方案制定。

（2）《工矿用地土壤环境管理办法（试行）》适用于从事工业、矿业生产经营活动的土壤环境污染重点监管单位用地土壤和地下水的环境现状调查、环境影响评价、污染防治设施的建设和运行管理、污染隐患排查、环境监测和风险评估、污染应急、风险管控和治理与修复等活动，以及相关环境保护监督管理。

（3）《地下水质量标准》规定了地下水的质量分类，地下水质量监测、评价方法和地下水质量保护。

2. 地下水功能及地下水环境

地下水是地球上不可或缺的一种自然资源，地下水在保持生态系统平衡和地质环境的稳定方面发挥着重要作用。地下水具有供水、维持生态平衡、保持地质环境稳定、提供额外便利和用途，以及作为地球内部地质演变信息载体等多重功能。同时，地下水具有多种不同的使用功能，包括饮用水、农业灌溉、工业用水、生态环境保护和地热能开发等。合理利用和保护地下水资源，对于实现可持续发展和保护生态环境具有重要意义。

地下水环境是地下水及其赋存空间环境在内外动力地质作用和人为活动作用影响下所

形成的状态及其变化的总称。地下水环境是地质环境的重要组成部分，其状态和变化受到多种因素的影响，包括自然因素如地质构造、气候条件等，以及人为活动如工业、农业和城市发展等。地下水环境的健康与否直接关系到水资源的质量和可持续利用，对于维护生态平衡和人类福祉具有重要意义。地下水功能限值即地下水质量标准。

影响地下水的人为因素有采矿活动、水利工程、取水工程等。

3. 地下水污染来源

地下水的污染来源十分广泛，其中地表水，降水，工业“三废”，生活污水，生活垃圾的排放，是造成地下水资源污染的主要原因。矿山地下水污染主要包括以下几个方面。

（1）工业对地下水资源的污染。工业生产在利用地下水的同时又以其排出的大量废气、废水和废渣直接或间接地导致地下水水质的恶化。工业生产对地下水造成的污染有面积大，威力强的特点。

工业生产对地下水的危害主要体现在以下3种方式：一是工业废气，许多工厂生产过程中要排除大量的有毒气体，如钢铁冶金企业和有色冶炼企业主要排出二氧化硫、氯化氢以及铅、锰等金属化合物；石油工业主要排放硫化氢、二氧化碳、二氧化硫等。污染物还随着雨水、降雪降落到地表同时深入地下，污染地下水水质。二是工业废水，不加处理的工业废水排入河道（或其他地表水体）中，先是污染地表水，进而污染地下水，工业废水的污染对地下水水质的破坏最为直接和严重。

（2）矿区绿化、生态修复对地下水资源的污染。矿区因采矿造成的破坏面积大，需要修复就需要大量利用地下水和其他水资源生产活动，对地下水资源的影响日益增加。

绿化、生态修复对地下水资源的影响主要分为两个方面：一是化肥的使用。化肥中常含有氮肥、磷肥、钾肥等，随着灌溉用水、降水渗入地下，特别是污水灌溉，对浅层地下水造成污染。二是生活污染物的排放。主要由粪坑、渗井、垃圾堆放场等引起，通过渗透，淋滤直接污染浅层地下水，使地下水的总硬度上升，恶化地下水环境。

（3）采矿活动对地下水资源的污染。采矿活动对地下水资源的破坏主要表现为对埋藏条件的改变，由于兴建地表水利工程改变了地表水流状况，将对地下水的均衡、埋藏状态产生重大的影响。同时，采矿排出的矿坑水通常pH较低，这种酸性水渗入地下后可导致某些盐类进入含水层，由此产生的盐效应促使土体中方解石、白云石溶解，使钙镁离子溶于水中，地下水的总硬度升高。

（4）生活污染对地下水资源的污染。日常生活尤其是城市生活对地下水资源的污染日益明显。生活污染对地下水污染具体分为两个方面：一方面生活污水的大量排放。生活污水的来源是多方面的，日常生活中的洗涤剂、生活垃圾、排泄物等构成生活污水的主要来源。另一方面，汽车尾气的大量排放等消耗能源排出废气等造成大气的污染，这些污染物经过雨水的冲刷到达地面，其中无法有效降解的污染物成分会随之渗入地下水，造成地下水污染。

（5）陆地地表水、水域和地下水可以看作是一个生态循环系统，因此地表水体的严重污染必然加剧地下水环境的恶化。已经遭受污染的地表水体，包括河流、湖泊、人工水库等，如果直接补给地下水，将引起地下水的污染。

4. 地下水质量分类及指标

《地下水质量标准》（GB/T 14848）明确规定：地下水质量是地下水的物理、化学和生物性质总称。

（1）地下水质量分类。

依据我国地下水质量状况和人体健康风险，参照生活饮用水、工业、农业等用水质量要求，依据各组分含量高低（pH 除外），分为五类。

Ⅰ类：地下水化学组分含量低，适用于各种用途。

Ⅱ类：地下水化学组分含量较低，适用于各种用途。

Ⅲ类：地下水化学组分含量中等，以《生活饮用水卫生标准》（GB 5749）为依据，主要适用于集中式生活饮用水水源及工农业用水。

Ⅳ类：地下水化学组分含量较高，以农业和工业用水质量要求以及一定水平的人体健康风险为依据，适用于农业和部分工业用水，适当处理后可作为生活饮用水。

Ⅴ类：地下水化学组分含量高，不宜作为生活饮用水水源，其他用水可根据使用目的选用。

Ⅰ、Ⅱ、Ⅲ类地下水化学组分含量低，可以作为饮用水；Ⅳ类水在一定水平上产生人体健康风险；Ⅴ类水不宜作为生活饮用水。各类水有相应的化学含量限值，如溶解性总固体Ⅰ类水小于或等于 300mg/L，Ⅱ类水小于或等于 500mg/L、大于 300mg/L，Ⅲ类水小于或等于 1000mg/L、大于 500mg/L；Ⅳ类水小于或等于 2000mg/L、大于 1000mg/L；Ⅴ类水大于 2000mg/L。

（2）地下水质量指标。确定地下水好与坏有 93 项指标，其中，常规指标 39 项、非常规指标 54 项。常规指标包括感官性状和一般化学指标、微生物指标、常见毒理学指标和放射性指标；非常规指标是在常规指标上的拓展，是根据地区和时间差异或特殊情况确定的地下水质量指标，反映地下水产生的主要质量问题。

地下水质量指标的常规指标和非常规指标分类及限值分别见表 7–6 和表 7–7。

表 7–6 地下水质量常规指标及限值

序号	指标	Ⅰ类	Ⅱ类	Ⅲ类	Ⅳ类	Ⅴ类
感官性状及一般化学指标						
1	色（铂钴色度单位）	≤ 5	≤ 5	≤ 15	≤ 25	> 25
2	嗅和味	无	无	无	无	有
3	浑浊度 / [a]NTU	≤ 3	≤ 3	≤ 3	≤ 10	> 10
4	肉眼可见物	无	无	无	无	有
5	pH	6.5 ≤ pH ≤ 8.5			5.5 ≤ pH < 6.58.5 < pH ≤ 9.0	pH < 5.5 或 pH > 9.0
6	总硬度（以 $CaCO_3$ 计）/（$mg \cdot L^{-1}$）	≤ 150	≤ 300	≤ 450	≤ 650	> 650
7	溶解性总固体 /（$mg \cdot L^{-1}$）	≤ 300	≤ 500	≤ 1000	≤ 2000	> 2000

续表

序号	指标	Ⅰ类	Ⅱ类	Ⅲ类	Ⅳ类	Ⅴ类
8	硫酸盐 / (mg · L^{-1})	≤ 50	≤ 150	≤ 250	≤ 350	> 350
9	氯化物 / (mg · L^{-1})	≤ 50	≤ 150	≤ 250	≤ 350	> 350
10	铁 / (mg · L^{-1})	≤ 0.1	≤ 0.2	≤ 0.3	≤ 2.0	> 2.0
11	锰 / (mg · L^{-1})	≤ 0.05	≤ 0.05	≤ 0.1	≤ 1.50	> 1.50
12	铜 / (mg · L^{-1})	≤ 0.01	≤ 0.05	≤ 1.00	≤ 1.50	> 1.50
13	锌 / (mg · L^{-1})	≤ 0.05	≤ 0.5	≤ 1.00	≤ 5.00	> 5.00
14	铝 / (mg · L^{-1})	≤ 0.01	≤ 0.05	≤ 0.20	≤ 0.50	> 0.50
15	挥发性酚类（以苯酚计）/ (mg · L^{-1})	≤ 0.001	≤ 0.001	≤ 0.002	≤ 0.01	> 0.01
16	阴离子表面活性剂 / (mg · L^{-1})	不得检出	≤ 0.1	≤ 0.3	≤ 0.3	> 0.3
17	耗氧量（COD_{Mn} 法，以 O_2 计）/ (mg · L^{-1})	≤ 1.0	≤ 2.0	≤ 3.0	≤ 10.0	> 10.0
18	氨氮（以 N 计）/ (mg · L^{-1})	≤ 0.02	≤ 0.1	≤ 0.5	≤ 1.5	> 1.50
19	硫化物 / (mg · L^{-1})	≤ 0.005	≤ 0.01	≤ 0.02	≤ 0.1	> 0.10
20	钠 / (mg · L^{-1})	≤ 100	≤ 150	≤ 200	≤ 400	> 400
	微生物指标					
21	总大肠菌群 / (^{b}MPN/100mL 或 ^{c}CFU/100mL)	≤ 3.0	≤ 3.0	≤ 3.0	≤ 100	> 100
22	菌落总数 / (CFU · mL^{-1})	≤ 100	≤ 100	≤ 100	≤ 1000	> 1000
	毒理学指标					
23	亚硝酸盐（以 N 计）/ (mg · L^{-1})	≤ 0.01	≤ 0.10	≤ 1.00	≤ 4.80	> 4.80
24	硝酸盐（以 N 计）/ (mg · L^{-1})	≤ 2.0	≤ 5.0	≤ 20.0	≤ 30.0	> 30.0
25	氟化物 / (mg · L^{-1})	≤ 0.001	≤ 0.01	≤ 0.05	≤ 0.1	> 0.1
26	氰化物 / (mg · L^{-1})	≤ 1.0	≤ 1.0	≤ 1.0	≤ 2.0	> 2.0
27	碘化物 / (mg · L^{-1})	≤ 0.04	≤ 0.04	≤ 0.08	≤ 0.5	> 0.50
28	汞 / (mg · L^{-1})	≤ 0.0001	≤ 0.0001	≤ 0.001	≤ 0.002	> 0.002
29	砷 / (mg · L^{-1})	≤ 0.001	≤ 0.001	≤ 0.01	≤ 0.05	> 0.05
30	硒 / (mg · L^{-1})	≤ 0.01	≤ 0.01	≤ 0.01	≤ 0.1	> 0.1
31	镉 / (mg · L^{-1})	≤ 0.0001	≤ 0.001	≤ 0.005	≤ 0.01	> 0.01
32	铬（六价）/ (mg · L^{-1})	≤ 0.005	≤ 0.01	≤ 0.05	≤ 0.1	> 0.10
33	铅 / (mg · L^{-1})	≤ 0.005	≤ 0.005	≤ 0.01	≤ 0.10	> 0.10
34	三氯甲烷 / (μg · L^{-1})	≤ 0.5	≤ 6	≤ 60	≤ 300	> 300
35	四氯化碳 / (μg · L^{-1})	≤ 0.5	≤ 0.5	≤ 2.0	≤ 50.0	> 50.0
36	苯 / (μg · L^{-1})	≤ 0.5	≤ 1.0	≤ 10.0	≤ 120	> 120

续表

序号	指标	Ⅰ类	Ⅱ类	Ⅲ类	Ⅳ类	Ⅴ类
37	甲苯 / (μg · L^{-1})	≤ 0.5	≤ 140	≤ 700	≤ 1400	> 1400
	放射性指标[d]					
38	总 α 放射性 / (Bq · L^{-1})	≤ 0.1	≤ 0.1	≤ 0.5	> 0.5	> 0.5
39	总 β 放射性 / (Bq · L^{-1})	≤ 0.1	≤ 1.0	≤ 1.0	> 1.0	> 1.0

注：[a]NTU 为散射浊度单位；[b]MPN 表示最可能数；[c]CFU 表示菌落形成单位；[d] 放射性指标超过指导值，应进行核素分析和评价。

表 7-7　地下水质量非常规指标及限值

序号	指标	Ⅰ类	Ⅱ类	Ⅲ类	Ⅳ类	Ⅴ类
	毒理学指标					
1	铍 / (mg · L^{-1})	≤ 0.0001	≤ 0.0001	≤ 0.002	≤ 0.06	> 0.06
2	硼 / (mg · L^{-1})	≤ 0.02	≤ 0.10	≤ 0.50	≤ 2.0	> 2.00
3	锑 / (mg · L^{-1})	≤ 0.0001	≤ 0.0005	≤ 0.005	≤ 0.01	> 0.01
4	钡 / (mg · L^{-1})	≤ 0.01	≤ 0.10	≤ 0.70	≤ 4.00	> 4.00
5	镍 / (mg · L^{-1})	≤ 0.002	≤ 0.002	≤ 0.02	≤ 0.10	> 0.10
6	钴 / (mg · L^{-1})	≤ 0.005	≤ 0.005	≤ 0.05	≤ 0.10	> 0.10
7	钼 / (mg · L^{-1})	≤ 0.001	≤ 0.01	≤ 0.07	≤ 0.15	0.15
8	银 / (mg · L^{-1})	≤ 0.001	≤ 0.01	≤ 0.05	≤ 0.10	0.10
9	铊 / (mg · L^{-1})	≤ 0.0001	≤ 0.0001	≤ 0.0001	≤ 0.001	> 0.001
10	二氯甲烷 / (μg · L^{-1})	≤ 1	≤ 2	≤ 20	≤ 500	> 500
11	1，2- 二氯乙烷 / (μg · L^{-1})	≤ 0.5	≤ 3.0	≤ 30.0	≤ 40.0	> 40.0
12	1，1，1- 三氯乙烷 / (μg · L^{-1})	≤ 0.5	≤ 400	≤ 2000	≤ 4000	> 4000
13	1，1，2- 三氯乙烷 / (μg · L^{-1})	≤ 0.5	≤ 0.5	≤ 5.0	≤ 60.0	> 60.0
14	1，2- 二氯丙烷 / (μg · L^{-1})	≤ 0.5	≤ 0.5	≤ 5.0	≤ 60.0	> 60.0
15	三溴甲烷 / (μg · L^{-1})	≤ 0.5	≤ 10.0	≤ 100	≤ 800	> 800
16	氯乙烯 / (μg · L^{-1})	≤ 0.5	≤ 0.5	≤ 5.0	≤ 90.0	> 90.0
17	1，1- 二氯乙烯 / (μg · L^{-1})	≤ 0.5	≤ 3.0	≤ 30.0	≤ 60.0	> 60.0
18	1，2- 二氯乙烯 / (μg · L^{-1})	≤ 0.5	≤ 5.0	≤ 50.0	≤ 60.0	> 60.0
19	三氯乙烯 / (μg · L^{-1})	≤ 0.5	≤ 7.0	≤ 70.0	≤ 210	> 210
20	四氯乙烯 / (μg · L^{-1})	≤ 0.5	≤ 4.0	≤ 40.0	≤ 300	> 300
21	氯苯 / (μg · L^{-1})	≤ 0.5	≤ 60.0	≤ 300	≤ 600	> 600
22	邻二氯苯 / (μg · L^{-1})	≤ 0.5	≤ 200	≤ 1000	≤ 2000	> 2000
23	对二氯苯 / (μg · L^{-1})	≤ 0.5	≤ 30.0	≤ 300	≤ 600	> 600
24	三氯苯（总量）/ (μg · L^{-1})	≤ 0.5	≤ 4.0	≤ 20.0	≤ 180	> 180

续表

序号	指标	Ⅰ类	Ⅱ类	Ⅲ类	Ⅳ类	Ⅴ类
25	乙苯 / ($\mu g \cdot L^{-1}$)	≤ 0.5	≤ 30.0	≤ 300	≤ 600	> 600
26	二甲苯（总量）/ ($\mu g \cdot L^{-1}$)	≤ 0.5	≤ 100	≤ 500	≤ 1000	> 1000
27	苯乙烯 / ($\mu g \cdot L^{-1}$)	≤ 0.5	≤ 2.0	≤ 20.0	≤ 40.0	> 40.0
28	2，4- 二硝基甲苯 / ($\mu g \cdot L^{-1}$)	≤ 0.1	≤ 0.5	≤ 5.0	≤ 60.0	> 60.0
29	2，6- 二硝基甲苯 / ($\mu g \cdot L^{-1}$)	≤ 0.1	≤ 0.5	≤ 5.0	≤ 30.0	> 30.0
30	萘 / ($\mu g \cdot L^{-1}$)	≤ 1	≤ 10	≤ 100	≤ 600	> 600
31	蒽 / ($\mu g \cdot L^{-1}$)	≤ 1	≤ 360	≤ 1800	≤ 3600	> 3600
32	荧蒽 / ($\mu g \cdot L^{-1}$)	≤ 1	≤ 50	≤ 240	≤ 480	> 480
33	苯并（b）荧蒽 / ($\mu g \cdot L^{-1}$)	≤ 0.1	≤ 0.4	≤ 4.0	≤ 8.0	> 8.0
34	苯并（a）芘 / ($\mu g \cdot L^{-1}$)	≤ 0.002	≤ 0.002	≤ 0.01	≤ 0.50	> 0.50
35	多氯联苯（总量）/ ($pg \cdot L^{-1}$)	≤ 0.05	≤ 0.05	≤ 0.5	≤ 10.0	> 10.0
36	邻苯二甲酸二（2 —乙基己基）酯 / ($pg \cdot L^{-1}$)	≤ 3	≤ 3	≤ 8.0	≤ 300	> 300
37	2，4，6- 三氯酚 / ($\mu g \cdot L^{-1}$)	≤ 0.05	≤ 20.0	≤ 200	≤ 300	> 300
38	五氯酚 / ($\mu g \cdot L^{-1}$)	≤ 0.05	≤ 0.90	≤ 9.0	≤ 18.0	> 18.0
39	六六六（总量）/ ($pg \cdot L^{-1}$)	≤ 0.01	≤ 0.50	≤ 5.00	≤ 300	> 300
40	γ- 六六六（林月）/ ($\mu g \cdot L^{-1}$)	≤ 0.01	≤ 0.20	≤ 2.00	≤ 150	> 150
41	滴滴涕（总量）/ ($\mu g \cdot L^{-1}$)	≤ 0.01	≤ 0.10	≤ 1.00	≤ 2.00	> 2.00
42	六氯苯 / ($\mu g \cdot L^{-1}$)	≤ 0.01	≤ 0.10	≤ 1.00	≤ 2.00	> 2.00
43	七氯 / ($\mu g \cdot L^{-1}$)	≤ 0.01	≤ 0.04	≤ 0.40	≤ 0.80	> 0.80
44	2，4- 滴 / ($\mu g \cdot L^{-1}$)	≤ 0.1	≤ 6.0	≤ 30.0	≤ 150	> 150
45	克百威 / ($\mu g \cdot L^{-1}$)	≤ 0.05	≤ 1.40	≤ 7.00	≤ 14.0	> 14.0
46	涕灭威 / ($\mu g \cdot L^{-1}$)	≤ 0.05	≤ 0.60	≤ 3.00	≤ 30.0	> 30.0
47	敌敌畏 / ($\mu g \cdot L^{-1}$)	≤ 0.05	≤ 0.10	≤ 1.00	≤ 2.0	> 2.00
48	甲基对硫磷 / ($\mu g \cdot L^{-1}$)	≤ 0.05	≤ 4.00	≤ 20.0	≤ 40.0	> 40.0
49	马拉硫磷 / ($\mu g \cdot L^{-1}$)	≤ 0.05	≤ 25.0	≤ 250	≤ 500	> 500
50	乐果 / ($\mu g \cdot L^{-1}$)	≤ 0.05	≤ 16.0	≤ 80.0	≤ 160	> 160
51	毒死蜱 / ($\mu g \cdot L^{-1}$)	≤ 0.05	≤ 6.00	≤ 30.0	≤ 60.0	> 60.0
52	百菌清 / ($\mu g \cdot L^{-1}$)	≤ 0.05	≤ 1.00	≤ 10.0	≤ 150	> 150
53	莠去津 / ($\mu g \cdot L^{-1}$)	≤ 0.05	≤ 0.40	≤ 2	≤ 600	> 600
54	草甘膦 / ($pg \cdot L^{-1}$)	≤ 0.1	≤ 140	≤ 700	≤ 1400	> 1400

地下水质量评价并不要求所有指标都必须达到该类别的最高标准，而是根据地下水的主要用途和保护目标，对关键指标进行限定。实际上也就是依据地下水中污染物有害物浓度的分级标准，判断某个地区或某口井的水质与哪级标准最接近，则它就被视为符合该级地下水质量。

5. 地下水污染风险管控修复

地下水污染修复技术包含异位修复技术、原位修复技术。

1）地下水污染的异位修复技术

（1）两相抽提技术。

两相抽提技术（Dual-Phase Extraction，DPE）是一种用于修复受挥发性有机物（VOCs）及其他非水相液体（Non-aqueous Phase Liquid，NAPL，通常指的是在地下环境中与水不相混溶的液态非水相物质。这类物质通常是石油产品，如汽油、柴油、机油等，它们可能因为泄漏、溢出或其他原因进入土壤或地下水系统）污染的土壤和地下水的原位修复技术。

当地下水污染是因为自由相非水相液体引起的，可以合理应用两相抽提技术，将地下水抽取出来，使地下水位逐渐下降，形成漏斗形状，向漏斗中心汇集自由相非水相液体（NAPL），然后自由相 NAPL 通过泵直接抽取。很多种因素都会影响两相抽提技术（DPE）的应用，其中真空度、介质类别等都属于比较主要的影响因素，针对轻非水相液体污染物会产生较大的局限性。

（2）抽取－处理修复技术。

抽取 - 处理修复技术，通常也被称为抽出 - 处理技术（Pump-and-Treat, P&T），是一种地下水污染修复的传统且广泛使用的方法。该技术的基本原理是通过在受污染区域布置一定数量的抽水井，将受污染的地下水抽出至地表，然后在地表利用各种水体污染处理措施将污染物去除，处理后的水可以选择重新注入地下或排放到地表水体、污水处理厂中。

溶解相污染物在地下水中存在，需要抽取出地下水污染源，然后再处理这些污染源。当被污染的地下水源源不断地被抽取出来后，可以逐渐减少被污染的程度，使含水层介质中的污染物得到有效的清除，进一步强化污染物的溶解效果。受到抽取的影响，本方法的处理效率很难得到保证，且始终处于不断下降的状态。处理污染物的方法有很多种，例如吸附、离子交换等方法都非常常用，需要合理选择。处理有机或重金属污染水可以合理应用抽取处理方式。如场地岩性和污染物形式等都属于影响比较大的因素：但应用过程中其也相继暴露出了一些缺点，需要花费大量的时间才能实现修复目标。

2）地下水污染的原位修复技术

地下水污染拥有众多的原位修复技术，很多都已经在现场修复中得到了应用，有些仍处于完善阶段。

（1）污染土壤气相抽提技术。

污染土壤气相抽提技术（Soil Vapor Extraction, SVE），又称土壤真空抽提、土壤气抽出技术等，是一种对土壤挥发性有机污染进行原位修复的有效方法。该技术主要用于处理包气带（非饱和区）地层介质的污染问题，通过专门的地下抽提系统，利用抽真空或注入空气产生的压力迫使非饱和区土壤中的气体发生流动，从而将其中的挥发性和半挥发性有机污染物脱除，达到清洁土壤的目的。

在原地修复土壤挥发性有机污染物时，此种方式最为常用。可以将包气带中的污染处理好，在具体应用过程中为了保证处理效果，有时会结合含水层的空气扰动修复技术。为了使污染物质顺利从包气带中抽出，需要合理运用抽提方式。运用活性炭吸附抽出的污染气体后，再将其排入大气中，有时需要在污染土壤附近设置空气注入井，以强化空气的运动程度。同时，也可以使地下环境中氧气的浓度得到进一步的增强，为快速溶解包气带中的有机污染物提供便利。

该方法在具体应用过程中会存在一定的局限性，并不是所有的污染物都可以运用此方法来修复，特别是对于低渗透及非均质环境中的污染物去除并没有发挥特别理想的效果。

（2）空气扰动技术。

空气扰动技术，也常被称为原位空气扰动技术或地下水曝气技术（Air Sparging, AS），是一种用于修复受挥发性有机污染物（VOCs）污染的土壤和地下水的有效方法。该技术通过向污染区域注入新鲜空气或氧气，利用空气与污染物的相互作用，实现污染物的去除。

地下水中的挥发性及半挥发性有机污染物在进行处理时，包括多个不同的方面：将气体注入含水层中，以逐渐升高地下水位，空气在向上运动时会依托注气井，使地下水中的污染物发生汽化反应，包气带会容纳气化后的污染物，可以运用气相抽提（SVE）系统处理污染物。该技术的合理运用还可以使地下环境中的氧气浓度逐渐提升，并在短时间内迅速降解好含水层和包气带中的有机污染物，因此微生物空气扰动也可以称之为该方法的另一种称呼。

通过科学设计注气井，可以从上向下循环注气井周围的地下水，向地表排出地下水中的污染物，不断循环井周围的地下水，以有效去除污染物。该技术可以快速去除挥发性有机污染物，又可以通过井周围地下水的运动将环境氧气传输到合理的位置，在短时间内迅速完成有机污染物的微生物降解。

在均质、渗透性比较好的污染含水层中空气扰动技术都可以发挥非常重要的作用，此外，此方法对含水层厚度有着非常严格的要求。本技术在具体应用过程中也会存在一定的局限性，针对渗透性比较差的含水层，此技术的修复效果很难得到保证。

（3）加热方法。

加热方法主要是通过直接或间接加热的方式，将污染土壤或地下水加热至目标污染物的沸点以上，促使污染物气化挥发，从而实现与土壤颗粒的分离和去除。这类方法在处理挥发性有机物（VOCs）和非水相液体（NAPL）污染时尤为有效。

为了更好地去除污染物，需要合理利用蒸汽及热水，使这些物质可以充分发挥作用，有效地改变污染物的不利因素，避免其受到温度的限制。例如，在对挥发性的有机污染物进行加热时，在温度的作用下，包气带中会进入大量的有机污染物，然后利用气体合理处理这些污染物，并顺利完成提取。加热方法可以处理低渗透性的污染地层。本修复技术在具体应用过程中会受到土壤含水率的影响，并且需要投入较多的资金。

（4）可渗透反应屏障技术。

可渗透反应屏障技术（Permeable Reactive Barrier, PRB）是一种用于地下水污染原位修复的有效方法。该技术通过在地下安置活性材料墙体（或反应带），拦截并处理流经的污染羽状体，使污染物在通过反应介质后转化为环境可接受的另一种形式，从而实现污染物浓度的降低，达到环境标准。

可渗透反应屏障技术在实际应用过程中比较常用。沟槽最合适的开挖位置就是污染源的下游，然后将反应介质填充进去，以有效处理污染物。活性炭、泥炭等都属于比较关键的反应介质。物理、化学反应等都属于反应墙的主要类型。而吸附等都可以对墙中污染物的反应进行处理。

该技术在具体应用过程中可以保持独立，且不需要投入过多的资金，地表没有任何的处理设施。但该技术同样也存在一定的局限性。

（5）原位反应带技术。

原位反应带技术（In-situ Reaction Zone, IRZ）是通过直接向地下环境注入化学试剂、微生物或其他活性物质，在污染源下游形成一个或多个反应区域，以固定、降解或截留地下水中的污染物。

该技术在具体应用该过程中会将反应介质合理注入污染源的下游地带，使所有的污染物都可以在其中发生反应。当介质与污染物相结合，就会发生一系列的反应，从而阻截和固定地下水中的污染物。化学反应带和生物反应带是原位反应带的重要组成，且可以进一步细致划分。

对于范围比较大的污染，需要合理利用该技术，使地下水污染问题得到有效的控制。该技术在具体应用过程中存在多方面的局限性，有时把握不好甚至会造成更为严重的污染。

现场评价或支撑材料：地下水检测报告。

30　酸性废水源头预防

标准分：1。

评分说明：评估预测矿山关闭酸性废水产生量及对周边环境影响，在开采和闭矿前综合采用雨水导排、补给控制、矿山回填等措施，预防酸性废水大量产生。符合要求得1分，不符合得0分。

考核方法：查资料、查现场。

依据或标准：《水污染防治法》。

指标属性：约束性。

【解析】本条是对矿山企业酸性废水源头预防的要求。

1. 概念

根据矿井水的水质可将其分为五类：洁净矿井水、含悬浮物矿井水、高矿化度矿井水、酸性矿井水、含特殊污染物矿井水，酸性矿井水为其中的一类。

酸性矿井水是指pH小于5.5的矿井水，其水质特征一般为pH在3～3.5之间，个别情况下pH甚至小于3，总酸度高。这种矿井水的形成主要是由于煤层及岩石中的硫化矿物与矿井水、空气接触后，经过一系列的氧化、水解反应，生成硫酸和氢氧化铁等酸性物质，使得矿井水呈现酸性，通常具有腐蚀性。

我国矿井水酸性水主要分布在南方矿区，如广东梅田、福建永定、福建龙岩、浙江长广、江苏川埠、湖北黄石、湖北松宜、湖南涟邵、湖南资兴等，北方分布较少，但在一些海陆交相沉积或浅海相沉积的石炭二叠统太原统煤层的煤矿，酸性矿井水的灾害仍相对较为严重，比如陕西铜川、宁夏石嘴山等矿区。

2. 酸性矿井水的成因

酸性矿井水的形成主要是人类采掘造成的。人在采矿过程促使原本深埋地下的还原性的矿石（如黄铁矿 FeS）长期暴露在空气中，并在采掘过程中大量无规划的使用水，使得矿石与氧气和水接触。首先，随着采掘工作的进行该矿石不断被氧化生成三价铁离子、硫酸根离子和大量的氢离子，而三价铁离子进一步水解生成氢氧化铁，使酸性增强，并使水体呈现黄褐色。其次，硫杆菌、氧化亚铁硫杆菌、氧化铁硫杆菌、氧化铁的金属菌、嗜热嗜酸硫球菌及硫磺细菌等，对硫酸和高价铁离子的形成有促进作用，它们在一定的 pH 和温度范围内有较强的催化氧化活力，在常温下能使硫铁矿的氧化速率提高几十倍，进而使矿井酸性水害加剧。另外，在采空区出水和巷道墙壁渗水中存在着饱和或超饱和形式的 CO_2，这些游离的气体形成的酸度也不能忽略，随着水的流动 CO_2 将不断逸出，酸度降低，pH 值升高，导致一些如 Al^{3+}、Fe^{3+} 等金属离子发生水解。

3. 酸性矿井水的来源

（1）金属矿山经常伴随着各种金属硫化物，在空气、水和细菌的共同作用下形成硫酸和金属硫酸盐，溶解矿石中的各种金属离子，形成铜、铁、锌、镉等酸性废水。

（2）煤矿酸性矿井水主要来自采煤过程中与煤共生的硫铁矿氧化产生硫酸导致其 pH 下降。

4. 酸性矿井水的危害

（1）酸性矿井水渗漏至地下，污染土壤，使土壤酸化、植物死亡，破坏自然生物群落，影响人类生活。

（2）酸性矿井水不进行处理，直接排入河流，将会导致水体发生酸化。受到矿山酸性废水的影响后，水体中的微生物无法正常繁衍，会导致水体失去自净能力。酸性废水的 pH 低于 7，pH 越低，对鱼类、藻类等生物造成的伤害越大。

（3）酸性矿井水容易腐蚀矿井设备与排水管路，并且危害工人健康。

（4）酸性矿井水抽排至地面，会影响土壤酸碱度，导致土壤板结和作物枯萎，而且使地表水酸度上升，间接地影响了水生生物的生存。

5. 酸性矿井水的综合处理

煤矿、铜矿、硫铁矿等常常产生酸性废水，其他硫化矿也可能产生，可采用石灰（氢氧化钙）或石灰石等碱性物质与酸性矿井水中的硫酸等酸性物质发生中和反应提高 pH、降低酸度，硫化剂将废水中的重金属离子转化为不溶或难溶的硫化物沉淀，通过特定的技术手段从酸性矿井水中回收有价值的金属离子或矿物资源，实现废物的资源化利用等方法综合处理酸性矿井水。

6. 编写《矿井酸性废水评估报告》

《矿井酸性废水评估报告》能够根据矿山类型、地质构造、围岩及矿石成分、气候等情况评估预测矿山关闭后酸性废水产生量及对周边环境影响，在开采和闭矿前综合采用帷幕注浆、雨水导排、补给控制、矿山回填等措施，可预防酸性废水大量产生。

预防和处置措施可参照《铜矿山酸性废水综合处理规范》(GB/T 29999)。

现场评价或支撑材料：开展矿山酸性废水预测评估相关资料（如矿井酸性评估报告）。

31　土壤污染源头预防

标准分：2。

评分说明：矿山开采区、尾矿库等运营、管理单位应当采取防渗漏等措施，并建设地下水水质监测井进行监测；建设涉及有毒有害物质的设施设备，应设计、建设和安装有关防腐蚀、防泄漏设施和泄漏监测装置，防止有毒有害物质污染土壤和地下水；构筑物及场地防渗要求符合相关标准的规定。符合要求得 2 分，不符合得 0 分。

考核方法：查资料、查现场。

依据或标准：《水污染防治法》、《工矿用地土壤环境管理办法》、《一般工业固体废物贮存和填埋污染控制标准》(GB 18599)、《尾矿库设计规范》(GB 50863)、《有色金属工业环境保护工程设计规范》(GB 50988)、《危险废物贮存污染控制标准》(GB 18597)、《危险废物填埋污染控制标准》(GB 18598)。

指标属性：约束性。

【解析】本条是对矿山企业土壤污染源头预防的要求。

1. 依据标准或政策

《水污染防治法》是为了保护和改善环境，防治水污染，保护水生态，保障饮用水安全，维护公众健康，推进生态文明建设，促进经济社会可持续发展，而制定的法律文件。

《工矿用地土壤环境管理办法》是生态环境部为了加强工矿用地土壤和地下水环境保护监督管理，防治工矿用地土壤和地下水污染而制定的管理办法。适用于从事工业、矿业生产经营活动的土壤环境污染重点监管单位用地土壤和地下水的环境现状调查、环境影响评价、污染防治设施的建设和运行管理、污染隐患排查、环境监测和风险评估、污染应急、风险管控和治理与修复等活动，以及相关环境保护监督管理。

《尾矿库设计规范》规定了尾矿库、尾矿坝、尾矿干式堆存、尾矿库排洪、尾矿库闭库、尾矿回采、尾矿库回水、尾矿浓缩、尾矿输送、尾矿泵站、尾矿设施的环保措施技术要求。

《有色金属工业环境保护工程设计规范》是为促进有色金属工业资源综合利用和清洁生产，防止污染环境，保证和提高环境保护工程设计的质量与污染控制水平而制定的规范。包括大气污染防治、水污染防治、固体废物处理处置和资源化、噪声污染防治、生态环境保护、污染场地修复、环境监测设施等工程的设计。

《危险废物贮存污染控制标准》规定了危险废物贮存污染控制的总体要求、贮存设施选址和污染控制要求、容器和包装物污染控制要求、贮存过程污染控制要求，以及污染物排放、环境监测、环境应急、实施与监督等环境管理要求。

《危险废物填埋污染控制标准》对危险废物安全填埋场在建和运行过程中涉及的环境保护提出要求，包括填埋物入场条件、填埋场选址、设计、施工、运行、封场及监测等方面做了规定。对填埋场的监督性监测的项目和频率应按照有关环境监测技术规范进行，监测结果应定期报送当地环保部门，并接受当地环保部门的监督检查。

《一般工业固体废物贮存和填埋污染控制标准》见评价指标17。

2. 土壤污染物

土壤污染物大致可分为无机污染物和有机污染物两大类。无机污染物主要包括酸、碱、重金属，盐类、放射性元素铯、锶的化合物、含砷、硒、氟的化合物等。有机污染物主要包括有机农药、酚类、氰化物、石油、合成洗涤剂、3，4–苯并芘以及由城市污水、污泥及厩肥带来的有害微生物等。当土壤中含有害物质过多、超过土壤的自净能力时，就会引起土壤的组成、结构和功能发生变化，微生物活动受到抑制，有害物质或其分解产物在土壤中逐渐积累并通过“土壤→植物→人体”或“土壤→水→人体”间接被人体吸收，达到危害人体健康的程度，就是土壤污染。

土壤污染物有下列4类：①化学污染物。包括无机污染物和有机污染物。前者如汞、镉、铅、砷等重金属，过量的氮、磷植物营养元素以及氧化物和硫化物等；后者如各种化学农药、石油及其裂解产物，以及其他各类有机合成产物等。②物理污染物。指来自工厂、矿山的固体废弃物如尾矿、废石、粉煤灰和工业垃圾等。③生物污染物。指带有各种病菌的城市垃圾和由卫生设施（包括医院）排出的废水、废物以及厩肥等。④放射性污染物。主要存在于核原料开采和大气层核爆炸地区，以锶和铯等在土壤中生存期长的放射性元素为主。

1）无机污染

（1）工业污水：用未经处理或未达到排放标准的工业污水灌溉农田是污染物进入土壤的主要途径，其后果是在灌溉渠系两侧形成污染带。属封闭式局限性污染。

（2）酸雨：工业排放的SO_2、NO等有害气体在大气中发生反应而形成酸雨，以自然降水形式进入土壤，引起土壤酸化。冶金工业烟囱排放的金属氧化物粉尘，则在重力作用下以降尘形式进入土壤，形成以排污工厂为中心、半径为2～3km范围的点状污染。

（3）尾气排放：汽油中添加的防爆剂四乙基铅随废气排出污染土壤，行车频率高的公路两侧常形成明显的铅污染带。

（4）堆积物：堆积场所土壤直接受到污染，自然条件下的二次扩散会形成更大范围的污染。

（5）农业污染：属农业区开放性的。

2）有机污染

（1）污水排放：生活污水和工业废水中，含有氮、磷、钾等许多植物所需要的养分，所以合理地使用污水灌溉农田一般有增产效果。但污水中还含有重金属、酚、氰化物等许多有毒有害的物质，如果污水没有经过必要的处理而直接用于农田灌溉，会将污水中有毒有害的物质带至农田，污染土壤。例如冶炼、电镀、燃料、汞化物等工业废水能引起镉、汞、铬、铜等重金属污染；石油化工、肥料、农药等工业废水会引起酚、三氯乙醛、农药等有机物的污染。

（2）废气：大气中的有害气体主要是工业中排出的有毒废气，它的污染面大，会对土壤造成严重污染。工业废气的污染大致分为两类：气体污染，如二氧化硫、氟化物、臭氧、氮氧化物、碳氢化合物等；气溶胶污染，如粉尘、烟尘等固体粒子及烟雾，雾气等液体粒子，它们通过沉降或降水进入土壤，造成污染。例如，有色金属冶炼厂排出的废气中含有铬、铅、铜、镉等重金属，对附近的土壤造成污染；生产磷肥、氟化物的工厂会对附近的土壤造成粉尘污染和氟污染。

（3）化肥：施用化肥是农业增产的重要措施，但不合理的使用也会引起土壤污染。长期大量使用氮肥会破坏土壤结构，造成土壤板结、生物学性质恶化，影响农作物的产量和质量。过量地使用硝态氮肥，会使饲料作物含有过多的硝酸盐，妨碍牲畜体内氧的输送，使其患病，严重的导致死亡。

（4）农药：农药能防治病、虫、草害，如果使用得当，可保证作物的增产，但它是一类危害性很大的土壤污染物，施用不当，会引起土壤污染。喷施于作物体上的农药（粉剂、水剂、乳液等），除部分被植物吸收或逸入大气外，约有一半左右散落于农田，这一部分农药与直接施用于田间的农药（如拌种消毒剂、地下害虫熏蒸剂和杀虫剂等）构成农田土壤中农药的基本来源。农作物从土壤中吸收农药，在根、茎、叶、果实和种子中积累，通过食物、饲料危害人体和牲畜的健康。此外，农药在杀虫、防病的同时，也使有益于农业的微生物、昆虫、鸟类遭到伤害，破坏了生态系统，使农作物遭受间接损失。

（5）固体污染：工业废物和城市垃圾是土壤的固体污染物。例如，各种农用塑料薄膜作为大棚、地膜覆盖物被广泛使用，如果管理、回收不善，大量残膜碎片散落田间，会造成农田“白色污染”。这样的固体污染物既不易蒸发、挥发，也不易被土壤微生物分解，是一种长期滞留土壤的污染物。

3. 贮存设施污染控制

根据《一般工业固体废物贮存和填埋污染控制标准》要求，贮存设施污染控制的规定主要有：

（1）贮存设施应根据危险废物的形态、物理化学性质、包装形式和污染物迁移途径，采取必要的防风、防晒、防雨、防漏、防渗、防腐以及其他环境污染防治措施，不应露天堆放危险废物。

（2）贮存设施应根据危险废物的类别、数量、形态、物理化学性质和污染防治等要求设置必要的贮存分区，避免不相容的危险废物接触、混合。

（3）贮存设施或贮存分区内地面、墙面裙脚、堵截泄漏的围堰、接触危险废物的隔板和墙体等应采用坚固的材料建造，表面无裂缝。

（4）贮存设施地面与裙脚应采取表面防渗措施；表面防渗材料应与所接触的物料或污染物相容，可采用抗渗混凝土、高密度聚乙烯膜、钠基膨润土防水毯或其他防渗性能等效的材料。贮存的危险废物直接接触地面的，还应进行基础防渗，防渗层为至少 1m 厚黏土层（渗透系数不大于 7 ~ 10cm/s），或至少 2mm 厚高密度聚乙烯膜等人工防渗材料（渗透系数≤ 10cm/s），或其他防渗性能等效的材料。

（5）同一贮存设施宜采用相同的防渗、防腐工艺（包括防渗、防腐结构或材料），防渗、防腐材料应覆盖所有可能与废物及其渗滤液、渗漏液等接触的构筑物表面；采用不同防渗、防腐工艺应分别建设贮存分区。

（6）贮存设施应采取技术和管理措施防止无关人员进入。

4. 地下水水质监测井

1）相关规定

《一般工业固体废物贮存和填埋污染控制标准》（GB 18599）10.3.2 中关于地下水监测井的规定：

地下水监测井的布置应符合以下要求。

（1）在地下水流场上游应布置 1 个监测井，在下游至少应布置 1 个监测井，在可能出现污染扩散区域至少应布置 1 个监测井。设置有地下水导排系统的，应在地下水主管出口处至少布置 1 个监测井，用以监测地下水导排系统排水的水质。

（2）岩溶发育区以及环境影响评价文件中确定地下水评价等级为一级的贮存场、填埋场应根据环境影响评价结论加大下游监测井布设密度。

（3）当地下水含水层埋藏较深或地下水监测井较难布设的基岩山区，经环境影响评价确认地下水不会受到污染时，可减少地下水监测井的数量。

（4）监测井的位置、深度应根据场区水文地质特征进行针对性布置。

（5）监测井的建设与管理应符合《地下水环境监测技术规范》（HJ 164）的技术要求。

（6）已有的地下水取水井、观测井和勘测井，如果满足上述要求可以作为地下水监测井使用。

2）监测井设计与施工的基本要求

地下水环境监测井是一种用于监控地下水质量和水位的关键设施和设备。

（1）地下水环境监测井的井筒应根据实际需求进行设计，一般为圆筒形。井筒应具有足够的强度和稳定性，能够承受地下水压力和周围土壤的压力以及井筒应具有一定的防渗透性，防止地下水对周围环境的影响。井盖应具有良好的密封性和承载力。井盖的材料应选用耐腐蚀、耐高温和耐压的材料，以确保井盖的长期使用性能。

（2）井位选择。井位的选择应根据地下水流动方向、地质构造和水文地质条件等因素进行合理确定。选择合适的井位有助于提高监测井的效果和准确性。

（3）井筒挖掘。井筒的挖掘应严格按照设计要求进行，保证井筒的尺寸和形状符合设计要求。挖掘过程中要注意地层的保护，避免地层塌陷和坍塌等情况发生。

（4）设备安装。地下水环境监测井安装完成后，需要安装相应的监测设备，包括水位计、水质监测仪等。安装过程中要注意设备的定位和连接，确保其正常工作。

5. 建设涉及有毒有害物质的设施设备

建设涉及有毒有害物质的设施设备，应设置适当的防渗漏设施，包括但不限于：

（1）建设涉及有毒有害物质的设施设备，应设计、建设和安装有关防腐蚀、防泄漏设施和泄漏监测装置，防止有毒有害物质污染土壤和地下水。

（2）周边围挡，搭建围挡墙或挡土墙以防止外部水源进入工地。

（3）排水系统，设计排水系统，确保场地内的积水能够及时排出。

（4）导流设施，设置导流沟、雨水桶等设施，将附近的雨水引导到预定的排水口。

（5）防渗垫层，根据场地实际情况，铺设防渗垫层以防止水分透入地下。

（6）渗漏监测设备，安装水位监测器等设备，及时掌握渗漏情况。

涉及地点： 开采区、加工区（有毒有害）、尾矿库、危废库。

现场评价或支撑材料： ①矿山土壤检测报告。②提供防腐蚀、防泄漏及泄漏监测装置设施的照片。

32　土壤污染隐患排查

标准分： 1。

评分说明：列入土壤污染重点监管单位的企业，应定期对重点区域、重点设施设备开展隐患排查；开展土壤和地下水自行监测；严格控制有毒有害物质排放，并按年度向生态环境主管部门报告排放情况。符合要求得1分，不符合得0分（未列入土壤污染重点监管单位的企业本项直接得分）。

考核方法： 查资料、查现场。

依据或标准：《中华人民共和国土壤污染防治法》、《重点监管单位土壤污染隐患排查指南（试行）》（生态环境部〔2021〕1号公告）、《工业企业土壤和地下水自行监测技术指南（试行）》（HJ 1209）。

指标属性： 约束性。

【解析】本条是对被列入土壤污染重点监管单位的要求。

《工矿用地土壤环境管理办法（试行）》中提出了“土壤污染重点监管单位”的概念。

1. 相关法律、标准

（1）相关法律。

《土壤污染防治法》是为了保护和改善生态环境，防治土壤污染，保障公众健康，推动土壤资源永续利用，推进生态文明建设，促进经济社会可持续发展，制定的法律。

《重点监管单位土壤污染隐患排查指南（试行）》是重点监管单位为保证持续有效防止重点场所或者重点设施设备发生有毒有害物质渗漏、流失、扬散造成土壤污染，而依法自行组织开展的土壤污染隐患排查工作。

《中华人民共和国土壤污染防治法》第二十一条规定“严格控制有毒有害物质排放，并按年度向生态环境主管部门报告排放情况”。

（2）相关标准。

《工业企业土壤和地下水自行监测技术指南（试行）》规定了工业企业土壤和地下水自行监测的一般要求，监测方案制定，样品采集、保存、流转、制备与分析，监测结果分析，质量保证与质量控制，监测报告编制，监测管理的基本内容和要求。

2. 土壤污染重点监管单位主要包括以下行业企业

（1）有色金属冶炼、石油加工、化工、焦化、电镀、制革等行业中纳入排污许可重点管理的企业。

（2）有色金属矿采选、石油开采行业规模以上企业。

（3）其他根据有关规定纳入土壤环境污染重点监管单位名录的企业事业单位。

除了上述行业之外，存在有毒有害物质的储罐、管道或者建设有污水处理池、应急池、固体废物处置设施等存在土壤污染风险设施的企业也将会纳入土壤环境污染重点监管单位名录管理。例如危险废物经营单位、垃圾填埋场、垃圾焚烧设施、污水集中处理设施、危险化学品储存设施、原油储运管道设施、加油站、尾矿库等。

3. 具备下列条件之一的企业事业单位，纳入土壤环境污染重点监管单位名录

（1）有事实排污且属于土壤污染重点监管行业的所有大中型企业。土壤污染重点监管行业包括有色金属矿采选、有色金属冶炼、石油开采、石油加工、化工、焦化、电镀、制革等。各地可根据本地实际情况增加相关土壤污染重点监管行业。

（2）年产生危险废物 100t 以上的企业事业单位。

（3）持有危险废物经营许可证，从事危险废物贮存、处置、利用的企业事业单位。

（4）运营维护生活垃圾填埋场或焚烧厂的企业事业单位，包含已封场的垃圾填埋场。

（5）三年内发生较大及以上突发固体废物、危险废物和地下水环境污染事件，或者因土壤环境污染问题造成重大社会影响的企业事业单位。

4. 得分说明

未列入土壤污染重点监管单位的企业本项直接得分。

现场评价或支撑材料：①提供对重点区域、重点设施设备隐患排查台账。②提供土壤、地下水监测台账和检测报告。③有毒有害物质排放管理制度。④有毒有害物质管理台账。⑤向生态环境主管部门的报告有毒有害物质排放情况的年度报告。⑥是否是土壤污染重点监管单位的证明材料。⑦水土环境污染监测相关检测报告（矿山土壤检测报告和地下水检测报告）。

第五节 废物排放

33 固废排放

标准分：2。

评分说明：对无法实现综合利用的固体废弃物，划分危险废物、一般废物和生活垃圾不同类别，实现分级分类，堆场、尾矿库污染防治设施符合相关法规标准要求，并按照国家法律和标准，自行或委托第三方对一般固体废弃物进行处置，委托第三方有资质的单位对危险废物进行处置。符合要求得2分，不符合得0分。

考核方法：查资料、查现场。

依据或标准：《中华人民共和国固体废物污染环境防治法》《一般工业固体废物贮存和填埋污染控制标准》(GB 18599)，危险废物焚烧、贮存、填埋污染控制标准（GB 18484、GB 18597、GB 18598）。

指标属性：约束性。

【解析】本条是对固废排放的要求，体现对矿区固废的管理能力。

本条要求是根据《绿色矿山建设规范》中固废排放要求而提出的评价指标。

本条介绍了固体废弃物处置的要求，一般固体废弃物处置方式包含固废湿式排放、干式堆存和固废充填三种。固废湿式排放一般是指尾矿矿浆排放到尾矿库，干式堆存是指煤矸石、废石堆存或尾矿干排，固废充填是把固废以不同的形式放置在采空区里。本条固废排放的说法不太准确。

1. 相关法律、标准

《中华人民共和国固体废物污染环境防治法》是为了保护和改善生态环境，防治固体废物污染环境，保障公众健康，维护生态安全，推进生态文明建设，促进经济社会可持续发展面制定本法律。

《固体废物处理处置工程技术导则》规定了固体废物处理处置工程设计、施工、验收和运行维护的通用技术要求。适用于除危险废物处理处置以及废物再生利用以外的固体废物处理处置工程。

《危险废物焚烧污染控制标准》（GB 18484）规定了危险废物焚烧设施的选址、运行、监测和废物贮存、配伍及焚烧处置过程的生态环境保护要求，以及实施与监督等内容。适用于现有危险废物焚烧设施（不包含专用多氯联苯废物和医疗废物焚烧设施）的污染控制和环境管理，以及新建危险废物焚烧设施建设项目的环境影响评价、危险废物焚烧设施的设计与施工、竣工验收、排污许可管理及建成后运行过程中的污染控制和环境管理。

《危险废物填埋污染控制标准》(GB 18598）见评价指标31。

《危险废物贮存污染控制标准》(GB 18597）见评价指标31。

《一般工业固体废物贮存和填埋污染控制标准》见评价指标17。

2. 固废的分类收集

对钢渣、锅炉渣、粉煤灰、煤矸石、工业粉尘、废渣、污泥、生活垃圾、危险废物等固废要进行分类收集、分类管理[6]。

1）固体废物进行分类收集的原则。

对固体废物进行分类收集时，一般应遵循如下原则。

（1）工业废物与城市垃圾分开。由于工业废物和城市垃圾的产生量、性质以及发生源都有较大的差异，其管理和处理处置方式也不尽相同。一般来说，工业废物的发生源集中、产生量大、可回收利用率高，而且危险废物也大都源自工业废物；而城市垃圾的发生源分散、产生量相对较少、污染成分也以有机物为主。因此，对工业废物和城市垃圾实行分类，有利于大批量废物的集中管理和综合利用，可以提高废物管理、综合利用和处理处置的效率。

（2）危险废物与一般废物分开。由于危险废物具有可能对环境和人类造成危害的特性，一般需要对其进行特殊的管理，对处理处置设施的要求和设施建设费用、运行费用都要比一般废物高得多。对危险废物和一般废物实行分类，可以大大减少需要特殊处理的危险废物量，从而降低废物管理的成本，并能减少和避免由于废物中混入有害物质而在处置过程中对环境产生潜在的危害。

（3）可回收利用物质与不可回收利用物质分开。固体废物是人类对自然资源进行利用的产物，包含有大量的资源，这些资源的可利用价值的大小，取决于它们的存在形态，即废物中资源的纯度。废物中资源的纯度越高，利用价值就越大。对废物中的可回收利用物质和不可回收利用物质实行分类，有利于固体废物资源化的实现。

（4）可燃性物质与不可燃性物质分开。固体废物是一种成分复杂的非均质体系，很难将其完全分离为若干单一的物质。在多数情况下，将其分离为若干具有相同性质的混合物较为容易。对于大批量产生的固体废物，如城市垃圾，常用的处理处置方法有焚烧、堆肥和填埋等。将废物分为可燃与不可燃，有利于处理处置方法的选择和处理效率的提高。不可燃物质可以直接填埋处置，可燃物质可以采取焚烧处理，或再将可燃物质中的可堆腐物质进行堆肥处理或产沼气等。

2）生活垃圾分类收集

《中华人民共和国固体废物污染环境防治法》第四十三条规定：县级以上地方人民政府应当加快建立分类投放、分类收集、分类运输、分类处理的生活垃圾管理系统，实现生活垃圾分类制度有效覆盖。生活垃圾主要分为四类。

（1）可回收垃圾：垃圾桶采用蓝色，包括废纸、塑料、玻璃、金属和布料五大类。这些垃圾能够被再次回收，经过加工，可以再次利用。

（2）厨余垃圾：垃圾桶采用绿色，包括剩菜剩饭、骨头、菜根菜叶等食品类废物。经生物技术就地处理堆肥，每吨可生产0.3*t*有机肥料。

（3）有害垃圾：垃圾桶采用红色，包括废电池、废日光灯管、废水银温度计还有过期药品等。这些垃圾是需要特殊安全处理的，否则会对环境造成很大的危害。

（4）其他垃圾：垃圾桶采用灰色，包括除上述几类垃圾之外的砖瓦陶瓷、渣土、卫生间废纸等难以回收的废弃物。采取卫生填埋的方式可以有效减少对地下水、地表水、土壤及空气的污染。

3. 固废的污染

未经处理的工厂废物和生活垃圾简单露天堆放，占用土地，破坏景观，而且废物中的有害成分通过刮风进行空气传播，经过下雨进入土壤、河流或地下水源，这个过程就是固废污染。

（1）污染水体。固废未经无害化处理随意堆放，将随天然降水或地表径流进入河流、湖泊，长期淤积，使水面缩小，其有害成分的危害更大。固废的有害成分，如汞（来自红塑料、霓虹灯管、电池、朱红印泥等）、镉（来自印刷、墨水、纤维、搪瓷、玻璃、镉颜料、涂料、着色陶瓷等）、铅（来自黄色聚乙烯、铅制自来水管、防锈涂料等）等微量有害元素，如处理不当，能随淋溶水进入土壤，从而污染地下水，同时也可能随雨水渗入水网，流入水井、河流以至附近海域，被植物摄入，再通过食物链进入人体，影响人体健康。我国个别城市的垃圾填埋场周围地下水的浓度、色度、总细菌数、重金属含量等污染指标严重超标。

（2）污染大气。固废中的干物质或轻质随风飘扬，会对大气造成污染。焚烧法是目前处理固废较为流行的方式，但是焚烧将产生大量的有害气体和粉尘，一些有机固废长期堆放，在适宜的温度和湿度下会被微生物分解，同时释放出有害气体。

（3）污染土壤。土壤是许多细菌、真菌等微生物聚居的场所，这些微生物在土壤功能的体现中起着重要的作用，它们与土壤本身构成了一个平衡的生态系统，而未经处理的有害固废，经过风化、雨淋、地表径流等作用，其有毒液体将渗入土壤，进而杀死土壤中的微生物，破坏土壤的生态平衡，污染严重的地方甚至寸草不生。

（4）侵占土地。固废的产生量增长相当迅速，许多城市利用大片城郊边缘的农田来堆放它们。科学家从卫星拍回的地球照片上，围绕着城市的大片白色垃圾那么显眼。

4. 一般固废的处理

固废的处理通常是指用物理、化学、生物、物化及生化方法把固废转化到适于运输、贮存、利用或处置的过程，固废处理的目标是无害化、减量化、资源化。目前主要采用的方法包括压实、破碎、分选、固化、焚烧、生物处理等。

（1）压实技术。压实是一种通过对废物实行减容化，从而降低运输成本、延长填埋寿命的预处理技术。压实是一种普遍采用的固废的预处理方法，汽车、易拉罐、塑料瓶等适于压实减少体积处理的固废通常采用压实处理；某些可能引起操作问题的废弃物，如焦油、污泥或液体物料，一般不宜采用压实处理。

（2）破碎技术。为了使进入焚烧炉、填埋场、堆肥系统等的固废的外形减小，必须预先对固废进行破碎处理，经过破碎处理的废物，由于消除了大的空隙，不仅尺寸大小均匀，而且质地也均匀，在填埋过程中压实。固废的破碎方法很多，主要有冲击破碎、剪切破碎、挤压破碎、摩擦破碎等，此外还有专有的低温破碎和混式破碎等。

（3）分选技术。固废分选是实现固废资源化、减量化的重要手段，一种方式是通过分选将有用的充分选出来加以利用，将有害的充分分离出来；另一种方式是将不同粒度级别的废弃物加以分离，分选的基本原理是利用物料的某些方面的差异，将其分离开。例如，利用废弃物中的磁性和非磁性差别进行分离；利用粒径尺寸差别进行分离；利用密度差别进行分离等。

（4）固化处理技术。固化技术是向废弃物中添加固化基材，使有害固废固定或包容在惰性固化基材中的一种无害化处理过程，经过处理的固化产物应具有良好的抗渗透性、良好的机械性，以及抗浸出性、抗干湿性、抗冻融特性，固化处理根据固化基材的不同可分为沉固化、沥青固化、玻璃固化及胶质固化等。

（5）焚烧和热解技术。焚烧法是固废高温分解和深度氧化的综合处理过程，好处是大量有害的废料通过分解而变成无害的物质。但是焚烧法也有缺点，如投资较大、焚烧过程排烟造成二次污染、设备锈蚀现象严重等。热解是将有机物在无氧或缺氧条件下高温（500 ~ 1000℃）加热，使之分解为气、液、固三类产物，与焚烧法相比，热解法是更有前途的处理方法，它最显著的优点是基建投资少。

（6）生物处理技术。生物处理技术是利用微生物对有机固废的分解作用使其无害化，可以使有机固废转化为能源、食品、饲料和肥料，还可以用来从废品和废渣中提取金属，是固废资源化的有效的技术方法，目前应用比较广泛的有堆肥化、沼气化、废纤维素糖化、废纤维饲料化、生物浸出等。

5. 生活垃圾自行无害化处理

生活垃圾无害化处理是指在处理生活垃圾过程中采用先进的工艺和科学的技术，降低垃圾及其衍生物对环境的影响，减少废物排放，做到资源回收利用的过程。垃圾无害化处理的工艺主要有焚烧、卫生填埋和堆肥三种。采用什么工艺去处理生活垃圾，要从当地实际情况出发，结合垃圾的成分、城市经济发展情况、人民的生活习惯，以及气象、水文、地质等条件，以最少的投资，最大限度地把垃圾在较短的时间内处理到无害化水平。

（1）焚烧。

焚烧垃圾时会产生一些有害气体、有机物和炉渣。如果将它们直接排放到环境中，同样会导致污染，因此，有必要将垃圾送入焚烧炉进行集中处理（有些生活垃圾含有机质较少，可将煤和垃圾按一定比例混合焚烧）。

在焚烧炉中焚烧垃圾采用的是一种热化学处理方法。这种方法利用高温破坏、改变垃圾的组成和结构，使垃圾体积减小，并使之无害化。经焚烧处理后，体积一般可减少 80% ~ 90%，其中的有害物质和病菌基本被除去。

在焚烧炉焚烧的基础上，利用产生的热量可以发电。垃圾焚烧发电技术不但解决了垃圾露天焚烧带来的环境污染，同时有效地利用了垃圾所含的能量，一举两得。

（2）卫生填埋。

随着垃圾处理技术的不断发展和完善，垃圾正从堆放处理向填埋方式过渡，填埋技术也逐步趋于卫生、经济和高效。垃圾中含有的灰渣、砖瓦、陶瓷等物质及垃圾处理过后产生的各种残渣，必须通过填埋方式进行处理。

（3）堆肥。

堆肥是利用含有肥料成分的动植物遗体和排泄物，加上泥土和矿物质混合堆积，在高温、多湿的条件下，经过发酵腐熟、微生物分解而制成的一种有机肥料。堆肥是一种古老的肥料，制造堆肥必须先收集适当的材料，如稻草、茎蔓、野草、树木落叶或是禽畜粪便等，然后将其适当混合，并添加适量的氰氨化钙，促其发酵，然后覆盖上破席、破布、稻草或塑胶布，以避免肥分丧失。

6. 危废的处置

贮存危险废物应符合《危险废物贮存污染控制标准》(GB 18597）各项要求。

1）建设要求（1）贮存库是用于贮存一种或多种类别、形态危险废物的仓库式贮存设施。贮存库污染控制要求：贮存库内不同贮存分区之间应采取隔离措施，隔离措施可根据危险废物特性采用过道、隔板或隔墙等方式；在贮存库内或通过贮存分区方式贮存液态危险废物的，应具有液体泄漏堵截设施，堵截设施最小容积不应低于对应贮存区域最大液态废物容器容积或液态废物总储量1/10（二者取较大者）；用于贮存可能产生渗滤液的危险废物的贮存库或贮存分区应设计渗滤液收集设施，收集设施容积应满足渗滤液的收集要求；贮存易产生粉尘、挥发性有机物（VOCs)、酸雾、有毒有害大气污染物和刺激性气味气体的危险废物贮存库，应设置气体收集装置和气体净化设施，排气筒高度应符合《大气污染物综合排放标准》(GB16297）要求。

（2）贮存场是用于贮存不易产生粉尘、挥发性有机物（VOCs)、酸雾、有毒有害大气污染物和刺激性气味气体的大宗危险废物的，具有顶棚（盖）的半开放式贮存设施。贮存场污染控制要求：贮存场应设置径流疏导系统，保证能防止当地重现期不小于25年的暴雨流入贮存区域，并采取措施防止雨水冲淋危险废物，避免增加渗滤液量；贮存场可整体或分区设计液体导流和收集设施，收集设施容积应保证在最不利条件下可以容纳对应贮存区域产生的渗滤液、废水等液态物质；贮存场应采取防止危险废物扬散、流失的措施；贮存的危险废物直接接触地面的，还应进行基础防渗，防渗层为至少1m厚黏土层（渗透系数不大于7~10cm/s)，或至少2mm厚高密度聚乙烯膜等人工防渗材料（渗透系数不大于10cm/s)，或其他防渗性能等效的材料。

（3）贮存池是用于贮存单一类别液态或半固态危险废物的，位于室内或具有顶棚（盖）的池体贮存设施。贮存池污染控制要求：贮存池防渗层应覆盖整个池体并对池体进行基础防渗；贮存池应采取措施防止雨水、地面径流等进入，保证能防止当地重现期不小于25年的暴雨流入贮存池内；贮存池应采取措施减少大气污染物的无组织排放。

（4）贮存罐区是用于贮存液态危险废物的，由一个或多个罐体及其相关的辅助设备和防护系统构成的固定式贮存设施。贮存罐区污染控制要求：贮存罐区罐体应设置在围堰内，围堰应保证能满足防渗、防腐性能要求；贮存罐区围堰容积应至少满足其内部最大贮存罐发生意外泄漏时所需要的危险废物收集容积要求；贮存罐区围堰内收集的废液、废水和初期雨水应及时处理，不应直接排放。

（5）贮存点是《危险废物管理计划和管理台账制定技术导则》(HJ1259）规定的纳入危险废物登记管理单位的，用于同一生产经营场所专门贮存危险废物的场所；或产生危险废物的单位设置于生产线附近，用于暂时贮存以便于中转其产生的危险废物的场所。贮存点环境管理要求：贮存点应具有固定的区域边界，并应采取与其他区域进行隔离的措施；贮存点应采取防风、防雨、防晒和防止危险废物流失、扬散等措施；贮存点贮存的危险废物应置于容器或包装物中，不应直接散堆；贮存点应根据危险废物的形态、物理化学性质、包装形式等，采取防渗、防漏等污染防治措施或采用具有相应功能的装置；贮存点应及时清运贮存的危险废物，实时贮存量不应超过 3 t。

2）常见问题

（1）未按照《危险废物贮存污染控制标准》(GB 18597）监测有关要求，开展自行监测。

（2）危险废物贮存过程产生的污染物不满足国家污染物排放（控制）标准等要求。

（3）未按照危害特性分类贮存危险废物或分区不合理。

（4）混合贮存性质不相容且未经安全性处置的危险废物。

（5）收集、贮存场所地面有裂隙，不具备防渗漏功能且未采取相应措施。

（6）盛装危险废物的容器有破损，导致泄漏。

（7）盛装危险废物的容器未密闭。

（8）贮存液体危险废物，未设置泄漏液体收集装置或泄漏液体收集池容积不满足相关要求。

（9）贮存易挥发危险废物，贮存库未密闭、未安装废气收集治理设施、已安装废气收集治理设施未正常运行。

（10）危险废物露天存放。

（11）危废贮存设施导流槽溢流、泄露液收集池有废液未及时收集。

（12）盛装液态、半固态危险废物的容器内部未留足够空间。

（13）盛装液态、半固态危险废物的包装桶表面有危险废物遗留未及时清理。

（14）危险废物识别标志注明危险废物种类与实际贮存危险废物种类不一致。

（15）危险废物收集、贮存设施不符合“六防”要求（防风、防晒、防雨、防漏、防渗、防腐等）。

（16）危险废物实际贮存与危险废物识别标志注明重量、台账记录、省固体废物动态信息平台贮存数据不一致。

（17）危险废物包装容器上设置标签信息（重量、时间等）与台账记录、实际贮存不一致。

（18）硬质容器和包装物及其支护结构堆叠码放时有明显变形。

3）危废贮存库的容量

危废贮存库的容量是指危险废物贮存库（或仓库）能够容纳危险废物的最大数量。这个容量是根据贮存库的设计、构造、安全要求，以及危险废物的种类、性质、数量等因素来确定的。危废贮存库的容量通常是通过计算库内能够堆放的危废最大数量来确定的。

危废周转率是指单位时间内（如一年）危险废物被处理、转移或再利用的数量与平均库存量的比值。它体现了危废处理企业处理危废的速度和效率，是衡量企业运营能力和管理水平的重要指标。

危废周转率 =（一定时期内处理的危废总量 / 平均危废库存量）× 100%。

合理的贮存库容量规划可以提高危废的管理效率和处理速度，从而提升周转率；而危废周转率的高低又可以为企业优化贮存库容量提供重要的参考依据。

7. 固废的处置

应为矿区生产生活形成的固废设置专门堆放场所，其运行、建设和管理应符合规定。

《一般工业固体废物贮存和填埋污染控制标准》（GB 18599）对固废堆放及场地、环境保护、运行管理、关闭封场、监控监测等进行了规定。具体要求如下：

1）贮存场和填埋场选址要求

（1）一般工业固体废物贮存场、填埋场的选址应符合环境保护法律法规及相关法定规划要求。

（2）贮存场、填埋场的位置与周围居民区的距离应依据环境影响评价文件及审批意见确定。

（3）贮存场、填埋场不得选在生态保护红线区域、永久基本农田集中区域和其他需要特别保护的区域内。

（4）贮存场、填埋场应避开活动断层、溶洞区、天然滑坡或泥石流影响区以及湿地等区域。

（5）贮存场、填埋场不得选在江河、湖泊、运河、渠道、水库最高水位线以下的滩地和岸坡，以及国家和地方长远规划中的水库等人工蓄水设施的淹没区和保护区之内。

（6）上述选址规定不适用于一般工业固体废物的充填和回填。

2）贮存场和填埋场技术要求

（1）根据建设、运行、封场等污染控制技术要求不同，贮存场、填埋场分为Ⅰ类场和Ⅱ类场。

（2）贮存场、填埋场的防洪标准应按重现期不小于 50 年一遇的洪水位设计，国家已有标准提出更高要求的除外。

（3）贮存场和填埋场一般应包括以下单元：①防渗系统、渗滤液收集和导排系统；②雨污分流系统；③分析化验与环境监测系统；④公用工程和配套设施；⑤地下水导排系统和废水处理系统（根据具体情况选择设置）。

（4）贮存场及填埋场施工方案中应包括施工质量保证和施工质量控制内容，明确环保条款和责任，作为项目竣工环境保护验收的依据，同时可作为建设环境监理的主要内容。

（5）贮存场及填埋场在施工完毕后应保存施工报告、全套竣工图、所有材料的现场及实验室检测报告。采用高密度聚乙烯膜作为人工合成材料衬层的贮存场及填埋场还应提交人工防渗衬层完整性检测报告。上述材料连同施工质量保证书作为竣工环境保护验收的依据。

（6）贮存场及填埋场渗滤液收集池的防渗要求应不低于对应贮存场、填埋场的防渗要求。

（7）贮存场除应符合本标准规定污染控制技术要求之外，其设计、施工、运行、封场等还应符合相关行政法规规定、国家及行业标准要求。

（8）食品制造业、纺织服装和服饰业、造纸和纸制品业、农副食品加工业等为日常生活提供服务的活动中产生的与生活垃圾性质相近的一般工业固体废物，以及有机质含量超过 5% 的一般工业固体废物（煤矸石除外），其直接贮存、填埋处置应符合《生活垃圾填埋场污染控制标准》（GB 16889）要求。

Ⅰ类场技术要求。

当天然基础层饱和渗透系数不大于 1.0×10^{5}cm/s 且厚度不小于 0.75m 时，可以采用天然基础层作为防渗衬层。当天然基础层不能满足 5.2.1 条防渗要求时，可采用改性压实黏土类衬层或具有同等以上隔水效力的其他材料防渗衬层，其防渗性能应至少相当于渗透系数为 1.0×10^{5}cm/s 且厚度为 0.75m 的天然基础层。

Ⅱ类场技术要求。

Ⅱ类场应采用单人工复合衬层作为防渗衬层，并符合以下技术要求：①人工合成材料应采用高密度聚乙烯膜，厚度不小于 1.5mm，并满足 GB/T 17643 规定的技术指标要求。采用其他人工合成材料的，其防渗性能至少相当于 1.5mm 高密度聚乙烯膜的防渗性能。②黏土衬层厚度应不小于 0.75m，且经压实、人工改性等措施处理后的饱和渗透系数不应大于 1.0×10^{7}cm/s。使用其他黏土类防渗衬层材料时，应具有同等以上隔水效力。

Ⅱ类场基础层表面应与地下水年最高水位保持 1.5m 以上的距离。当场区基础层表面与地下水年最高水位距离不足 1.5m 时，应建设地下水导排系统。地下水导排系统应确保Ⅱ类场运行期地下水水位维持在基础层表面 1.5m 以下。

Ⅱ类场应设置渗漏监控系统，监控防渗衬层的完整性。渗漏监控系统的构成包括但不限于防渗衬层渗漏监测设备、地下水监测井。

（9）人工合成材料衬层、渗滤液收集和导排系统的施工不应对黏土衬层造成破坏。

3）入场要求

进入Ⅰ类场的一般工业固体废物应同时满足以下要求。

第Ⅰ类一般工业固体废物（包括第Ⅱ类一般工业固体废物经处理后属于第Ⅰ类一般工业固体废物的）。

有机质含量小于 2%（煤矸石除外），测定方法按照《固体废物 有机质的测定灼烧减量法》（HJ 761）进行。

水溶性盐总量小于 2%，测定方法按照《土壤检测 第 16 部分：土壤水溶性盐总量的测定》（NY/T 1121.16）进行。

进入Ⅱ类场的一般工业固体废物应同时满足以下要求。

有机质含量小于 5%（煤矸石除外），测定方法按照《固体废物 有机质的测定灼烧减量法》进行。

水溶性盐总量小于5%，测定方法按照《土壤检测 第16部分：土壤水溶性盐总量的测定》进行。

不相容的一般工业固体废物应设置不同的分区进行贮存和填埋作业。

危险废物和生活垃圾不得进入一般工业固体废物贮存场及填埋场。国家及地方有关法律法规、标准另有规定的除外。

4）贮存场和填埋场运行要求

贮存场、填埋场投入运行之前，企业应制定突发环境事件应急预案或在突发事件应急预案中制定环境应急预案专章，说明各种可能发生的突发环境事件情景及应急处置措施。

贮存场、填埋场应制定运行计划，运行管理人员应定期参加企业的岗位培训。

贮存场、填埋场运行企业应建立档案管理制度，并按照国家档案管理等法律法规进行整理与归档，永久保存。档案资料主要包括但不限于以下内容：①场址选择、勘查、征地、设计、施工、环评、验收资料；②废物的来源、种类、污染特性、数量、贮存或填埋位置等资料；③各种污染防治设施的检查维护资料；④渗滤液、工艺水总量以及渗滤液、工艺水处理设备工艺参数及处理效果记录资料；⑤封场及封场后管理资料；⑥环境监测及应急处置资料。

贮存场、填埋场的环境保护图形标志应符合《环境保护图形标志－固体废物贮存（处置）场》(GB 15562.2）的规定，并应定期检查和维护。

易产生扬尘的贮存或填埋场应采取分区作业、覆盖、洒水等有效抑尘措施防止扬尘污染。尾矿库应采取均匀放矿、洒水抑尘等措施防止干滩扬尘污染。

污染物排放控制要求如下。

（1）贮存场、填埋场产生的渗滤液应进行收集处理，达到《污水综合排放标准》（GB 8978）要求后方可排放。已有行业、区域或地方污染物排放标准规定的，应执行相应标准。

（2）贮存场、填埋场产生的无组织气体排放应符合《大气污染物综合排放标准》（GB 16297）规定的无组织排放限值的相关要求。

（3）贮存场、填埋场排放的环境噪声、恶臭污染物应符合《工业企业厂界环境噪声排放标准》(GB 12348)、《恶臭污染物排放标准》(GB 14554）的规定。

5）充填及回填利用污染控制要求

（1）第Ⅰ类一般工业固体废物可按下列途径进行充填或回填作业：①粉煤灰可在煤炭开采矿区的采空区中充填或回填；②煤矸石可在煤炭开采矿井、矿坑等采空区中充填或回填；③尾矿、矿山废石等可在原矿开采区的矿井、矿坑等采空区中充填或回填。

（2）第Ⅱ类一般工业固体废物以及不符合《一般工业固体废物贮存和填埋污染控制标准》（GB 18599）8.1条充填或回填途径的第Ⅰ类一般工业固体废物，其充填或回填活动前应开展环境本底调查，并按照《污染场地风险评估技术导则》(HJ 25.3）等相关标准进行环境风险评估，重点评估对地下水、地表水及周边土壤的环境污染风险，确保环境风险可以接受。充填或回填活动结束后，应根据风险评估结果对可能受到影响的土壤、地表水及地下水开展长期监测，监测频次至少每年1次。

（3）不应在充填物料中掺加除充填作业所需要的添加剂之外的其他固体废物。

（4）一般工业固体废物回填作业结束后应立即实施土地复垦（回填地下的除外），土地复垦实施过程应满足 TD/T 1036 规定的相关土地复垦质量控制要求。土地复垦后用作建设用地的，还应满足《土壤环境质量 建设用地土壤污染风险管控标准》（GB 36600）的要求；用作农用地的，还应满足《土壤环境质量 农用地土壤污染风险管控标准》（GB 15618）的要求。

（5）食品制造业、纺织服装和服饰业、造纸和纸制品业、农副食品加工业等为日常生活提供服务的活动中产生的与生活垃圾性质相近的一般工业固体废物以及其他有机物含量超过 5% 的一般工业固体废物（煤矸石除外）不得进行充填、回填作业。

6）封场及土地复垦要求

（1）当贮存场、填埋场服务期满或不再承担新的贮存、填埋任务时，应在 2 年内启动封场作业，并采取相应的污染防治措施，防止造成环境污染和生态破坏。封场计划可分期实施。尾矿库的封场时间和封场过程还应执行闭库的相关行政法规和管理规定。

（2）贮存场、填埋场封场时应控制封场坡度，防止雨水侵蚀。

（3）Ⅰ类场封场一般应覆盖土层，其厚度视固体废物的颗粒度大小和拟种植物种类确定。

（4）Ⅱ类场的封场结构应包括阻隔层、雨水导排层、覆盖土层。覆盖土层的厚度视拟种植物种类及其对阻隔层可能产生的损坏确定。

（5）封场后，仍需对覆盖层进行维护管理，防止覆盖层不均匀沉降、开裂。

（6）封场后的贮存场、填埋场应设置标志物，注明封场时间以及使用该土地时应注意的事项。

（7）封场后渗滤液处理系统、废水排放监测系统应继续正常运行，直到连续 2 年内没有渗滤液产生或产生的渗滤液未经处理即可稳定达标排放。

（8）封场后如需对一般工业固体废物进行开采再利用，应进行环境影响评价。

（9）贮存场、填埋场封场完成后，可依据当地地形条件、水资源及表土资源等自然环境条件和社会发展需求并按照相关规定进行土地复垦。土地复垦实施过程应满足《土地复垦质量控制标准》（TD/T 1036）规定的相关土地复垦质量控制要求。土地复垦后用作建设用地的，还应满足《土壤环境质量 建设用地土壤污染风险管控标准》（GB 36600）的要求；用作农用地的，还应满足《土壤环境质量 农用地土壤污染风险管控标准》（GB 15618）的要求。

（10）历史堆存一般工业固体废物场地经评估确保环境风险可以接受时，可进行封场或土地复垦作业。

矿山应加强固废管理，建立固废管理专项制度，固废专项管理制度一般包含：固废分类、固废的收集和存放、设置危险废物识别标志、固废的处理与处置、固废的检查和记录等内容。固废运行管理严格按照《一般工业固体废物贮存和填埋污染控制标准》（GB 18599）中运行管理部分的要求来执行。

涉及场所：危废间、尾矿库、废石场、排土场、矸石山、表土堆放场、垃圾收集点、垃圾处理场等。

现场评价或支撑材料：①固废管理专项制度。②垃圾集中收集点、固废有固定堆放场所、危废库的照片。③矿山固废堆放设计。④与有贮存危废资质单位的合同及贮存危废单位的资质证明。⑤生活垃圾无害化处理方案或第三方处理合同。⑥固废管理台账。

34 废水排放

标准分：2。

评分说明：清污管路分别铺设、雨水与污水管群分开设置；生活污水经处理后水质达标排放，或污水直接排入市政污水管网；工业废水经处理后水质达标排放；尾矿库、排土场等建有雨水截（排）水沟，地表径流水、淋溶水等经沉淀后达标排放或处理回用。符合要求得 2 分，不符合得 0 分。

考核方法：查资料、查现场。

依据或标准：国家水污染物排放标准（GB 8978、GB 20426、GB 25465、GB 25466、GB 25467、GB 25468、GB 26451、GB 28661、GB 30770 等）以及所在省（区、市）人民政府发布实施的地方水污染物排放标准。

指标属性：约束性。

【解析】本条是对排水管理清污分流、生活污水排放、地表径流水、淋溶水排放的要求。

本条要求是根据《绿色矿山建设规范》中有关节废水达标排放的要求而设定的评价指标。

1. 相关标准

《污水综合排放标准》（GB 8978）按照污水排放去向，分年限规定了 69 种水污染物最高允许排放浓度及部分行业最高允许排水量。

《煤炭工业污染物排放标准》（GB 20426）规定了采煤废水和选煤废水污染物排放限值，煤矸石堆置场管理技术要求，煤炭工业地面生产系统大气污染物排放限值和无组织排放限值，煤炭矿井水资源化利用指导性技术要求。

《铝工业污染物排放标准》（GB 25465）规定了铝工业企业生产过程中水污染物和大气污染物排放限值、监测和监控要求。标准中的排放浓度均为质量浓度。适用于铝工业企业水污染和大气污染防治和管理。为促进区域经济与环境协调发展，推动经济结构的调整和经济增长方式的转变，引导铝工业生产工艺和污染治理技术的发展方向以及水污染物特别排放限值。

《铅、锌工业污染物排放标准》（GB 25466）规定了铅、锌工业企业生产过程中水污染物和大气污染物排放限值、监测和监控要求。标准中的排放浓度均为质量浓度。为促进区域经济与环境协调发展，推动经济结构的调整和经济增长方式的转变，引导铅、工业生产工艺和污染治理技术的发展方向以及水污染物特别排放限值。

《铜、镍、钴工业污染物排放标准》（GB 25467）规定了铜、镍、钴工业企业生产过程中水污染物和大气污染物排放限值、监测和监控要求。标准中的排放浓度均为质量浓度。为促进区域经济与环境协调发展，推动经济结构的调整和经济增长方式的转变，引导铜、镍、钴工业生产工艺和污染治理技术的发展方向以及水污染物特别排放限值。

《镁、钛工业污染物排放标准》（GB 25468）规定了镁、钛工业企业水污染物和大气污染物排放限值、监测和监控要求。

《稀土工业污染物排放标准》（GB 25451）规定了稀土工业企业水污染物和大气污染物排放限值、监测和监控要求。标准的排放浓度均为质量浓度。适用于稀土工业企业水污染和大气污染防治和管理。为促进区域经济与环境协调发展，推动经济结构的调整和经济增长方式的转变，引导稀土工业生产工艺和污染治理技术的发展方向，本标准规定了水污染物特别排放限值。

《铁矿采选工业污染物排放标准》（GB 28661）规定了铁矿采选生产企业水和大气污染物排放限值、监测和监控要求。为促进地区经济与环境协调发展，推动经济结构的调整和经济增长方式的转变，引导铁矿采选工业生产工艺和污染治理技术的发展方向，本标准规定了水和大气污染物特别排放限值。

《锡、锑、汞工业污染物排放标准》（GB 30770）规定了锡、锑、汞采选及冶炼工业企业生产过程中水污染物和大气污染物排放限值、监测和监控要求，对重点区域规定了水污染物和大气污染物特别排放限值。

2. 清污管路设置

本条根据《城镇排水与污水处理条例》设置。

《城镇排水与污水处理条例》第十九条规定：除干旱地区外，新区建设应当实行雨水、污水分流；对实行雨水、污水合流的地区，应当按照城镇排水与污水处理规划要求，进行雨水、污水分流改造。雨水、污水分流改造可以结合旧城区改建和道路建设同时进行。

2022 年 12 月 1 日，中华人民共和国住房和城乡建设部令第 56 号《住房和城乡建设部关于修改＜城镇污水排入排水管网许可管理办法＞的决定》修正第四条规定“在雨水、污水分流排放的地区，不得将污水排入雨水管网”。

《城镇排水与污水处理条例》第二十条规定“在雨水、污水分流地区，不得将污水排入雨水管网”。

在有条件的地区，应当逐步推进初期雨水收集与处理，合理确定截流倍数，通过设置初期雨水贮存池、建设截流干管等方式，加强对初期雨水的排放调控和污染防治。

1）清污分流、雨污分流

矿山废水收集、处理、利用系统完善，功能齐全；清污管路分别铺设，雨水与污水管群分开设置；露天采场等建有地表径流水汇集利用系统。

雨污分流是指将雨水和生活污水分开，各用一条管道输送，进行排放或后续处理的排污方式。雨污分流便于雨水收集利用和集中管理排放，减少污水处理量。

清污分流是将高污染水和未污染或低污染水分开，分质处理，减少外排污染物量，降低水处理成本。在沿山的主要运输道路可考虑设置雨污双水沟，使雨水与道路污水分开。

2）矿区及厂区的生产排水、雨水和生活污水

（1）实行清污分流，清污管路分别铺设；实行雨污分流，雨水沟与污水管群分开设置；雨污分流、清污分流能够节省污水处理成本。

（2）雨污水通过管道排放，在雨天实现雨污分流，雨水经路面下水道流入河流或被利用，污水被输送到污水处理厂。

（3）矿井水实现清污分流有利于矿井水的综合利用。工作场所的排水受污染较重，但水量小，容易集中处理，可设井下沉淀池，出水单独排放。井下大量清洁涌水可直接应用，酸性矿区污水处理要根据水质特点单独处理。

3. 生活污水、工业废水排放

建立污（废）水处理站，集中处理生活、生产废水。污（废）水处理站应具有完备的污（废）水处理功能。

1）污水处理标准分类

工业废水根据水质分析可分为重金属离子不超标的排水和重金属离子超标的排水两种。是否需要进行排水处理的判断标准有地方政府对于当地河流、水系的污染物排放标准和国家《污水综合排放标准》（GB 8978）两种。一般情况下，地方排放标准的某些排水指标要求要高于国家《污水综合排放标准》的指标；在没有地方排放标准的情况下，严格执行国家《污水综合排放标准》。在《污水综合排放标准》中，排入水体的污染物按其性质及控制方式分为两类。

《污水综合排放标准》第 4.2.1.1 款规定：第一类污染物（是指能在环境或动植物体内蓄积，对人体健康产生长远不良影响者）不分行业和污水排放方式，也不分受纳水体的功能类别，一律在车间或车间处理设施排放口采样，其最高允许排放浓度必须达到标准要求（采矿行业的尾矿坝出水口不得视为车间排放口）。

第一类污染物共 13 项指标，其最高允许排放浓度见表 7–8。

表 7–8　第一类污染物

序号	污染物	最高允许排放浓度
1	总汞	0.05mg/L
2	烷基汞	不得检出
3	总镉	0.1mg/L
4	总铬	1.5mg/L
5	六价铬	0.5mg/L
6	总砷	0.5mg/L
7	总铅	1.0mg/L
8	总镍	1.0mg/L

续表

序号	污染物	最高允许排放浓度
9	苯并（a）芘	0.00003mg/L
10	总铍	0.005mg/L
11	总银	0.5mg/L
12	总α放射性	1Bq/L
13	总β放射性	10Bq/L

《污水综合排放标准》第4.2.1.2款规定：第二类污染物（指其长远影响小于第一类的污染物质），在排污单位排放口采样，其最高允许排放浓度必须达到标准要求。

第二类污染物共有26类，涉及56项指标（表7–9），排放物质的标准与所在地区排放的水域所执行的标准有关，在有色矿山应特别关注的排放指标有pH、悬浮物、五日生化需氧量、化学需氧量、总氰化物、氨氮、氟化物、总铜、总锌等。

由于水体对污染物的容忍度各不相同，对第二类污染物分标准控制，主要是基于污染物性质、环境影响、控制难度，以及水体功能要求等多方面的考虑。通过科学合理地制定和实施污染物排放标准，可以有效地控制污染物的排放行为，保护水环境质量和生态系统安全。

分标准控制第二类污染物的排放，可以达到以下几个方面的效果：一是降低水体污染物的浓度和排放量，改善水环境质量；二是保护水体生态系统的平衡和稳定，维护生物多样性；三是保障人类的生产和生活用水安全，促进经济社会可持续发展。

表7-9　第二类污染物　　单位：mg/L

序号	污染物	适用范围	一级标准	二级标准	三级标准
1	pH	一切排污单位	6～9	6～9	6～9
2	色度（稀释倍数）	染料工业	50	180	
		其他排污单位	50	80	—
3	悬浮物（SS）	采矿、选矿、选煤工业	100	300	—
		脉金选矿	100	500	
		边远地区砂金选矿	100	800	
		城镇二级污水处理厂	20	30	—
		其他排污单位	70	200	400
4	五日生化需氧量（BOD_5）	甘蔗制糖、苎麻脱胶、湿法纤维板工业	30	100	600
		甜菜制糖、酒精、味精、皮革、化纤浆粕工业	30	150	600
		城镇二级污水处理厂	20	30	
		其他排污单位	30	60	300

续表

序号	污染物	适用范围	一级标准	二级标准	三级标准
5	化学需氧量（COD）	甜菜制糖、焦化、合成脂肪酸、湿法纤维板、染料、洗毛、有机磷农药工业	100	200	1000
		味精、酒精、医药原料药、生物制药、苎麻脱胶、皮革、化纤浆粕工业	100	300	1000
		石油化工工业（包括石油炼制）	100	150	500
5	化学需氧量（COD）	城镇二级污水处理厂	60	120	
		其他排污单位	100	150	500
6	石油类	一切排污单位	10	10	30
7	动植物油	一切排污单位	20	20	100
8	挥发酚	一切排污单位	0.5	0.5	2.0
9	总氰化物	电影洗片（铁氰化合物）	0.5	5.0	5.0
		其他排污单位	0.5	0.5	1.0
10	硫化物	一切排污单位	1.0	1.0	2.0
11	氨氮	医药原料药、染料、石油化工工业	15	50	
		其他排污单位	15	25	
12	氟化物	黄磷工业	10	20	20
		低氟地区（水体含氟量＜0.5mg/L）	10	20	30
		其他排污单位	10	10	20
13	磷酸盐（以磷计）	一切排污单位	0.5	1.0	
14	甲醛	一切排污单位	1.0	2.0	5.0
15	苯胺类	一切排污单位	1.0	2.0	5.0
16	硝基苯类	一切排污单位	2.0	3.0	5.0
17	阴离子表面活性剂（LAS）	合成洗涤剂工业	5.0	15	20
		其他排污单位	5.0	10	20
18	总铜	一切排污单位	0.5	1.0	2.0
19	总锌	一切排污单位	2.0	5.0	5.0
20	总锰	合成脂肪酸工业	2.0	5.0	5.0
		其他排污单位	2.0	2.0	5.0
21	彩色显影剂	电影洗片	2.0	3.0	5.0
22	显影剂及氧化物总量	电影洗片	3.0	6.0	6.0
23	元素磷	一切排污单位	0.1	0.3	0.3

续表

序号	污染物	适用范围	一级标准	二级标准	三级标准
24	有机磷农药（以磷计）	一切排污单位	不得检出	0.5	0.5
25	粪大肠菌群数	医院*、兽医院及医疗机构含病原体污水	500 个 /L	1000 个 /L	5000 个 /L
		传染病、结核病医院污水	100 个 /L	500 个 /L	1000 个 /L
26	总余氯（采用氯化消毒的医院污水）	医院*、兽医院及医疗机构含病原体污水	＜ 0.5**	>3（接触时间≥ 1h）	>2（接触时间≥ 1h）
		传染病、结核病医院污水	＜ 0.5**	>6.5（接触时间≥ 1.5h）	>5（接触时间≥ 1.5h）

*50 个以上床位的医院；** 加氯消毒后须进行脱氯处理，以达到本标准。

2）污水处理标准分级

《污水综合排放标准》中有如下规定。

（1）排入《地表水环境质量标准》（GB 3838）中Ⅲ类水域（划定的保护区和游泳区除外）和排入《海水水质标准》(GB 3097）中二类海域的污水，执行一级标准。

（2）排入《地表水环境质量标准》中Ⅳ、Ⅴ类水域和排入《海水水质标准》中三类海域的污水，执行二级标准。

（3）排入设置二级污水处理厂的城镇排水系统的污水，执行三级标准。

（4）排入未设置二级污水处理厂的城镇排水系统的污水，必须根据排水系统出水受纳水域的功能要求，分别执行 4.1.1 和 4.1.2 的规定。

（5）在《地表水环境质量标准》中Ⅰ、Ⅱ类水域和Ⅲ类水域中划定的保护区和《海水水质标准》中的一类海域，禁止新建排污口，现有排污口应按水体功能要求，实行污染物总量控制，以保证受纳水体水质符合规定用途的水质标准。

3）污水处理厂污染物排放标准

《城镇污水处理厂污染物排放标准》(GB 18918）规定：根据城镇污水处理厂排入的地表水域环境功能和保护目标，以及污水处理厂的处理工艺，将基本控制项目的常规污染物标准分为一级标准、二级标准、三级标准。一级标准分为 A 标准和 B 标准。

（1）一级标准的 A 标准是城镇污水处理厂出水作为回用水的基本要求。当污水处理厂出水引入稀释能力较小的河湖作为城镇景观用水和一般回用水等用途时，执行一级标准的 A 标准。

（2）城镇污水处理厂出水排入《地表水环境质量标准》地表水Ⅱ类功能水域（划定的饮用水水源保护区和游泳区除外）或《海水水质标准》海水二类功能水域和湖、库等封闭或半封闭水域时，执行一级标准的 B 类标准。

（3）城镇污水处理厂出水排入《地表水环境质量标准》地表水Ⅳ、Ⅴ类功能水域或《海水水质标准》海水三、四类功能海域时，执行二级标准。

（4）非重点控制流域和非水源保护区的建制镇的污水处理厂，根据当地经济条件和水污染控制要求，采用一级强化处理工艺时，执行三级标准，但必须预留二级处理设施的位置，分期达到二级标准。

城镇污水处理厂水污染物排放基本控制项目最高允许排放浓度（日均值）见表 7-10。

表 7-10　基本控制项目最高允许排放浓度（日均值）　　单位：mg/L

<table>
<tr><th rowspan="2">序号</th><th rowspan="2" colspan="2">基本控制项目</th><th colspan="2">一级标准</th><th rowspan="2">二级标准</th><th rowspan="2">三级标准</th></tr>
<tr><th>A 标准</th><th>B 标准</th></tr>
<tr><td>1</td><td colspan="2">化学需氧量（COD）</td><td>50</td><td>60</td><td>100</td><td>120*</td></tr>
<tr><td>2</td><td colspan="2">五日生化需氧量（BOD_5）</td><td>10</td><td>20</td><td>30</td><td>60*</td></tr>
<tr><td>3</td><td colspan="2">悬浮物（SS）</td><td>10</td><td>20</td><td>30</td><td>50</td></tr>
<tr><td>4</td><td colspan="2">动植物油</td><td>1</td><td>3</td><td>5</td><td>20</td></tr>
<tr><td>5</td><td colspan="2">石油类</td><td>1</td><td>3</td><td>5</td><td>15</td></tr>
<tr><td>6</td><td colspan="2">阴离子表面活性剂</td><td>0.5</td><td>1</td><td>2</td><td>5</td></tr>
<tr><td>7</td><td colspan="2">总氮（以氮计）</td><td>15</td><td>20</td><td>—</td><td>—</td></tr>
<tr><td>8</td><td colspan="2">氨氮（以氮计）**</td><td>5（8）</td><td>8（15）</td><td>25（30）</td><td>—</td></tr>
<tr><td rowspan="2">9</td><td rowspan="2">总磷（以磷计）</td><td>2005 年 12 月 31 日前建设的</td><td>1</td><td>1.5</td><td>3</td><td>5</td></tr>
<tr><td>2006 年 1 月 1 日前建设的</td><td>0.5</td><td>1</td><td>3</td><td>5</td></tr>
<tr><td>10</td><td colspan="2">色度（稀释倍数）</td><td>30</td><td>30</td><td>40</td><td>50</td></tr>
<tr><td>11</td><td colspan="2">pH</td><td colspan="4">6 ~ 9</td></tr>
<tr><td>12</td><td colspan="2">粪大肠菌群数 /（个 · L^{-1}）</td><td>10^3</td><td>10^4</td><td>10^4</td><td>—</td></tr>
</table>

*：下列情况下按去除率指标执行：当进水 COD>350mg/L 时，去除率应 >60%；当 BOD>160mg/L 时，去除率应 >50%；**：括号外数值为水温 >12℃时的控制指标，括号内数值为水温≤ 12℃时的控制指标。

注：某一级生活污水处理后排放至地表水体时，需要确保各项指标在一定范围内达到相关标准的要求，但并非所有指标都必须严格达到某一特定数值。具体要求应根据当地的排放标准和水体环境功能来确定。

4）生活污水不能直接排入市政污水管网

（1）有害物质含量高：生活污水中含有大量的有机物、微生物、悬浮固体和溶解性盐等有害物质（如蛋白质、动植物脂肪、碳水化合物、尿素和氨、氮，以及肥皂和合成洗涤剂等），这些物质如果直接排入市政污水管网，可能会对管网系统造成损害，甚至影响后续污水处理厂的处理效果。

（2）避免疾病传播：生活污水中常含有病原微生物，如直接排入市政污水管网，可能会通过管网系统传播到更广泛的区域，增加疾病暴发的风险。对生活污水进行预处理和初级处理，可以有效减少污水中的有害物质和病原微生物含量，从而保护公共卫生安全。

（3）防止管网堵塞：生活污水中含有大量的悬浮固体和杂质，如果直接排入市政污水管网，容易造成管网堵塞，影响污水的正常收集和排放。

（4）处理效果不好保证：市政污水处理厂通常根据设计处理能力和进水水质来运行。如果生活污水未经预处理直接排入管网，可能会导致污水处理厂进水水质波动过大，影响处理效果和出水水质不达标。

很多环保执法机构对污水直接连入城镇污水处理管网（无生产废水排放）在污水排放口监测超标后进行处罚，其依据为《水污染防治法》中“水污染排放不得超过国家或者地方标准”的规定。有的单位的环评报告书（表）中载明了该生活污水的排放标准，一般是处理后的废水达到《污水综合排放标准》三级标准或者地方的有关标准。

4. 雨水、污水排放设施

矿区应建有雨水截（排）水沟（有时应根据具体情况建设消力池），并建设沉淀池，将汇集的地表径流水、淋溶水等经沉淀后达标排放或处理回用。在生产区低地势处建设初期雨水收集池，初期雨水经收集池沉淀、澄清后用于工业场地、道路抑尘洒水。

矿区及贮存场（矿石堆放场）按《水土保持综合治理技术规范小型蓄排引水工程》（GB/T 16453.4—2008）建设雨水截（排）水沟及沉淀池，汇集的地表淋溶水经沉淀池沉淀后达标排放，地表水环境质量达到《地表水环境质量标准》相应的水质要求。

1）概述

（1）排水沟。

排水沟指的是将边沟（路基边缘的排水沟，主要用以汇集和排除路基范围内及流向路基的少量地面水）、截水沟和路基附近、庄稼地里、住宅附近低洼处汇集的水引向路基、桥涵处、庄稼地、住宅地以外的水沟。一般设在填方路基下，用来排路面水。

自然排水沟利用施工现场的自然条件挖掘而成，具有省时、省工的特点，在沟底铺设卵石或碎石，不仅可以免于水流的冲刷，有利于保护沟底，同时还能沉淀水中的污物。自然排水沟在规模较小的、施工工期较短的，或者在施工期间用水或雨水不是很大的施工工程中经常采用。

明露排水沟通常结合现场硬化地面做成，它的优点是省工、省料和经济，排水沟功能也十分明确，不足的是断面不宜很大，特别是施工场地较小时，深度尺寸受到限制，排水显得吃力，同时，也容易影响或妨碍施工期间施工人员和施工机械的行走。但是对于施工工期较短、建筑规模较小、少雨季节施工及冬期施工的工程，有一定的适宜性。

（2）截水沟。

一般设置在挖方段路基边坡上，用来拦截地表水侵蚀路基。主要拦截山坡上流向路基的水，在路堑坡顶以外设置。

挖方路基的堑顶截水沟应设置在坡口5m以外，填方路基上侧的路堤截水沟距填方坡脚的距离不应小于2m。在多雨地区，视实际情况可设一道或多道截水沟，其作用是拦截路基上方流向路基的地表水，保护挖方边坡和填方坡脚不受水流冲刷。

截水沟设置时主要考虑位置。在无弃土堆的情况下，截水沟的边缘离开挖方路基坡顶的距离视土质而定，以不影响边坡稳定为原则；路基上方有弃土堆时，截水沟应离开弃土堆1～5m，弃土堆坡脚离开路基挖方坡顶不应小于10m，弃土堆顶部应设坡度为2%倾向截水沟的横坡；山坡上路堤的截水沟离开路堤坡脚至少2m，并用挖截水沟的土填在路堤与截水沟之间，修筑向沟倾斜坡度为2°的护坡道或土台，使路堤内侧地面水流入截水沟排出。

2）截水沟的布设原则

（1）当无措施坡面的坡长太长时，应在此坡面增设几道截水沟。增设截水沟的间距一般为20～30m，应根据地面坡度、土质和暴雨径流情况，通过设计计算具体确定。

（2）蓄水型截水沟基本沿等高线布设，排水型截水沟应与等高线取1%～2%的比降（又称为坡降、坡度，指任意两端点间的高程差与两点间的水平距离之比）。

（3）当截水沟不水平时，应在沟中每5～10m修一高20～30cm的小土挡，防止冲刷。

（4）排水型截水沟的排水一端应与坡面排水沟相接，并在连接外做好防冲措施。

3）排水沟的布设原则

（1）排水沟一般布设在坡面截水沟的两端或较低一端，用以排除截水沟不能容纳的地表径流。排水沟的终端连接蓄水池或天然排水道。

（2）排水沟在坡面上的比降，根据其排水去处（蓄水池或天然排水道）的位置而定，当排水出口的位置在坡脚时，排水沟大致与坡面等高线正交布设；当排水出口的位置在坡面时，排水沟可基本沿等高线布设或与等高线斜交布设。各种布设都必须做好防冲措施（铺草皮或石方衬砌）。

4）蓄水池与沉沙池的布设原则

（1）蓄水池一般布设在坡脚或坡面局部低凹处，与排水沟（或排水型截水沟）的终端相连，以容蓄坡面排水。

（2）蓄水池的分布与容量根据坡面径流总量、蓄排关系和修建省工、使用方便等原则，因地制宜具体确定。一个坡面的蓄排工程系统可集中布设一个蓄水池，也可分散布设若干蓄水池。单池容量从数百立方米到数万立方米不等。

（3）蓄水池的位置，应根据地形有利、岩性良好（无裂缝暗穴、砂砾层等）、蓄水容量大、工程量小、施工方便等条件具体确定。

（4）沉沙池一般布设在蓄水池进水口的上游附近。排水沟（或排水型截水沟）排出的水量先进入沉沙池，泥沙沉淀后，再将清水排入池中。

（5）沉沙池的具体位置根据当地地形和工程条件确定，可以紧靠蓄水池，也可以与蓄水池保持一定距离。

5）矿区截（排）水沟的设置

矿区截（排）水沟的设置要根据矿区总体设置和水土保持方案来设计。弃物堆放场的截（排）水沟及道路两侧的截（排）水沟是否合适设置。同时，对于废弃物堆放场地还要考虑：

（1）废石场、废渣场下游设挡渣墙。

（2）露天采场、废石场、废渣场、尾矿库上游及两侧，应根据实际地形情况设置适宜的截排洪设施。

5. 露天矿山排水要求

露天矿山应按照下列要求建立防排水系统：

（1）受洪水威胁的露天采场应设置地面防洪工程；

（2）不具备自然外排条件的山坡露天矿，境界外应设截水沟排水；

（3）凹陷露天坑应设机械排水或自流排水设施；

（4）遇超过设计防洪频率的暴雨时，最低台阶淹没时间不应超过 7d，淹没前应撤出人员和重要设备。

涉及场所：排土场、尾矿库、矸石山、采区、周边山坡、废水处理厂、截排水沟、蓄水池、沉淀池、废石场、采场、废渣场。

现场评价或支撑材料：①查看矿井雨水截（排）水沟、排水系统设计方案。②查看现场雨水截排情况，以及蓄水池和沉沙池建设情况。③零排放的证明材料。④污水达标排放的有资质机构的检测报告或者排入市政污水管网合同、台账以及现场照片（或相关部门提供的证明）。⑤检测报告、台账等。

35　废气排放

标准分：2。

评分说明：在开采、加工、运输、贮存等环节，采取除尘捕尘、抑尘降尘、净化废气等措施，实现达标排放，开采过程中的大气污染物排放应符合国家或地方相应排放标准。凿岩作业采用降尘措施，爆破作业喷雾洒水降尘，生产区配置洒水车定时洒水降尘，配备地面运输车辆洗车台，对出厂车辆进行清洗，外运产品途中苫盖，废石或矿石周转场地、贮存场所具备防扬尘设施。矿区建筑物上无明显积尘，矿区周边植被无明显粉尘覆盖。对矿区粉尘进行定期监测。符合要求得 2 分，不符合得 0 分。

考核方法：查资料、查现场。

依据或标准：国家大气污染物排放标准（GB 4915、GB 9078、GB 16297、GB 20426、GB 21522、GB 25465、GB 25466、GB 25467、GB 25468、GB 26451、GB 28661、GB ZY 2.1）以及所在省（区、市）人民政府发布实施的地方污染物排放标准。

指标属性：约束性。

【解析】本条要求在生产过程中、对地面运输过程中、对贮存场所粉尘排放和治理中采取有效的抑尘收尘措施。

本条要求是根据《绿色矿山建设规范》中有关粉尘达标排放的要求而设定的评价指标。

1. 相关标准解释

《水泥工业大气污染物排放标准》（GB 4915）规定了水泥制造企业（含独立粉磨站）水泥原料矿山、散装水泥中转站、水泥制品企业及其生产设施的大气污染物排放限值、监测和监督管理要求。

《工业炉窑大气污染物排放标准》(GB 9078)规定了10类19种工业炉窑烟(粉)尘浓度、烟气黑度、6种有害污染物的最高允许排放浓度(或排放限值)和无组织排放烟(粉)尘的最高允许浓度。

《大气污染物综合排放标准》(GB 16297)规定了33种大气污染物的排放限值,其指标体系为最高允许排放浓度、最高允许排放速率和无组织排放监控浓度限值。

《煤炭工业污染物排放标准》(GB 20426)规定了采煤废水和选煤废水污染物排放限值;规定了煤炭工业地面生产系统大气污染物排放限值和无组织排放限值;规定了煤矸石堆置场管理技术要求;规定了煤炭矿井水资源化利用指导性技术要求。

《煤层气(煤矿瓦斯)排放标准(暂行)》(GB 21522)规定了煤矿瓦斯排放限值以及煤层气地面开发系统煤层气排放限值。

《铝工业污染物排放标准》(GB 25465)规定了铝工业企业生产过程中水污染物和大气污染物排放限值、监测和监控要求。适用于铝工业企业水污染和大气污染防治和管理。

《铜、镍、钴工业污染物排放标准》(GB 25466)规定了铜、镍、钴工业企业生产过程中水污染物和大气污染物排放限值、监测和监控要求和水污染物特别排放限值。适用于铜、镍、钴工业企业水污染和大气污染防治和管理。

《铅、锌工业污染物排放标准》(GB 25467)规定了铅、锌工业企业生产过程中水污染物和大气污染物排放限值、监测和监控要求以及水污染物特别排放限值。

《镁、钛工业污染物排放标准》(GB 25468)规定了镁、钛工业企业生产过程中水污染物和大气污染物排放限值、监测和监控要求以及水污染物特别排放限值,适用于镁、钛工业企业水污染和大气污染防治和管理。

《稀土工业污染物排放标准》(GB 26451)规定了稀土工业企业水污染物和大气污染物排放限值、监测和监控要求以及水污染物特别排放限值,适用于稀土工业企业水污染和大气污染防治和管理。

《铁矿采选工业污染物排放标准》(GB 28661)规定了铁矿采选生产企业或生产设施的水污染物和大气污染物排放限值、监测和监控要求。

《工作场所有害因素职业接触限值第1部分:化学有害因素》(GBZ 2.1)规定了工作场所化学有害因素的职业接触限值。

2. 矿山岗位粉尘浓度要求

常见矿山岗位粉尘浓度要求参照《工作场所有害因素职业接触限值第1部分:化学有害因素》,详见表7-11。

表7-11 常见矿山岗位粉尘浓度要求

序号	中文名	化学文摘号(CAS No.)	时间加权平均容许浓度(PC-TWA)/(mg·m^{-3})		临界不良健康效应	备注
			总粉尘	呼吸性粉尘		
1	白云石	—	8	4	尘肺病	—
2	大理石	1317-65-3	8	4	眼、皮肤刺激;尘肺病	—

续表

序号	中文名	化学文摘号（CAS No.）	时间加权平均容许浓度（PC-TWA）/（$mg \cdot m^{-3}$）		临界不良健康效应	备注
			总粉尘	呼吸性粉尘		
3	硅灰石	13983-17-0	5	—	—	—
4	硅藻 ±（游离二氧化硅含量）≤ 10	61790-53-2	6	—	尘肺病	—
5	石灰石	1317-65-3	8	4	眼、皮肤刺激；尘肺病	—
6	10% ≤游离二氧化硅含量≤ 50%	14808-60-7	1	0.7	硅肺	G1 结晶型
	50% <游离二氧化硅含量≤ 80%		0.7	0.3		
	游离二氧化硅含量> 80%		0.5	0.2		
7	稀土（游离二氧化硅含量）≤ 10%	—	2.5	—	稀土尘肺；皮肤刺激	—
8	萤石混合性	—	1	0.7	硅肺	—
9	云母	12001-26-2	2	1.5	云母尘肺	—
10	珍珠岩	93763-70-3	8	4	眼、皮肤、上呼吸道刺激	—
11	蛭石	—	3	—	眼、上呼吸道刺激	—
12	重晶石	7727-43-7	5	—	眼刺激；尘肺病	—
13	其他粉	—	8	—	—	—

对表 7-11 做以下说明。

（1）总粉尘简称为总尘，呼吸性粉尘简称为呼尘。

（2）总尘为所有可进入整个呼吸道（鼻、咽、喉、胸腔支气管、细支气管和肺泡）的粉尘；为从技术上用总粉尘采样器按标准方法在呼吸道测得的所有粉尘；为用直径为 40mm 滤膜，按标准粉尘测定方法采样所得到的粉尘。

（3）呼尘为能进入人体肺泡区的颗粒物；为只按呼吸性粉尘标准测定方法所采集的可进入肺泡的粉尘粒子。其空气动力学直径在 7.07 μm 以下，空气动力学直径 5 μm 的粉尘粒子的采样效率为 50%。

3. 大气污染物排放浓度限值

最新大气污染物排放限值见表 7-12。

表 7–12　最新大气污染物排放限值

序号	污染物	最高允许排放浓度 /（$mg \cdot m^{-3}$）	分析方法
1	二氧化硫	500	甲醛吸收 – 副玫瑰苯胺分光光度法 碘量法 定电位电解法 Saltzman 法
2	氮氧化物	120	紫外分光光度法 盐酸萘乙二胺分光光度法 定电位电解法
3	氯化氢	100	离子色谱法 硫氰酸汞分光光度法
4	氯气	65	甲基橙分光光度法
5	甲醇	190	气相色谱法 非分散红外吸收法
6	一氧化碳	1000	定电位电解法 非分散红外吸收法

有一些地方制定了地方标准，以地方标准为准，如山东省《区域性大气污染物综合排放标准》(DB 37/2376）的大气污染物排放浓度限值，见表 7–13。

表 7–13　某地区大气污染物排放浓度限值　　单位：mg/m^3

污染物	核心控制区	重点控制区	一般控制区
颗粒物	5	10	20
二氧化碳	35	50	100
氮氧化物（以二氧化氮计）	50	100	200

煤层气排放应符合《煤层气（煤矿瓦斯）排放标准（暂行）》(GB 21522）瓦斯排放标准限值要求。

4. 生产过程中大气污染物排放要求

1）生产性粉尘的主要来源

（1）固体物料经机械性撞击、研磨、碾轧而形成，经气流扬散而悬浮于空气中的固体微粒，如金属研磨、切削、钻孔、爆破、破碎、磨粉、农林产品加工等。

（2）物质加热时生产的蒸气在空气中凝结或被氧化形成的烟尘，如金属熔炼、焊接、浇铸等。

（3）有机物质不完全燃烧形成的烟，如木材、油、煤类等燃烧时所产生的烟尘等。

2）采矿产尘的环节

采矿场在穿孔、爆破和二次破碎、铲装、汽车运输、汽车卸载、破碎、装载机平整工作面及排土场等生产过程中都会产生大量的粉尘。露天采矿场具有产尘点多、产尘量大、空气含尘浓度高等特点，此外，露天采矿场粉尘还具有分散度高的特点。

（1）钻机穿孔作业产尘。

穿孔过程中，岩石破碎成粉末，如不采取措施，将产生较多粉尘。

（2）爆破作业产尘。

爆破作业时，矿岩由于受到药包爆破的巨大压力作用而粉碎，随后形成粉尘。爆破瞬间产生的粉尘量最大，但形成的高浓度粉尘在空气中的维持时间较短[7]。

（3）铲装作业产尘。

一部分粉尘是沉落在矿岩表面上的，另一部分是摩擦、碰撞产生的粉尘因振动而扬起形成二次粉尘；另外，铲斗在向汽车卸料时由于落差也会产生大量粉尘。

（4）破碎过程中产尘。

矿石在破碎过程中产生大量粉尘，如果在此过程中不采取有力措施，其粉尘危害相当大，不但给从业人员的身体造成极大影响，而且会造成严重的粉尘污染。

3）防尘措施

对矿山采矿无组织扬尘，应对铲、装、运各产尘点采取湿式作业；对矿山露采工作面、废石场等起尘面源采取洒水、覆盖抑尘等措施，并最终覆土，种植适宜植被以恢复生态。

（1）凿岩防尘。优先采用除尘效率高的湿式凿岩。当不具备湿式凿岩条件时，可采用干式捕尘凿岩。干式捕尘凿岩分为在凿岩口以捕尘罩抽尘或在孔底抽尘两种形式。在不宜大量用水的情况下，可用泡沫除尘，即将泡沫压入孔底或喷在孔口，或将含尘空气引入泡沫除尘器净化。

（2）爆破防尘。爆破矿石时产尘量最大，产尘时间集中。主要的防尘措施有喷雾洒水和水封爆破。喷雾洒水常采用爆破启动喷雾器、净化水幕和水风引射器等。

（3）装运防尘。矿石堆放、装岩机、装运机、铲运机、矿车、皮带机及溜井放矿、装车等作业均会产生大量粉尘，可采用喷雾洒水、密闭抽风等措施防止粉尘散发。

（4）破碎防尘。对各式破碎设备工作时所产生的粉尘，在设备密闭的基础上，可采用湿法防尘与机械除尘联合除尘措施。机械除尘的净化设备采用袋式除尘器或湿式除尘器。地下破碎硐室除尘应选用湿式除尘器，当除尘系统的排风不能排至回风巷道或地面，只能就地排放时，排风需经高效过滤器处理。

4）生产系统安装高效除尘装置

（1）破碎、筛分、给料系统均应设置在全密封车间内。采用袋式除尘器收尘、洒水降尘、集中负压除尘等设备设施进行综合治理。

（2）在破（粉）碎、筛分、输送、配料等工艺过程中，连续产生粉尘的部位应安装高效除尘装置，主要有高效袋式除尘器负压收尘、抑尘机、导料槽等。砂石生产加工高效除尘设备配置具体参照表 7-14。

表 7-14　砂石生产加工高效除尘设备配置

产尘工序	粉尘点及处理措施	配置设备
粗碎 筛分 中细碎 转运站及皮带 转接处 堆场	卡车卸料口四面封闭，加装袋式收尘器负压收尘，加水雾和干雾； 给料机、破碎机进料口加装布袋收尘器，加水雾 局部封闭加装袋式收尘器，辅以水雾抑尘 局部封闭加装袋式收尘器，辅以水雾抑尘 皮带转接处、皮带机进料口加导料槽，机尾加干雾，局部封闭加装 袋收尘器 全封闭、加装感应式高效水雾抑尘系统	抑尘机、袋式除尘器 封闭、袋式除尘器 封闭、抑尘机 封闭、导料槽 封闭、雾尘封

（3）生产中的物料运输应采用密闭皮带、密闭通廊，物料堆存于封闭式场所。

5）贮存和运输过程防尘要求

针对采、选运输扬尘，应在出厂（场）处设车辆冲洗设施对出厂车辆冲洗除泥；矿石装载不高于车厢、加盖帆布，以控制矿石运输的扬尘与抛洒污染。在所经村庄处应配置专人及时清扫路面，并定时洒水防尘。在通过村庄时应谨慎慢行，减少车辆颠簸，矿石抛洒。

针对煤矿：①储煤场应全封闭，场内设洒水抑尘设施。②矸石临时周转场宜设围挡、棚顶，形成半封闭场区；并采取洒水等抑尘措施。③风选系统应配备袋式除尘器，其排气筒出口粉尘浓度、去除效率应满足《煤炭工业污染物排放标准》(GB 20426）相关要求。④汽车运输扬尘。原煤装车应覆盖密闭，车辆进出应清洗泥尘。

5. 地面运输过程的粉尘排放

生产运输工作是将露天采场的矿、岩分别运送到卸载点（或选矿厂）和排土场，同时把生产人员、设备和材料运送到采矿场。

1）运输作业产尘的原因

汽车运输时，路面行车产生扬尘，它是生产矿山的一个重要尘源；汽车运输路面沉积的粉尘受到汽车经过所产生的挤压、振动和气流的影响，无规则运动，形成二次扬尘。自翻车排土时，岩石碰撞摩擦产生粉尘。

2）降尘措施

车辆冲洗，装车前洒水，卸矿处喷雾；增强路面保护，外运车密封，道路安装喷雾降尘或洒水降尘设施等。

6. 贮存场所粉尘排放

1）废石或矿石临时堆放场对大气环境的影响

露天矿剥离表层岩石及井工开采的工业广场建设、矿区道路建设、建井及采矿等工程均排弃废石。废石数量大，多在采矿现场就地堆放，废石临时堆放不仅直接占用土地，污染土壤和水体，易导致滑坡、泥石流等灾害，同时也会对周围大气环境产生影响。

废石堆放对大气的污染主要表现在粉尘污染和废气污染两个方面。

（1）粉尘污染。

进入人肺部的微小粉尘可长期赋存并对呼吸作用产生慢性影响；粉尘落到植被和作物表面，可妨碍其光合作用；粉尘浓度高时可影响人和动物的呼吸。矿区大量堆存的尾粉、尾砂、废石是最重要的粉尘污染源，尤其是干燥多风季节更严重，尾粉尾砂和细石的细小颗粒在风力作用下随风起尘，加重了矿区的污染。

（2）煤矸石堆自燃引起的废弃气污染。

在煤矿区，经日晒雨淋、风化剥蚀，煤矸石中所含的黄铁矿被空气氧化，放出的热量促使煤矸石中所含煤炭风化以致自燃。煤矸石自燃时可释放出硫化氢，二氧化硫、一氧化碳、二氧化碳等。

2）废石或矿石临时堆放场大气污染防治措施

（1）废石场的防尘措施。

废石场的扬尘量与矿石的密度、粒度、湿度、风速等条件有关，防尘主要采用洒水抑尘的方法，一般对于硬岩、大块的废石，采用水枪冲洗比较合适，对于软质、易扬尘的岩土，采用水器比较合适。

此外，在废石堆物料表面喷洒覆盖剂也是一种效果不错的抑尘方法，由于覆盖剂和废石间具有黏结力，互相渗透扩散，在化学键力和物理吸附作用下，废石表面形成薄层硬壳，可防止风吹、雨淋、日晒引起的扬尘。覆盖剂的物料组成主要是焦油、酸焦油、防腐油、聚乙酸乙烯、乳化剂和水等。

（2）煤矸石山自燃的防治措施。

煤矸石山自燃的预防主要是从煤矸石的不同堆放方法研究入手，许多国家通过采用分层压实方法堆放煤矸石，边堆边压实，同时对边坡进行绿化，通过控制煤矸石的压实程度隔绝空气，解决煤矸石山的自燃问题。对于含硫量高的煤矸石堆，应采用石灰浆、黏土浆等灌注其空隙以隔绝空气，抑制自燃。对于含碳量高的煤矸石，应采用分选回收煤炭或作为沸腾炉燃料燃烧。然而避免或减少煤矸石自燃的根本途径是加快煤矸石的资源化利用。

（3）其他。

其他企业也常采用加盖塑料防尘网的方法抑制露天扬尘。

7. 矿山废气排放

矿山废气污染是指在矿山开采过程中由废气造成的污染。矿山废气包括岩矿爆破产生的炮烟和粉尘，硫化矿石氧化、自燃、水解产生的气体，以及含铀矿床放射性元素蜕变过程中转化成的有害气体等。

企业需提供具有资质的检测部门出具的检测报告和检测部门相关检测项目的资质认证。

1）废气（粉尘）浓度检测要求

（1）参照《工作场所有害因素职业接触限值第 1 部分：化学有害因素》（GBZ 2.1）“表 1 工作场所空气中化学物质容许浓度”限值。

（2）非金属矿山没有行业污染排放标准的，废气（粉尘）排放浓度要求执行《大气污染物综合排放标准》(GB 16297）表2新污染源大气污染物排放限值二级标准。煤矿、建筑石料石灰岩矿废气（粉尘）分别执行《煤炭工业污染物排放标准》(GB 20426)、《水泥工业大气污染物排放标准》(GB 4915)。

（3）铁矿采选废气排放执行《铁矿采选工业污染物排放标准》(GB 28661)。

（4）有色金属矿山没有行业污染排放标准的，其废气（粉尘）排放浓度要求执行《大气污染物综合排放标准》表2新污染源大气污染物排放限值二级标准。

（5）有色金属矿具有行业污染物排放标准，废气排放执行业污染物排放标准。具体为《铝工业污染物排放标准》(GB 25465)、《铅、锌工业污染物排放标准》(GB 25466)、《铜、钴、镍工业污染物排放标准》(GB 25467)、《锡、锑、汞工业污染物排放标准》(GB 30770)、《钒工业污染物排放标准》(GB 26452)、《镁、钛工业污染物排放标准》(GB 25468)。

2）废气达标排放

（1）在厂区适宜的地方安装废气污染物检测告知牌、检测结果显示屏。

（2）运输车辆尾气应提供检测报告，尾气应达标排放。

8. 编写粉尘清单

粉尘清单示例见表7-15。

表7-15　粉尘清单示例

工作场所（岗位）	主要设备	总尘 / ($mg \cdot m^{-3}$)	呼尘 / ($mg \cdot m^{-3}$)
凿岩岗位及周边作业场所	潜孔钻	8	4
挖掘机	装载机	8	4
破碎加工车间	破碎机、振动筛	8	8

9. 粉尘监测

矿山粉尘监测点的布置是确保矿山作业环境安全、健康以及符合环保标准的重要环节。

1）监测点布置原则

（1）代表性：监测点应能够代表矿山不同作业区域和环节的粉尘污染情况，确保监测数据的全面性和准确性。

（2）全面性：监测点应覆盖矿山的主要作业区域、粉尘源、运输通道及周边环境，避免遗漏关键监测区域。

（3）合理性：监测点的布置应考虑风向、风速、地形地貌等因素，确保监测结果能够真实反映粉尘扩散规律和污染程度。

（4）可操作性：监测点的位置应便于安装监测设备、进行采样和日常维护，确保监测工作的顺利进行。

2）监测点布置方法

（1）矿区周界监测点：监测点应布置在矿区周界外一定距离内（如20m），以评估矿区粉尘对周边环境的影响。监测点应设置在主导风向的下风向侧，以捕捉粉尘扩散的主要方向。

（2）主要扬尘点监测点：监测点应布置在矿山的爆破点、采矿面、破碎筛分车间、运输道路等主要粉尘源附近，监测粉尘产生和扩散情况。对于露天矿山，在爆破作业后的短时间内增加监测频次，以捕捉爆破作业产生的瞬时高浓度粉尘。

（3）运输通道监测点：监测点应布置在矿山的运输通道（如矿车行驶道路、皮带运输线等）沿线运输通道的下风向侧或粉尘易积聚的区域，评估运输过程中粉尘的产生和扩散情况。

（4）周边定居点监测点：矿山周边有居民区或学校、医院等敏感目标区域设置监测点，以评估矿山粉尘对居民健康和生活环境的影响。

（5）根据矿山的具体情况和监测需求，还可在通风井口、排水口等关键区域设置监测点。

涉及地点：采场、运输道路、选矿（加工）车间、成品 / 半成品堆放场所、贮存场所、主要运输道路、锅炉房等废气处置系统安装场所。

现场评价或支撑材料：①凿岩、爆破、岩（矿）石破（粉）碎、筛分、输送、配料等关键环节或位置的除尘措施。②运输过程中采取措施。③企业提供具有资质的检测部门的检测报告。④相关照片。

36 移动源控制

标准分：1。

评分说明：企业使用铁路、水路、封闭式皮带廊道、新能源汽车运输矿石等大宗货物年货运量占比达到70%，得1分。

考核方法：查资料、查现场。

依据或标准：《关于印发〈深入打好重污染天气消除、臭氧污染防治和柴油货车污染治理攻坚战行动方案〉的通知》生态环境部等15部委联合发文（环大气〔2022〕68号）。

指标属性：提升性。

【解析】本条是对矿山企业绿色运输的要求。

本条要求是根据《绿色矿山建设规范》中有关矿石运输的要求而设定的评价指标。

（1）《关于印发〈深入打好重污染天气消除、臭氧污染防治和柴油货车污染治理攻坚战行动方案〉的通知》（环大气〔2022〕68号）的主要目的是“到2025年，全国重度及以上污染天气基本消除；PM2.5和臭氧协同控制取得积极成效，臭氧浓度增长趋势得到有效遏制；柴油货车污染治理水平显著提高，移动源大气主要污染物排放总量明显下降”。

（2）移动污染源：指汽车、摩托车、三轮汽车及非道路移动机械、船舶、铁路内燃机车和飞机等以化石燃料为动力的可移动污染源，简称移动源。

根据《重污染天气重点行业应急减排措施技术指南》，移动源是指：重型载货车、场内运输车辆、非道路移动机械。

A. 重型载货车：《重型柴油车污染物排放限值及测量方法（中国第六阶段）》（GB 17691）范围内装用压燃式气体燃料点燃发动机的N1、N2和N3汽车。

B. 场内运输车辆：在企业厂区范围内（含码头，货场等生产作业区域和施工现场）的作业车辆。

C. 非道路移动机械：自驱动具有双重功能，不能自驱动（装载机、推土机、压路机、沥青摊铺机、非公路用卡车、挖掘机、叉车等）农用机械、林业机械、材料装卸机，雪梨、机场地勤设备等。

监控移动源主要是对这3类车辆进行监控的。

（3）移动源控制方案。

矿石的运输方式应结合矿山地形地质条件、岩石特性、开采方案、运输强度等因素选择运输方案。

A. 当矿山开采高度较低，易形成开采工作面和安全行车运输道路时，宜采用矿山公路自卸汽车运输方案。

B. 当矿山储量集中但开采高差大、自然边坡陡，不易形成至开采工作面的运输道路时，可采用溜井加隧道带式输送方式。

C. 矿物加工生产线距离矿山较远，周边环境不宜运矿车辆密集通行的，可选择将粗碎设备安装在靠近矿山的适当位置，加装胶带及皮带廊运输系统、铁路运输，将初碎的石料输送至生产线半成品缓存料仓。

现场评价或支撑材料：查看现场和相关的设计。

37 噪声排放

标准分：1。

评分说明：对矿区凿岩、破碎和空压等高噪声设备进行降噪处理，配备消声、减振和隔振等措施，厂界噪声排放达标。对厂界噪声进行定期监测。符合要求得1分，不符合得0分。

考核方法：查资料、查现场。

依据或标准：《工业企业厂界环境噪声排放标准》（GB 12348）。

指标属性：约束性。

【解析】本条对矿山噪声处置和排放提出要求。

本条要求是根据《绿色矿山建设规范》中有关节噪声达标排放的要求而设定的评价指标。

1. 相关标准

《工业企业厂界环境噪声排放标准》（GB 12348）规定了工业企业和固定设备厂界环境噪声排放限值及其测量方法。

《声环境质量标准》（GB 3096）规定了五类声环境功能区的环境噪声限值及测量方法。该标准适用于声环境质量评价与管理。机场周围区域受飞机通过（起飞、降落、低空飞行）噪声的影响，不适用于该标准。

《声环境功能区划分技术规范》（GB/T 15190）规定了声环境功能区划分的原则和方法。

2. 产生噪声场所

噪声是一种环境污染，它被认为是仅次于大气污染和水污染的第三大公害。噪声污染是指所产生的环境噪声超过国家规定的环境噪声排放标准，并干扰他人正常工作、学习、生活的现象。日常生活中的噪声强度虽然不会致人或动物于死地，却能危害人的健康。世界各国都很重视噪声问题，把噪声污染列为主要的环境污染公害之一。

1）矿山噪声源分类

（1）按噪声产生的地点，分为地表噪声源和井下噪声源。

（2）按噪声产生的原因，分为设备噪声源和非设备噪声源：①设备噪声源包括扇风机、空气压缩机（简称空压机）、凿岩设备、装卸设备、运输设备和破碎设备等；②非设备噪声源包括爆破，压气管线中压气的排放和泄漏，片帮、冒顶和放顶，以及矿石倾卸到矿仓、溜井、溜槽中的滚动和撞击噪声等。

2）高噪声设备

噪声主要包括矿石挖掘、破碎、装运、矿石加工过程中各种机械设备产生的噪声，以及运输车辆的交通噪声和爆破过程中产生的爆破噪声。

高噪声设备主要包括凿岩、破碎设备、筛分设备、风机、空压机、排水泵、运输设备等。

矿山企业应将高噪声设备所在的工作场列出清单，并逐步改进。

3）岗位噪声要求

《工业企业噪声卫生标准（试行草案）》第五条要求，工业企业的生产车间和作业场所的工作地点的噪声标准为85dB，现有工业企业经过努力暂时达不到标准时，可适当放宽，但不得超过90dB。《工作场所有害因素职业接触限值第2部分：物理因素》（GBZ 2.2—2007）所规定的工作场所噪声接触限值如下：日接触时间8h接触限值为85dB，日接触时间4h接触限值为88dB，日接触时间2h接触限值为91dB，日接触时间1h接触限值为94dB。

《工业企业噪声卫生标准（试行草案）》第十条要求，在现有工业企业中，凡噪声超本标准规定的生产车间和作业场所，必须采取行之有效的控制措施，限期达到本标准要求。在未达到标准前，厂矿企业必须发放个人防护用品，以保障工人健康。

3. 噪声处置

主要采用吸声、隔声、减振、隔振等技术措施，对高噪声设备进行降噪处理，具体有以下几种[4]。

（1）高噪声设备宜相对集中地布置在远离管理区和生活区的地段。

（2）产生高噪声的车间应与低噪声的车间分开布置。

（3）产生高噪声的生产设施周围宜布置对噪声较不敏感、高大、朝向有利于隔声的建筑物、构筑物等。

（4）根据实际情况因地制宜地采用下沉式设计，加装减震、消声装置进行降噪。

（5）在噪声明显的关键部位或厂界附近，对高噪声设备采用部分或整体封装，在隔声屏罩、隔声围护结构内加装吸音材料等。

（6）控制风机噪声的常用方法是在风机的进、出口处安装阻性消声器。对于有更高降噪要求的场合采用消声隔声箱，并在机组与地基之间安置减震器。

（7）降低空压机的噪声的措施是因地制宜地设计安装隔声罩，以及在进出风口安装消声器等。

（8）控制电机噪声的措施有安装隔声罩；改变电机冷却风扇结构，如改变叶片和风叶直径、减少叶片数量；安装消声器等。

（9）控制凿岩设备噪声的措施有在凿岩机排气口安装轻型消声器、用泡沫氯丁橡胶制成钎杆套、用隔噪外罩封闭凿岩机机体外壳、在台车上设置隔声操作间。

（10）控制主排水泵噪声的措施有水泵房内墙壁四周及机房顶部装设吸隔音板并用轻钢龙骨固定；机房与其他室内相通孔洞严密堵塞，避免空气传声；保障机房门、窗的密闭性；水泵加隔音罩；水泵底部安装隔振平台。

4. 噪声排放标准

矿区噪声执行《工业企业厂界环境噪声排放标准》(GB 12348）中2类声环境功能区标准，即昼间60dB、夜间50dB；《铁路边界噪声限值及其测量方法》(GB 12525）中的标准限值，即昼间70dB、夜间70dB。

（1）工业企业厂界环境噪声不得超过表7-16所示的排放限值。

表7-16　工业企业厂界环境噪声排放限值　　单位：dB

厂界外声环境功能区类别	昼间	夜间
0	50	40
1	55	45
2	60	50
3	65	55
4	70	55

（2）夜间频发噪声的最大声级超过限值的幅度不得高于10dB（A）。夜间偶发噪声的最大声级超过限值的幅度不得高于15dB（A）。

（3）工业企业若位于未划分声环境功能区的区域，当厂界外有噪声敏感建筑物时，由当地县级以上人民政府参照《声环境质量标准》(GB 3096）和《声环境功能区划分技术规范》（GB/T 15190）的规定确定厂界外区域的声环境质量要求，并执行相应的厂界环境噪声排放限值。

（4）当厂界与噪声敏感建筑物距离小于 1m 时，厂界环境噪声应在噪声敏感建筑物的室内测量，并将表 7–16 中相应的限值减 10dB 作为评价依据。

声环境功能区的适用范围按区域的使用功能特点和环境质量要求，分为以下五种类型。

0 类声环境功能区：指康复疗养区等特别需要安静的区域。

1 类声环境功能区：指以居民住宅、医疗卫生、文化教育、科研设计、行政办公为主要功能，需要保持安静的区域。

2 类声环境功能区：指以商业金融、集市贸易为主要功能，或者居住、商业、工业混杂，需要维护住宅安静的区域。

3 类声环境功能区：指以工业生产、仓储物流为主要功能，需要防止工业噪声对周围环境产生严重影响的区域。

4 类声环境功能区：指交通干线两侧一定距离之内，需要防止交通噪声对周围环境产生严重影响的区域，包括 4a 类和 4b 类两种类型。4a 类为高速公路、一级公路、二级公路、城市快速路、城市主干路、城市次干路、城市轨道交通（地面段）、内河航道两侧区域；4b 类为铁路干线两侧区域。

5. 检测点要求

厂界噪声监测点的布置需要综合考虑代表性、全面性和合理性等原则，并根据实际情况确定点位数量、位置、间距和高度等具体参数。监测点应能够代表厂界区域的噪声水平，特别是要考虑到噪声敏感建筑物（如居民区、学校等）的位置和布局；监测点应尽可能覆盖整个厂界区域，减少遗漏，确保数据的全面性；监测点的布置应合理，避免受到不必要的干扰，如大型反射面、障碍物等。

（1）一般情况下，测点选在工业企业厂界外 1m、高度 1.2m 以上、距任一反射面距离不小于 1m 的位置。

（2）当厂界有围墙时。如果周围有受影响的噪声敏感建筑物，测点应选在厂界外 1m、高于围墙 0.5m 以上的位置。

（3）在室内进行噪声测量时。室内测量点位设在距任一反射面至少 0.5m 以上、距地面 1.2m 高度处，在受噪声影响方向的窗户开启状态下进行测量。

（4）在噪声敏感建筑物室内进行测量时。测点应距任一反射面至少 0.5m 以上、距地面 1.2m 到 1.5m 高、距外窗 1m 以上，窗户关闭状态下测量。

（5）在使用监测车辆进行测量时。传声器应固定在车顶部 1.2m 的高度上。

（6）在路段进行噪声测量时。测点选在路段两路口之间，距任一路口的距离大于 50m，路段不足 100m 时选路段中点，测点位于人行道上距路面（含慢车道）20cm 处，监测点位高度距地面为 1.2 ～ 6.0m。

（7）当厂界无法直接测量到声源的实际排放状况时（如声源位于高空、厂界设有声屏障等），应按实际情况在上风侧和下风侧分别布置监测点。下风侧应作为重点监测区域，特别是在噪声源具有明显方向性或主导风向明显的情况下。

6. 噪声点清单

噪声点清单示例见表 7-17。

表 7-17　噪声点清单示例

工作场所	主要设备	岗位接触时间 /h	接触限值 /dB
凿岩岗位及周边作业场所	潜孔钻	8	85
挖掘机	装载机	8	85
破碎加工车间	破碎机、振动筛	8	85

涉及地点：压风机房、通风机房、破碎机房、提升机房、矿物加工车间、机修车间、运输廊道、矿区厂界。

现场评价或支撑材料：①查看矿山降噪减振措施相关的设计或措施。②主要产噪点的测报告。③厂界噪声定期检测报告。

第八章　生态修复与环境治理

第一节　矿山地质环境治理恢复与土地复垦

38　矿山地质环境保护与土地复垦方案编制与执行

标准分： 5。

评分说明：《矿山地质环境保护与土地复垦方案》已通过审查并在适用期；依据《矿山地质环境保护与土地复垦方案》编制了年度计划；执行了年度报告制度；矿山地质环境治理恢复、土地复垦质量符合要求；完成了年度或阶段性目标任务并通过阶段验收。符合要求得 5 分，不符合得 0 分。

考核方法： 查资料、查现场。

依据或标准：《矿山地质环境保护与土地复垦方案》及年度计划、《土地复垦质量控制标准》（TD/T 1036）、《矿山生态修复技术规范》（TD/T 1070）等标准规范。

指标属性： 约束性。

【解析】本条是对矿山地质环境保护与土地复垦方案编制与执行的要求。

本条要求是根据《绿色矿山建设规范》中有关矿山地质环境保护与土地复垦的要求而设定的评价指标。

生态修复是指利用生态系统的自我恢复能力，辅以人工措施，使遭到破坏的生态系统逐步恢复或使生态系统向良性循环方向发展。矿山地质环境保护与土地复垦工作的有效开展，对于推动土地资源的合理利用和保护起到了重要作用。

1. 相关标准

《土地复垦质量控制标准》规定了露天采矿、烧制砖瓦、挖沙取土等地表挖掘所损毁的土地；地下采矿等造成地表塌陷的土地；堆放采矿剥离物、废石、矿渣、粉煤灰、冶炼渣等固体废弃物压占的土地；能源、交通、水利等基础设施建设和其他生产建设活动临时占用所损毁的土地；洪水、地质灾害等自然灾害损毁的土地；法律规定的其他生产建设活动造成损毁的土地复垦应遵循的技术要求和应达到的质量要求。

《矿山生态修复技术规范》规定了煤炭、建材、化工、稀土、油气等行业生态修复技术规范。

2. 矿山地质环境保护与土地复垦方案

《关于做好矿山地质环境保护与土地复垦方案编报有关工作的通知》(国土资规〔2016〕21号)要求矿山企业的矿山地质环境保护与治理恢复方案和土地复垦方案合并编报。“矿山地质环境保护与土地复垦方案”要明确目的、要求、方式、方法,制定矿山地质环境综合治理的具体实施计划,全面实现矿山沉陷范围的管控和治理。

1)方案主体

方案以采矿权为单位进行编制,即一个采矿权编制一个方案。方案名称为:矿业权人名称+矿山名称+矿山地质环境保护与土地复垦方案。

2)方案编制

采矿权申请人在申请办理采矿许可证前,应当自行编制或委托有关机构编制矿山地质环境保护与土地复垦方案。

在办理采矿权变更时,涉及扩大开采规模、扩大矿区范围、变更开采方式的,应当重新编制或修订矿山地质环境保护与土地复垦方案。

在办理采矿权延续时,矿山地质环境保护与土地复垦方案超过适用期或方案剩余服务期少于采矿权延续时间的,应当重新编制或修订。矿山企业原矿山地质环境保护与治理恢复方案和土地复垦方案其中一个超过适用期的或方案剩余服务期少于采矿权延续时间的,应重新编制矿山地质环境保护与土地复垦方案。

矿山地质环境保护与土地复垦方案的编制按照《矿山地质环境保护与土地复垦方案编制指南》执行。矿山企业在编制矿山地质环境保护与土地复垦方案过程中,应当充分听取相关权利人意见。

3)方案审查

采矿权申请人或采矿权人编制的矿山地质环境保护与土地复垦方案,应按采矿权发证权限,报具有相应审批权的国土资源主管部门组织审查。审查费用列入部门预算,不得向矿山企业和编制单位收取费用。

组织审查的国土资源主管部门应建立完善方案评审专家库,委托具有一定技术力量的事业单位或行业组织承担具体评审工作,并向社会公告。

评审单位应按相关法律法规、技术规范和相关文件要求,在评审时限内,公平、公开、公正地组织评审工作。地质环境保护要重点评审矿区地面塌陷、地裂缝等地质灾害、含水层破坏、地形地貌景观破坏等内容;土地复垦要重点评审节约集约利用土地和保护耕地情况,促进损毁土地优先复垦为耕地,达到可供利用状态。

有关国土资源主管部门应将评审结果向社会公示,公示期7个工作日。在公示期满无异议后,及时向社会公告审查结果。公示期内存在异议的,有关国土资源主管部门应当组织核实并提出处理意见。

矿山企业和编制单位应对方案所引用相关数据的真实性负责,并按国家相关保密规定对社会公示文本进行相应处理。

4）监督管理

矿山企业应当依据经审查通过的方案，开展矿山地质环境保护与土地复垦工作，于每年12月31日前向县级以上国土资源主管部门报告当年矿山地质环境保护与土地复垦情况。

国土资源部将按照《国土资源部随机抽查事项清单》的规定，加强对经部审查的矿山地质环境保护与土地复垦方案执行情况的监督检查。

地方各级国土资源主管部门要加强对方案编制审查工作的组织领导和对方案实施情况的监督管理，按照“双随机一公开”要求，督促矿山企业切实履行地质环境保护与土地复垦义务。矿山企业不复垦或者复垦不符合要求的，应当依法缴纳土地复垦费。对未按规定履行地质环境治理与土地复垦义务的矿山企业，列入矿业权人异常名录或严重违法名单，责令整改。整改不到位的，不得批准其申请新的采矿许可证或者申请采矿许可证延续、变更、注销，不得批准其申请新的建设用地。

矿山地质环境保护与治理恢复方案的执行情况须列入矿业权人勘查开采信息公示系统。

5）主要内容

（1）矿山基本情况。

（2）矿区基础信息。

（3）矿山地质环境影响和土地损毁评估。

（4）矿山地质环境治理与土地复垦可行性分析。

（5）矿山地质环境治理与土地复垦工程。

（6）矿山地质环境治理与土地复垦工作部署。

（7）经费估算与进度安排。

（8）保障措施与效益分析。

（9）结论与建议。

在办理采矿权延续登记时，《矿山地质环境保护与土地复垦方案》超过适用期或方案剩余服务期少于采矿权延续时间的，应当重新编制或修订。

3. 矿山地质环境保护与土地复垦方案的年度计划

为落实“边开采、边治理、边恢复”的理念，矿山企业应该编写矿山地质环境保护与土地复垦年度计划，计划应包含矿山基本情况、矿山地质环境保护与土地复垦现状、下一年度工程内容、如何实施计划、预计取得的成果、结论等方面的内容。

4. 矿山地质环境保护与土地复垦情况年度报告

根据《国土资源部办公厅关于做好矿山地质环境保护与土地复垦方案编报有关工作的通知》（国土资规〔2016〕21号）第四条第（一）款：“矿山企业应当依据经审查通过的方案，开展矿山地质环境保护与土地复垦工作，于每年12月31日前向县级以上国土资源主管部门报告当年矿山地质环境保护与土地复垦情况”以及《土地复垦条例实施办法》（2019年修正）第二十二条：“土地复垦义务人应当于每年12月31日前向县级以上地方人民政府国土资源主管部门报告当年的土地损毁情况、土地复垦费用使用情况以及土地复垦工程实施情况”。

年度报告中需包含以下内容：①矿山基本情况（采矿权人名称，矿山法人信息，矿山坐落及面积范围、坐标等，采矿许可证编号及有效期限，矿山地质环境保护与土地复垦方案名称及服务年限、治理与土地复垦计划等）；②本年度完成的矿山地质环境治理恢复与土地复垦情况；③符合申请矿山地质环境治理恢复与土地复垦工程验收条件的矿山面积范围；④下一年度矿山地质环境治理恢复与土地复垦工程计划。

5. 矿山地质环境治理恢复、土地复垦质量

矿山地质环境治理恢复、土地复垦应该按《煤矿土地复垦与生态修复技术规范》（GB/T 43934）、《金属矿土地复垦与生态修复技术规范》(GB/T 43933）、《石油天然气项目土地复垦与生态修复技术规范》(GB/T 43936）、《矿山土地复垦与生态修复监测评价技术规范》(GB/T 43935）来执行。

复垦质量应达到《土地复垦质量控制标准》（TD/T 1036）的标准，该标准规定了露天采矿、烧制砖瓦、挖沙取土等地表挖掘所损毁的土地；地下采矿等造成地表塌陷的土地；堆放采矿剥离物、废石、矿渣、冶炼渣等固体废弃物压占的土地；能源、交通、水利等基础设施建设和其他生产建设活动临时占用所损毁的土地；洪水、地质灾害等自然灾害损毁的土地；法律规定的其他生产建设活动造成损毁的土地等复垦应遵循的技术要求和应达到的质量要求。

6. 矿山地质环境治理恢复、土地复垦年度或阶段性目标任务验收

系统评估土地复垦工作的效果，检查复垦后土地的生态环境状况及可持续利用状况以及发现土地复垦工作中存在的问题，提出改进建议。

涉及地点：排土场、露天采场、矿区专用道路、矿山工业场地、沉陷区、矸石场、尾矿库、矿山污染场地。

现场评价或支撑材料：①矿山地质环境保护与土地复垦方案。②矿山地质环境保护与土地复垦方案的年度计划。③矿山地质环境保护与土地复垦方案工程年度或阶段性验收资料。④现场照片。

39　矿山地质环境治理恢复基金计提使用

标准分：2。

评分说明：按相关规定及标准足额计提矿山地质环境治理恢复基金并规范使用，统筹用于开展矿山地质环境治理恢复和土地复垦。符合要求得 2 分，不符合得 0 分。

考核方法：查资料、查现场。

依据或标准：《矿山地质环境保护与土地复垦方案》及年度计划、基金监管政策文件及标准规范，其他证明材料等。

指标属性：约束性。

【解析】本条是对矿山地质环境治理恢复基金计提使用的要求。

本条要求是根据《绿色矿山建设规范》中有关矿山地质环境保护与土地复垦的要求而设定的评价指标。

矿山地质环境治理恢复基金制度是对生产矿山生态修复资金保障途径的优化，实施基金制度旨在实现减轻企业负担和落实企业修复主体责任的双重目标。

1. 矿山地质环境恢复治理基金

财政部、国土资源部、环境保护部联合印发的《关于取消矿山地质环境治理恢复保证金建立矿山地质环境治理恢复基金的指导意见》(财建〔2017〕638号)(以下简称《指导意见》)，明确取消保证金制度，以基金的方式筹集治理恢复资金，专项用于矿山地质环境治理恢复与监测。基金的使用范围为矿山地质环境治理恢复，并对基金账户设立、计提、使用等方面做了具体要求。《土地复垦条例实施办法》(2019年修正)调整了基金使用范围，明确"采矿生产项目的土地复垦费用预存，统一纳入基金进行管理"，从而影响了基金对矿山企业履行修复义务的激励和约束效果。

矿山地质环境恢复治理基金，是为了应对和解决长期矿产资源开发利用所造成的矿山地质环境破坏问题，由国家或地方政府设立的专门用于矿山地质环境治理、土地复垦和生态修复等工作的资金池。该基金的设立目的在于确保有足够的资金来源，用于支持矿山关闭后的环境整治和后续的生态恢复工作，从而减轻矿业活动对自然环境和人类健康的长期影响。

2. 基金账户

矿山企业需在其银行账户中设立基金账户，基金专户开设情况报属地县级财政、自然资源、生态环境等部门备案；

矿山应承诺基金专项用于矿山地质、生态等环境治理恢复和监测，并能单独反映基金的提取情况。

矿山企业的基金提取、使用列入矿业权人勘查开采信息公示系统。

3. 基金提取比例

探矿权人为企事业单位法人的，按探矿权出让收益的5%提取；各级政府出资委托相关地质勘查部门探矿，探矿权人为各级政府的，由项目实施的地质勘查部门建立基金专户，按委托合同费用的5%提取。

直接销售原矿：季度（年度）应提取基金数额＝原矿季度（年度）销售收入 × 矿种系数 × 影响系数；非直接销售原矿：季度（年度）应提取基金数额＝季度（年度）深加工产品销售收入 ×70%× 矿种系数 × 影响系数。

矿种系数依据开采矿种、对矿山环境破坏影响等因素来综合确定；影响系数依据开采方式、开采矿种以及开采活动对矿区内环境影响等因素来综合确定。

开采两种以上矿产资源且空间位置不重叠的，按照不同矿种系数分别提取基金。

采矿权人变更开采矿种、开采方式、开采规模及开采范围的，应当按照变更后的开采矿种、开采方式、开采规模及开采范围重新确定基金提取标准。

4. 矿山地质环境治理恢复基金的用途

（1）废弃矿山的地质环境治理恢复工程：这部分资金用于对已经关闭或废弃的矿山进行环境治理，包括但不限于土地平整、植被恢复、土壤改良等，以减少或消除废弃矿山对周围环境的污染和破坏。

（2）生产矿山的土地复垦、生态修复和环境保护设施建设：对于仍在生产的矿山，资金用于矿区土地的复垦工作，恢复其原有的生态功能；以及建设必要的环保设施，如废水处理厂、废气处理装置等，以减少生产过程中对环境的负面影响。

（3）矿山周边地区因长期矿产资源开发导致的地质环境破坏和生态环境问题的治理：这部分资金用于解决由于长期矿产开发活动导致的周边地区的环境问题，如水源地保护、地面塌陷治理、历史遗留的环境污染治理等。

（4）与矿产资源开发利用直接相关的其他地质环境治理恢复项目：这包括了所有与矿产资源开采直接相关的地质环境治理项目，例如，对矿区基础设施的建设和维护，对矿区周边社区的环境改善项目等。

（5）监管和管理费用：一部分资金也可能用于治理恢复基金的征收、使用和管理等方面产生的监管和管理费用。

需要注意的是，具体的使用范围和比例可能会根据国家政策的调整、地方实际情况以及资金的筹集情况有所不同。此外，为了确保资金的合理使用和有效监督，地方通常会有详细的管理办法和使用规定来指导和规范治理恢复基金的使用。

现场评价或支撑材料：①矿山地质环境治理恢复与土地复垦基金监管协议。②矿山地质环境治理恢复基金账户信息。③矿山地质环境治理恢复基金提取证明材料。。

第二节　治理要求

40　治理效果

标准分：5。

评分说明：不新设永久排矸场。排土场、尾矿库、露天采场、矿区专用道路、矿山工业场地、塌陷区、废石场等区域生态修复与环境治理符合要求。落实“边开采、边修复”要求，矿山生态修复能够分区、分期进行的，要分区、分期开展。治理后的各类场地对周边环境不产生污染，与周边自然环境相协调，周边水体质量恢复至原水平，区域生态功能得到保护和恢复。符合要求得 5 分，不符合得 0 分。

考核方法：查资料、查现场。

依据或标准：《矿山生态环境保护与恢复治理技术规范》（HJ 651）、《土地复垦质量控制标准》（TD/T 1036）、《矿山生态修复技术规范》（TD/T 1070）、《生态保护修复成效评估技术指南（试行）》(HJ 1272)，其他文件证明材料。

指标属性：约束性。

【解析】本条是对矿山环境恢复治理与土地复垦工作任务、生态功能、土地可持续利用的要求。

本条要求是根据《绿色矿山建设规范》中有关矿山地质环境保护治理效果的要求而设定的评价指标。

1. 相关标准

《矿山生态环境保护与恢复治理技术规范》规定了矿产资源勘查与采选过程中，排土场、露天采场、尾矿库、矿区专用道路、矿山工业场地、沉陷区、矸石场、矿山污染场地等矿区生态环境保护与恢复治理的指导性技术要求。

《生态保护修复成效评估技术指南（试行）》规定了生态保护修复成效评估的原则、技术流程、指标与方法及报告编写等要求。

《矿山生态修复技术规范》《土地复垦质量控制标志》见评价指标38。

2. 不新设永久排矸场

2014年12月22日，国家发展和改革委员会、科学技术部、工业和信息化部、财政部、国土资源部、环境保护部、住房和城乡建设部、国家税务总局、国家质量监督检验检疫总局、国家安全生产监督管理总局令第18号公布修订后的《煤矸石综合利用管理办法（2014年修订版）》，明确了"（改扩建）煤矿及选煤厂应节约土地、防止环境污染，禁止建设永久性煤矸石堆放场（库）。确需建设临时性堆放场（库）的，其占地规模应当与煤炭生产和洗选加工能力相匹配，原则上占地规模按不超过3年储矸量设计，且必须有后续综合利用方案。煤矸石临时性堆放场（库）选址、设计、建设及运行管理应当符合《一般工业固体废物贮存、处置场污染控制标准》《煤炭工程项目建设用地指标》等相关要求"。

3. 生态修复与环境治理

生态修复与环境治理是指对生态环境问题进行治理和改善，维护人类生存环境和可持续发展的一系列行动和措施。矿山排土场、尾矿库、露天采场、矿区专用道路、矿山工业场地、塌陷区、废石场等区域生态修复与环境治理主要内容包括以下方面：

（1）水污染治理：针对排放到江河湖海等水域中的废水、污泥等进行处理，改善水环境质量，保护水资源。具体措施包括污水处理、生态修复等。

（2）大气污染治理：主要针对来源于工业生产和车辆排放的污染物，如二氧化硫、氮氧化物、PM2.5等进行治理，措施包括大气污染治理设施建设、高排放源头治理、车辆排放标准及车用燃料质量管理等。

（3）噪声污染治理：针对工业设施、建筑施工等造成的噪声污染问题进行治理，主要措施包括隔音、降噪等。

（4）固体废物管理：针对生产活动和日常生活中产生的各类固体垃圾、废弃物等进行妥善处理，如废弃物处置、垃圾分类处理、资源回收等。

（5）生态环境修复：针对因荒漠化、水土流失、生物物种灭绝等人类活动而造成的生态环境破坏而进行荒漠化、水土流失、生物物种灭绝等生态环境修复。

4.“边开采、边修复”要求

“边开采、边治理、边恢复”的要求是矿山开采过程中生态环境保护与修复的重要原则，确保矿产资源开发的同时，实现生态环境的持续改善和保护。其原则是“规划、开采、治理”相结合的矿山治理模式，使环境治理变被动性治理为主动性治理，使生态功能修复从事后变为事中或事前，结合环境前期治理规划，实施资源保护性开发，体现“在开发中保护，在保护中开发”的指导思想。

《中华人民共和国矿产资源法（修订草案）》要求，矿区生态修复能够分区、分期进行的，应当分区、分期进行；不能分区、分期进行的，应当在矿山闭坑前或者闭坑后的合理期限内及时进行。

5.矿山生态环境保护与恢复治理

（1）矿产资源开发活动应符合国家和区域主体功能区规划、生态功能区划、生态环境保护规划的要求，采取有效预防和保护措施，避免或减轻矿产资源开发活动造成的生态破坏和环境污染。

（2）坚持“预防为主、防治结合、过程控制”的原则，将矿山生态环境保护与恢复治理贯穿矿产资源开采的全过程。根据矿山生态环境保护与恢复治理的重点任务，合理确定矿山生态保护与恢复治理分区，优化矿区生产与生活空间格局。采用新技术、新方法、新工艺提高矿山生态环境保护和恢复治理水平。

（3）恢复治理后的各类场地应实现：安全稳定，对人类和动植物不造成威胁；对周边环境不产生污染；周边水体质量恢复至原水平；与周边自然环境和景观相协调；恢复土地基本功能，因地制宜实现土地可持续利用；区域整体生态功能得到保护和恢复。

（4）污染场地的要求。应切断污染源，防止渗漏和扩散，去除污染物，恢复场地生态功能，保证安全再利用；采取设置屏障等措施控制污染土壤、污泥、沉积物、非水相液体和固体废物等污染物进一步迁移；易于积水的污染场地应采用防渗膜、土工膜、土工布、GCL 膨润土垫等做好防渗漏措施，根据污染场地天然基础层的地质情况分别采用天然材料衬层、复合衬层或双人工衬层作为其防渗层，必要时设置集排水系统，防止污水渗漏和扩散。

6.恢复后的场地要求

对矿山压占、损毁而可复垦的土地应进行全面复垦利用，土地复垦质量符合《土地复垦质量控制标准》的规定。

（1）用作复垦场地的覆盖材料，不应含有有毒有害成分。当复垦场地含有有毒有害成分时，应先处置去除，视其废弃物性质、场地条件，必要时设置隔离层后再行覆盖。

（2）覆盖后的复垦场地规范、平整。覆盖层容重等满足复垦利用要求。

（3）复垦场地有满足要求的排水设施，防洪标准符合当地要求，无明显冲沟。

（4）复垦场地有控制污染措施，包括空气、地表水、地下水等。

（5）复垦场地道路、交通干线布置合理。

（6）尽量选用本地野生物种，避免盲目引用外来物种对本地物种造成威胁。

（7）合理搭配物种，形成稳定的共生植物群落，重构生态系统。

（8）在不安全地区设置护栏、围网等设施，保护动物的生命安全。

一般硬岩排弃堆置高度台阶可达30m，而软岩和土质层排弃堆置高度台阶应在10～15m，甚至小于10m。

7. 土地的生态系统与生态功能

1）生态系统

土地的生态系统是一个由土地、自然环境、技术、政策、人等生态因子组合而成的有机整体，系统中的任何一种因子的变化都会使自然界原有的土地生态平衡被打破，尽管土地生态系统自身具有一定的恢复功能，但这个功能是有他自身的限度的，超过了这个限度将不能恢复。

对土地生态功能应可以从不同的层次与方面来认识：

（1）首先从土地生态系统内部，即生物与土地环境的相互影响来看。一般只了解到生物对土地环境条件的要求与适应性，但也应当看到生物对土地环境的改造。

（2）作为一个土地单元的土地生态系统的总体了解，如森林生态系统的涵养水源、防风固沙、保持水土、调节气候、保护农田等多方面的生态功能。

（3）一个单元的土地生态效应绝不仅限于该地块的土地单元，其生态效应还要进一步影响附近地区，如水土保持、风沙危害等的上下游地区，甚至扩大形成一个区域效应。

（4）在看到土地生态效应的环境效应时，还应当看到更大的土地生态经济效应，如环境价值等。

2）生态功能

生态功能是对生态环境系统起稳定调节作用的功能，常见的有：湿地生态系统的蓄洪防旱功能、森林和草原防止水土流失的功能。

地质环境达到安全稳定，对周边环境不产生污染，与周边自然环境和景观相协调，区域整体生态功能得到保护和恢复。

区域整体生态功能得到保护和恢复在这里主要是指不需要人工养护也可以自然生长，周边的生态系统协调统一。

涉及地点：排土场、露天采场、矿区专用道路、矿山工业场地、沉陷区、矸石场、尾矿库、矿山污染场地。

现场评价或支撑材料：①《矿山地质环境保护与土地复垦方案》。②矿山地质环境保护与土地复垦方案工程年度或阶段性验收资料。③治理区域的监测数据和第三方的检测报告。④现场照片。

第三节 矿山环境动态监测

41 动态监测要求

标准分： 3。

评分说明： 建立动态监测体系，对选矿废水、矿井水、尾矿库、矸石山、排土场、废石堆场、地下水等定期进行环境监测，并根据监测结果，采取了有效保护措施。对地质环境破坏与恢复治理、土地损毁与复垦利用、生态系统破坏（退化）与恢复进行了动态监测。符合要求得3分，不符合得0分。

考核方法： 查资料、查现场。

依据或标准： 监测记录，《生态保护修复成效评估技术指南（试行）》（HJ 1272）、《矿山生态修复技术规范》（TD/T 1070）等相关标准规范或其他证明材料。

【解析】本条要求应对矿山进行地质环境扰动、复垦区修复区域进行动态监测。

本条要求是根据《绿色矿山建设规范》中有关环境及地质环境监测的要求而设定的评价指标。

1. 相关标准

《矿山生态修复技术规范》见评价指标38。

《生态保护修复成效评估技术指南（试行）》见评价指标40。

2. 动态监测体系

动态监测是一种综合性的监视与探测手段，它应用多平台、多时相、多波段和多源数据对地球资源与环境各要素的时空变化进行实时监测。

3. 环境监测

1）一般规定

（1）中国《水污染防治法》规定，任何单位和个人不得向水体排放不能达到本法规定水质排放标准的废水

（2）企业应按照有关法律和《环境监测管理办法》《企业事业单位环境信息公开办法》等规定，建立企业监测制度，制定监测方案，对污染物排放状况及对周边环境质量的影响开展自行监测，并公开监测结果。

（3）企业安装、运维污染源自动监控设备的要求，按照相关法律法规规章及标准的规定执行。

（4）企业应按照环境监测管理规定和技术规范的要求，设计、建设、维护永久性采样口、采样测试平台和排污口标志。

2）选矿废水监测

选矿废水的排放监测内容包含：

pH：选矿废水的 pH 应在 6 ～ 9 之间，以确保水体的酸碱平衡，避免对环境造成不利影响。

悬浮物：废水中总悬浮物的含量应控制在 50mg/L 以下，以保持水体的清澈度，避免悬浮物过多导致水质恶化。

化学需氧量（CODcr[1]）：直接排放的化学需氧量限值为 50mg/L，而间接排放的限值为 70mg/L，以限制废水中有机物的含量，减少对水生生物的潜在危害。

氨氮：对于选矿废水，氨氮的直接排放限值为 8mg/L，而间接排放的限值为 15mg/L，以控制水体中的氮负荷，避免富营养化现象。

总氮和总磷：总氮和总磷的限值分别为 15mg/L 和 0.3mg/L，旨在控制水体中的营养盐含量，防止藻类过度生长。

石油类：石油类的直接排放限值为 3.0mg/L，而间接排放的限值为 5.0mg/L，以减少水体中的油污染。

重金属：对于选矿废水中的重金属如锌、铜、锰、硒、铁、硫化物、氟化物、总汞、总镉、总铬、六价铬等，都有明确的限值要求，以防止重金属对水生生物和人类健康造成危害。

此外，对于含有放射性物质的污水排放，除了执行上述标准外，还应符合《电离辐射防护与辐射源安全基本标准》(GB 18871）的规定。对于选矿水污染物的排放，以实测浓度作为判定排放是否达标的依据。如果单位产品实际排水量超过单位产品基准排水量，须按公式将实测水污染物浓度换算为水污染物基准排水量排放浓度，并以该浓度作为判定排放是否达标的依据。

3）矿井水监测

矿井水外排时需要监测水质和水量。

（1）矿井水排放监测内容。

pH：矿井水的 pH 应在 6.5 ～ 8.5 之间，过高或过低都会对环境造成影响。

总悬浮物：矿井水中的总悬浮物应控制在 50mg/L 以下，过高的悬浮物会使水体变浑浊，影响水质。

总溶解固体：矿井水中的总溶解固体应控制在 1000mg/L 以下，过高的溶解固体会对水生生物造成危害。

氨氮：矿井水中的氨氮含量应控制在 15mg/L 以下，过高的氨会导致水体富营养化，引发水华等问题。

硫化物：矿井水中的硫化物含量应控制在 5mg/L 以下，过高的硫化物会对水生生物造成危害。

铜、铅、锌、镉、汞等重金属：矿井水中的重金属含量应控制在国家规定的标准以下。

放射性物质：矿井水中的放射性物质含量应控制在国家规定的标准以下，过高的放射

[1] CODcr 是在强酸性溶液中，以重铬酸钾为氧化剂测得的化学需氧量。

性物质会对人体健康造成威胁。

（2）矿井水实时排水量监测。

矿井的排水量监测是指通过测定矿井排出的水的流量，实时监测矿井排水量的大小、变化趋势，利用传感器对矿井出水口附近的水流进行实时监测，然后将监测数据传输到数据处理系统，进行数据处理与分析，最终形成排水量监测结果。

A. 矿井实时排水量监测的方法一般包括以下几种。

流速法：通过测量矿井出水口的流速，计算排水量大小。

液位法：通过测量矿井出水口附近的水位，计算排水量大小。

超声波法：利用超声波传感器测量矿井出水口附近的水面高度，进而计算出流量。

电磁流量计法：直接测量矿井出水口的水流量，进而计算排水量。

B. 矿井实时排水量监测的技术包括以下几种。

传感器技术：对流速、液位、流量等参数的测量依赖于传感器的精度和灵敏度。

数据处理与分析技术：采集的数据需要经过复杂的处理和分析，才能正确地反映排水量的实时变化。

4）尾矿库监测

尾矿库环境监测内容包括污染物排放口监测、地下水水质监测井监测、尾矿水监测、防渗设施（回水池、环境应急事故池、渗滤液收集设施、尾矿库坝体）监测、尾矿库气体监测、土壤污染状况监测、封场后尾矿库污染监测。

（1）污染物排放口。

依法取得排污许可证按照排污许可管理的规定将尾矿水向环境排放的，应当符合国家和地方污染物排放标准，不得与尾矿库外的雨水混合排放，并按照有关规定设置污染物排放口，设立标志，依法安装流量计和视频监控。

污染物排放口的流量计监测记录保存期限不得少于五年，视频监控记录保存期限不得少于三个月；每月至少开展一次水污染物排放监测；排放有毒有害水污染物的，还应当每季度对受纳水体等周边环境至少开展一次监测。

尾矿库运营、管理单位应当依法公开污染物排放监测结果等相关信息。

尾矿库排水需监测相关内容及参数：pH（6 ~ 9）、氨氮（8mg/L）、化学需氧量（COD，60mg/L）、总铜（0.5mg/L）悬浮物、重金属等。

（2）地下水水质监测井。

地下水水质监测井，尾矿库上游、下游和可能出现污染扩散的尾矿库周边区域，应当设置地下水水质监测井。

位置选择，监测井的位置应该在尾矿库的周边，能够代表尾矿库水体的水质情况。同时要考虑到周边地质条件和水文地质条件，选择适宜的位置。

井深度，监测井的深度应该足够深，以确保能够监测到尾矿库水体的底部水质情况。一般来说，监测井的深度应该超过尾矿库水体的深度。

井管材质，监测井的井管应该选用耐腐蚀的材质，以防止尾矿库水体对井管的腐蚀影响监测结果。

监测因子，地下水监测项目主要包括pH、溶解氧、浊度、化学需氧量（CODcr）、氨氮、砷、汞、铬（六价）、铅、铁、镉、锰、铜、镍等指标，以全面了解尾矿库水体的水质情况，根据尾矿主要成分确定特征污染因子监测项目。

监测频次，监测1期数据，采样1次。每个监测点报1组有效数据，同时监测井深、井温及水位。

《一般工业固体废物贮存和填埋污染控制标准》（GB 18599）、《危险废物填埋污染控制标准》（GB 18598）要求，对尾矿库区域内地下水进行定期监测。要求定期监测地下水（一般为一个季度监测一次，且两次监测之间间隔不少于1个月；尾矿属性为危险废物的，地下水监测频次为每个月至少一次）。

（3）尾矿水监测。

监测方案中尾矿水特征污染因子监测项目应有水位、水压、水质、水流速度、pH、溶解氧、浊度其他重金属含量指标（结合环境影响评价文件及批复有关要求，根据尾矿主要成分确定特征污染因子监测项目）。

排放有毒有害水污染物的，按要求对周边受纳水体开展有毒有害水污染物监测（每季度至少开展一次监测）。

（4）尾矿库渗漏水监测。

监测尾矿库周边地下水位和水质变化，以及尾矿渗出水的流量和水质等情况，渗流监测应包括渗流量、渗流速度、渗流方向等指标。

坝体渗流压力，坝体渗流压力监测，包括监测断面上的压力分布和浸润线位置的确定。测压管水位的监测，一般采用电测水位计。有条件的可采用示数水位计、遥测水位计或自记水位计等。振弦式孔隙水压力计的压力监测，两次读数误差应不大于1Hz。测值物理量用测压管水位来表示。

绕坝渗流监测，包括两岸坝端及部分山体、坝体与岸坡或混凝土建筑物接触面、两岸接合部等关键部位的渗流监测。渗流量的监测次数与渗流压力监测相同。

（5）尾矿库气体监测。

尾矿库扬尘监测包含尾矿库库面、尾矿库边坡以及干排尾矿库尾矿输送等方面扬尘。①尾矿库库面：采用（洒水降尘、雾炮机、抑尘网、抑尘剂等）等措施，防止库面扬尘污染。②尾矿库边坡：边坡采取覆绿或用碎石覆面等措施，防止边坡扬尘污染。③干排尾矿库尾矿输送情况：干排尾矿采用传送带或车辆输送的，应当采取遮盖或封闭等措施，防止尾矿扬散和流失。

其他气体的动态监测：监测尾矿库中的气体情况，主要包括可燃气体、有毒气体、氧气含量等。

（6）土壤污染状况监测。

按照《土壤环境监测技术规范》（HJ/T166）的规定，定期开展土壤污染状况监测和评估。要重点监管的尾矿库应有关技术规范要求定期进行土壤污染状况监测和评估。

测点位：土壤监测的布点数量要满足样本容量的基本要求，一般要求每个监测单元最少设3个点。

监测因子：一般为总铬、铬（六价）、镉、汞、砷、铅、铜、镍、锌、pH。

（7）库区降水量监测。

监测设备用雨量器。有条件时，可用自记雨量计、遥测雨量计或自动测报雨量计。

（8）封场后尾矿库污染监测。

尾矿库运营、管理单位应当在尾矿库封场期间及封场后，采取措施保证渗滤液收集设施、尾矿水排放监测设施继续正常运行，并定期开展水污染物排放监测，确保污染物排放符合国家和地方排放标准。

尾矿库的渗滤液收集设施、尾矿水排放监测设施应当正常运行至尾矿库封场后连续两年内没有渗滤液产生或者产生的渗滤液不经处理即可稳定达标排放。

尾矿库运营、管理单位应当在尾矿库封场后，采取措施保证地下水水质监测井继续正常运行，并按照国家有关规定持续进行地下水水质监测，直到下游地下水水质连续两年不超出上游地下水水质或者所在区域地下水水质本底水平。

另外，产生尾矿的单位和尾矿库运营、管理单位应当建立尾矿环境管理台账，环境管理台账中如实记录生产运营中产生尾矿的种类、数量、流向、贮存、综合利用等信息；应当在尾矿环境管理台账中如实记录尾矿库的污染防治设施建设和运行情况、环境监测情况、污染隐患排查治理情况、突发环境事件应急预案及其落实情况等信息。

5）矸石山监测

矸石山环境监测主要包括煤矸石环境污染的空气监测、土壤监测、水体监测、温度监测。

（1）空气质量监测，现在有三种技术路线。

一是瞬时采样法，监测项目主要为SO_2、NO_x和TSP；

二是24h连续采样－实验室分析法，监测项目有TSP、PM10、Pb、SO_2、CO、NO_x、NO等。

三是空气质量自动监测系统，监测项目有PM10、SO_2、NO_2、NO、O_2、CO、湿度、温度、风向、风速等。

（2）土壤监测。

按照《土壤环境监测技术规范》(HJ/T 166）的规定，定期开展土壤污染状况监测和评估。

（3）水体监测。

根据煤矸石的性质及其对水体污染的特点，在矸石山周围进行水体污染监测时，监测项目主要包括pH、重金属含量。监测分析方法主要采用标准分析方法，这是较经典、准确度较高的方法。其中，对水体中有害重金属元素的测定，主要是采用分光光度法、原子吸收分光光度法等。

（4）温度监测。

温度监测对矸石山地表温度和深层温度定期进行监测。

表面温度测量在煤矸石山表面布置测温网，采用十字网格交叉的形式布置节点，节点间距宜为5～10m。利用手持式红外测温仪测量节点表面温度，对比环境基准温度得出表面温度相对值，以划定矸石山表面温度异常区域和异动区域。

米测温法确定高温点对表面温度异常区域的测温节点进行米测温。在测温点打 1m 深圆孔，将热电偶探头放入孔底，数据显示稳定后开始观测，取两次读数的平均值，为该点的米测温值，进而对比确定高温点。

十字交叉法确定火点对米测温高温区域，采用十字交叉法测量煤矸石山深层温度，以确定火点核心位置和火点范围。

矸石山监测参考《煤矸石山生态修复综合技术规范》(LY/T 2991)。

6）排土场

排土场灾害监测包括表面位移、内部位移、裂缝、土压力、土壤含水率、孔隙水压力、降雨量等内容。

（1）表面位移监测。

监测边坡顶部表面水平位移和竖向位移，设置观测墩的，观测墩基座和墩身应设钢筋骨架，采用混凝土浇筑，外观尽量布置为白色，埋深要大于冻土层等松动区域。

（2）内部位移监测。

内部位移包括内部水平位移和内部竖向位移。监测断面的布置应根据监测等级、地质条件、潜在滑动面位置等情况确定。每个纵断面上竖直监测线首尾高程差不大于 50m。每条竖直监测线上测点不少于 3 个，间距不大于 10m，最下一个测点应置于潜在滑动面之下。可参照内部水平位移监测要求布设内部竖向位移监测：内部竖向位移监测宜与内部水平位移监测结合布置。内部水平位移监测的仪器精度应不大于 0.10mm/m，内部测斜仪需与测斜管配合使用。

（3）裂缝监测。

对边坡表面裂缝可采用皮尺、钢尺及简易测点等简单手段进行测量，对裂缝深度 2m 以内的浅缝可用坑槽探法检查裂缝深度、宽度及产状等；当裂缝长度不超过 20m 时宜采用埋设测缝计或位移计进行监测；边坡表面裂缝监测的误差应不大于 5mm；裂缝开始出现后，采用人工观察时应逐日观测，稳定后每周观测 1 次直到裂缝变化趋于稳定为止。

（4）土压力监测。

监测边坡土体内部压力变化，土压力监测点的布置宜与内部位移监测点相结合，成组实施监测，土压力与内部位移监测孔的孔距不低于 2.5m；监测量程宜为计算的最大土压力值的 2 倍，精度不宜低于 0.5%F.S。

（5）土壤含水率监测。

监测边坡土壤含水量，在边坡中轴线所在纵断面上布置 1 ~ 2 个监测区域；监测深度根据实际情况设置，至少有 3 个以上监测点；监测精度不低于 3%F.S.，分辨率不低于 ±2%；在监测坑侧壁每隔一定距离插入一个土壤含水率计，设备间距不低于 30cm，设备数量根据监测需要确定。安装完成后回填土至地表平，并做好安装位置标记。

（6）孔隙水压力监测。

监测地下水渗流变化情况；监测断面应选在有代表性且能控制主要渗流情况的边坡纵断面，以及预计有可能出现异常渗流的区域；监测点的位置和深度应根据地质情况、潜在滑动面位置、可能产生的渗透变形情况、渗水部位、汇集条件、渗流量大小并结合所采用的监测方法进行确定；孔隙水压力监测点的布置宜与内部位移监测点、土压力监测点相结合，成组实施监测，两两监测钻孔之间的距离不低于2.5m；监测精度不低于 ±0.1%F.S。

（7）降雨量监测。

对监测区域的降雨情况进行监测和预警；按一个排土场设置一套雨量监测系统；降雨强度：0.01 ~ 4mm/min（允许通过最大雨强8mm/min）；分辨率：0.1mm。

参考《金属非金属矿山排土场灾害防范技术规范》（DB52/T 1453.1）

7）地下水

地下水监测包括对水位、水温、水质、水量等指标的监测。

（1）水位监测。

矿区对监测目的层开展水位长期动态监测，具体要求如下。

A. 水位监测原始数据一般为水位埋深，以米（m）为单位，观测记录至小数点后两位。通过下式换算成水位高程：水位高程 = 地面高程 - 水位埋深。

B. 采用CGCS 2000国家大地坐标系和1985国家高程基准，对监测点的位置和地面标高进行测量，测量精度应达到四等以上水准测量规定的精度。在地壳稳定或地面较稳定地区，监测站点标高每5年应复测1次，地面沉降中心区在第3年应加测1次；监测站点标高发生变化时，应随时校测。

C. 可采用自动监测仪器或人工监测。

D. 人工监测水位时应记录观测井近日是否抽水，以及周围是否存在地下水开采情况。

E. 采用卷尺、测绳、电测水位仪等工具进行人工水位监测时，应测量2次，测量时间间隔不应少于1min，取2次水位的平均值。当2次测量的水位误差超过 ±0.02m时，应重新测量。

F. 采用自动监测仪进行水位自动监测和监测数据自动传输时，自动监测仪的水位监测允许误差应按照《地下水监测工程技术标准》（GB/T 51040）执行。

（2）水温监测。

矿区对监测目的层、泉、矿坑排水、主要地表水体进行水温长期动态监测，具体要求如下。

A. 水温监测应与水位监测同步。

B. 水温监测可采用自动监测和人工监测，人工监测水温应以现场读数为准，分辨率0.1℃。

C. 在同一监测区，采用统一的测温仪器。

（3）水量监测。

矿区对地下水开采量、自流井和泉水水量、矿坑排水量进行长期动态监测，具体要求如下。

A. 自流井和泉水水量、矿坑排水量监测可采用容积法、堰测法和流速仪法。

B. 水量监测结果单位为立方米每时（m^3/h），记至小数点后两位。采用堰测法或流速仪法时，水位标尺读数应精确到毫米（mm）。

（4）水质监测。

矿区对地下水、泉、矿坑排水、老空水、主要地表水体的水质进行长期动态监测，对矿体底板含水层的水质也可进行动态监测，具体要求如下。

A. 利用现场快速检测设备获取气温、水温、pH、电导率、氧化还原电位、溶解氧、浊度等指标，根据需要可增加其他水质指标。

B. 利用自动监测设备获取电导率［可用于估算总溶解固体（TDS）、盐度］，其他指标可根据现场检测结果，选取动态变化较大和特征指标进行监测。

C. 水质监测应包含常规指标及特殊指标。常规指标包括《地下水质量标准》（GB/T 14848）中规定的常规指标，并增加钾、钙、镁、碳酸根、重碳酸根等44项；特殊指标应依据矿山开发过程中开采矿物的组分，或开采、就地选矿、冶炼过程中可能引人的组分来确定，各矿山的特殊指标为必测项。

D.《地下水质量标准》规定“地下水质量应定期监测，潜水监测频率应不少于每年两次（丰水期和枯水期各1次），承压水监测频率可以根据质量变化情况确定，宜每年1次”。

E. 水质检测样品采集依据《水质采样技术指导》（HJ 494）执行，水样保存管理依据《水质样品的保存和管理技术规定》（HJ 493）执行，水样测试依据《地下水环境监测技术规范》（HJ 164）执行。

水质监测还应参考《矿区地下水监测规范》（DZ/T 0388）。

（5）地下水监测点位布置。

采矿区、分选区、冶炼区和尾矿库位于同一个水文地质单元：

A. 对照监测点布设1个，设置在矿山影响区上游边界。

B. 污染扩散监测点不少于3个，地下水下游及两侧的地下水监测点均不得少于1个。

C. 尾矿库下游30～50m处布设1个监测点，以评价尾矿库对地下水的影响。采矿区、分选区、冶炼区和尾矿库位于不同水文地质单元。

D. 对照监测点布设2个，设置在矿山影响区和尾矿库影响区上游边界30～50m处。

E. 污染扩散监测点不少于3个，地下水下游及两侧的地下水监测点均不得少于1个；尾矿库下游30～50m处设置1个监测点，以评价尾矿库对地下水的影响。

F. 采矿区与分选区分别设置1个监测点以确定其是否对地下水产生影响，如果地下水已污染，应加密布设监测点，以确定地下水的污染范围。

地下水监测点位布置还应参考《地下水环境监测技术规范》。

4. 地质环境与生态系统监测

地质环境与生态系统监测应遵循《地质环境监测管理办法》（2014年中华人民共和国国土资源部令第59号发布）（2019年修正）的有关规定。

1）地质环境破坏与恢复治理监测

（1）地质环境破坏与恢复治理监测内容。

A. 矿山地质灾害：地面塌陷、地裂缝、地面沉陷、崩塌、滑坡、泥石流等。

B. 矿山土石环境：土地资源的占用和破坏、固体废弃物的排放、水土流失等。

C. 矿山水环境：地下水水位变化、废水废液排放等。

D. 矿山地质环境恢复治理及效果：尾矿库、废石堆的复垦复绿等。

（2）地质环境破坏与恢复治理监测方式。

根据监测手段的差异，矿山地质环境监测方式分为常规监测、专业监测、遥感监测和应急监测四类。具体方式的选择，需考虑监测面积、地域、重点监测对象的差异。

常规监测是指监测责任人对监测对象及监测点采取定期巡查监测，并填写技术表格的方式。它是一种简单、高效、实用的监测方式。通常，采矿权人作为最大的受益人，也是破坏矿山地质环境的责任主体，是常规监测的责任人。对于责任人主体灭失的矿山，其监测责任人应由当地的国土资源主管部门，通过委托专业机构开展监测工作。

专业监测，又称示范工程专项监测，是指通过专门的监测机构，采用先进的技术设备，对矿山地质环境问题开展监测，并对监测工作取得的经验进行推广。该监测方式与科学技术的发展紧密相连，将多种监测技术方法对比研究，并逐步向自动化、智能化靠拢。一般情况下，以地质环境问题突出的大中型闭坑矿山和部分大中型国营生产矿山为单元，建立矿山地质环境监测示范区，由专门的监测机构具体实施。

遥感监测是指采用多波段、多时相和高分辨率遥感影像（Quick bird 或 SPORT 卫星数据）InSAR 技术，开展典型矿区地质环境动态遥感监测，建立基于遥感波谱的具有一定精度保证的主要矿山地物类型、土地与植物破坏、地面塌陷等自动识别模型与方法，实现地物面积变化监测。其主要适用于大范围、矿业活动程度高、破坏严重的密集型重点矿山集中开采区。

应急监测适用于因采矿因素所引发的重大突发地质灾害事件和矿山地下水污染事件，是应急处理技术的支撑。

（3）地质环境破坏与恢复治理监测技术。

监测技术分为接触性监测技术和非接触性监测技术两类。

所谓接触性监测，即直接接触监测对象，通过实验或测量达到监测目的。非接触性监测，指通过光波等对监测对象进行探测从而达到监测目的。

传统的监测技术以接触性监测为主，通常借助测距仪、皮尺、罗盘、基岩标、测绳、流速仪等监测设备，监测矿山地质环境的变化情况。这类监测技术实施方便、简单直观、适用性更强，能反映变化的主要趋势，但是存在精确度不高、测点易被任务破坏等缺点。

非接触性监测技术正日渐成熟，且应用愈加广泛，如遥感监测技术（RS）、地理信息系统技术（GIS）、全球定位技术（GPS）、合成孔径雷达干涉测量技术（InSAR）等。

2）土地损毁与复垦利用监测内容

（1）土地复垦监测应满足以下具体要求。

A. 监测工作应系统全面。土地复垦涉及的学科多、学科面广。因此，对复垦区的监测内容不仅包括各项复垦工程实施范围质量进度等，还应包括土地损毁和生态环境恢复等，确保复垦区土地能够达到可利用状态。

B. 监测方案应分类，切实可行。我国区域自然环境呈现地带性特征，土地复垦工程措施具有类比性，因此应根据自然环境和生产建设项目自身特点，分类制定土地复垦监测方案。

C. 监测设置应优化。复垦监测点、监测内容及监测频率等布置或设置，应采取科学的技术方法，合理优化，减少生产建设单位不必要的开支。

D. 监测标准应依据所设计的国家各类技术标准。主要技术标准为《土地复垦技术标准（试行）》《土壤环境监测技术规范》(HJ/T 166)、《污水监测技术规范》(HJ/T 91.1）等。

（2）复垦区原地貌地表状况监测。

A. 原始地形信息。无论是露天矿还是井工矿，都会导致地形地貌发生变化，露天开采的损毁主要是形成大的采坑和排土场，井工矿也造成地表沉陷。两种采矿方式都引起了地形变化，而且采矿的进行是不断变化的，为了更好地与原始地形进行对比，需要在开采前对原始地形进行检测。

B. 土地利用状况。要保留原始的土地利用状况信息，以便对后期的变化进行追踪对比研究。主要是土地利用数据。

C. 土壤信息。包括土壤类型、土壤的各种理化性质等信息。

D. 居民点信息。采集采矿前需要迁移的村庄及居民的各种信息。

E. 耕地权属信息。采集复垦区占用的耕地情况和地籍信息，为占补平衡提供依据。

（3）土地损毁监测。

对挖损、塌陷、压占等土地损毁的情况进行监测。以下以某土地复垦方案为例说明沉陷区监测设计方法。

A. 监测方法。采用水准测量方法对地表移动进行测量，利用 1980 年黄海高程系，作业前对仪器和标尺进行检查和测定。测量采用中丝法读数，直读数据，观测采用后－后－前－前顺序，精度达到三等，观测中误差＜ 25mm/km。

B. 水准基准点的布设和建立。水准基准点是进行地面变形监测的起算基准点。设计在矿区外部的公路上设置两个水准基准点，采用二等水准基准测定其高程，对控制点应定期检测其稳定性。

C. 地表变形基准点的布置。沿煤层走向和倾向共布设 8 条侧线，总长约 80km，并在沉陷区内设置观测点 10 个。变形观测点与基准点构成沉降监测网，按四等水准测量的要求进行测量。

D. 监测人员及频率。委托有资质的单位的专业人员及时监测。水准基准点监测频率为两个月一次，地表变形监测频率为两个月一次；地表变形监测点监测频率为每月一次。观测记录要准确可靠，并及时整理观测资料，与预测结果进行对比分析。

E. 监测期限。依据复垦方案的服务年限，确定具体监测期限。某土地复垦方案服务年限 42 年（2011—2052 年），具体包括了建设期（3 年）、开采期（27 年）、稳沉期（6 年）以及复垦植物管护期（6 年）；确定对开采期和稳沉期进行监测，地表沉陷监测期限为 33 年（2013—2045 年）。

（4）复垦效果监测。

A. 土壤质量监测。复垦为农、林、牧业用地的土地自然特性检测内容，为复垦区地形坡度、有效土层厚度、土壤有效水分、土壤容重、酸碱度（pH）、有机质含量、有效磷含量、全氮含量、土壤侵蚀模数等；其监测方法以《土地复垦技术标准（试行）》为准，监测频率为至少每年一次。

B. 复垦植被监测。复垦为林地的监测内容为植物生长势、高度、种植密度、成活率、郁闭度、生长量等；复垦为牧草地的植被监测内容为植物生长势、高度、覆盖度、产草量等。监测方法为样方随机调查法，在复垦规划的服务年限内，每年至少监测一次，复垦工程竣工后每三年至少一次。

C. 复垦配套设施监测。土地复垦的辅助设施，包括水利工程设施和交通设施两个方面。水利工程设施包括灌溉、排水及其相关的电力设施，交通设施包括各级公路和新建田间道路等。配套设施监测以土地复垦方案设计标准为准，监测的主要内容是各项新建配套设施是否齐全、能否保证有效利用，以及已损毁的辅助设施是否修复，能否满足当地居民的生产生活需求等。配套设施监测每年至少一次。

（5）利用遥感技术进行复垦动态监测。

利用遥感数据的多平台、多时相、多分辨率的特性，对于矿山土地复垦监测来说，监测尺度可以从矿山到矿区乃至全国范围，因此可以构建矿山－矿区－国家三级遥感动态监测体系，对全国的矿山土地复垦与生态重建进行监测。监测过程主要包括遥感数据采集与处理、数据存储与管理、数据分析与应用、成果表达与展示。

3）生态系统

生态监测是指利用物理、化学、生化、生态学等技术手段，对生态环境中的各个要素、生物与环境之间的相互关系、生态系统结构和功能进行监控和测试。

涉及地点：固体废弃物堆放场所、终了平台、尾矿库、排土场、矸石山、露天采坑、沉陷区、沉陷区道路、地表水观测点、污水处理厂、废水处理厂。

现场评价或支撑材料：①《矿山地质环境保护与土地复垦方案》及评审意见。②尾矿库、矸石山、排土场等矿山地表变形监测记录表。③地下水、地表水检测记录台账。④井工矿山提供有岩移变形监测记录台账也可认为地面变形监测。⑤监测方案或监测系统。⑥《矿山地质环境治理与土地复垦方案》及矿山地质环境治理验收意见。

第四节 环境管理体系

42 环境管理体系要求

标准分：3。

评分说明：建立环境管理机制，有完善的环境管理制度，配备了必要的环境管理机构和生态环境保护等专业技术人员，得1分。有环境管理日常监管记录，采取了环境风险防范措施，得1分。获得环境管理体系认证，得1分。

考核方法：查资料、查现场。

依据或标准：环境管理制度、突发事件预案、认证证书、《生态保护修复成效评估技术指南（试行）》（HJ 1272）。

指标属性：提升性。

【解析】本条要求矿区建设环境机制，建立环境监测制度，鼓励矿山获得环境管理体系认证证书。

本条要求是根据《绿色矿山建设规范》中有关环境管理体系的要求而设定的评价指标。

1. 相关标准

《环境管理体系要求及使用指南》（GB/T 24001/ISO14001 ： 2015）规定了建立、实施、保持和改进环境管理体系的要求，旨在使组织通过系统方法实现环境绩效和环境源管理体系的持续改进。

《生态保护修复成效评估技术指南（试行）》见评价指标 40。

2. 环境管理机制

环境管理机制是指环境管理系统的结构及其运行机理，本质上是环境管理系统的内在联系、功能及运行原理，是决定环境管理功效的核心问题。矿山企业环境管理机制在矿山企业中一般表现为为了实现污染物排放控制这特定的管理目标，通过制定的一系列环境管理规则和要求，并对员工行为进行规范和约束的机制。包含环境管理制度、环境保护目标、环境保护指标、环境管理组织机构、环境管理人员、环境保护及治理的相关业务培训、环境保护的过程记录、环境监测等。

环境管理制度是指组织为了有效管理和改善环境绩效而建立的一系列规章制度和程序。它对于保护环境、遵守法律法规、提高企业形象和减少环境风险具有重要意义。

环境监测制度是指在一定时间和空间范围内，间断或不间断地测定环境中污染物的含量和浓度，观察、分析其变化和对环境影响过程的工作。环境监测的对象，大体上可以分为污染源和环境质量状况两个方面：污染源方面主要包括工业、农业、交通污染源和城市废弃物；环境质量状况方面主要包括大气、水体、土壤等环境因素的质量状况。

3. 环境应急响应机制

组织应建立应急响应机制并保持运行程序，以确定潜在的事故或紧急情况，做出应急准备和响应，最大限度地减轻可能产生的事故后果，并预防或减少可能伴随的绿色矿山影响。

矿山企业应编写环境应急制度，环境应急制度包含环境应急处置和环境应急预案。应急管理制度参考如下内容。

1）应急管理原则

（1）坚持以人为本，预防为主。加强对环境因素的监测、监控，并实施监督管理，建立环境因素风险防范体系，提高对突发性环境污染事件的防范和处理能力。

（2）统一领导，加强各部门之间的协同与合作，提高快速反应能力。

（3）充分利用现有资源，积极做好应对突发性环境污染事件的思想准备、物资准备、技术准备、工作准备。加强培训演练，应急系统做到常备不懈，在应急时快速有效。

2）成立应急管理机构

应急指挥中心是突发环境事件应急管理工作的最高领导机构，应急机构由指挥管理、救援队伍、技术支持和相关保障组成。

3）运行机制

（1）积极开展环境因素识别和评价工作，做到环境隐患及时发现、及时报告、妥善处置。

（2）当公司内发生环境污染或生态（影响）破坏的突发事件时，无论事发原因如何、事故影响程度大小，也无须等待事故等级认定结果，都要及时进行汇报。

（3）突发事件发生后，事发源的现场人员和应急人员在报告突发环境事件信息的同时，要根据职责和规定的权限启动相关应急预案，及时、有效地进行先期处置，控制事态的蔓延。

（4）突发环境事件的信息发布应当及时、准确、客观、全面。重大环境事故发生后应及时向当地环保部门报告，并根据事故处置情况做好后续报告工作，也应当向员工发布简要信息和应对防范措施等。

4）应急保障

要求各部门按照职责分工和相关预案做好应对突发环境事件的人力、物力、财力、运输及通信保障等工作，保证应急救援工作的顺利进行。

5）应急培训和演练

（1）应急救援人员由年纪轻、业务技能熟练的骨干员工组成，每年都要组织相关业务知识培训。

（2）每年组织应急救援队伍和一线员工，针对可能出现的事件情形进行一次演练。

（3）演练结束后，应急演练小组及时进行总结，评价演练效果，落实改进措施，不断完善预案。

4. 环境管理体系认证

环境管理体系（EMS）是企业或其他组织的管理体系的一部分，用来制定和实施其环境方针，并管理其环境因素，包括为制定、实施、实现、评定和保持环境方针所需的组织结构、计划活动、职责、惯例、程序、过程和资源。环境管理体系认证标准是《环境管理体系要求及使用指南》（GB/T 24001），等同于《环境管理体系——要求及使用指南》（ISO14001：2015）。

绿色矿山第三方评估时除了在国家认监委网站查看证书的有效性还应查看认证证书范围是否与被评估的矿山范围相关。

现场评价或支撑材料：①环境监测制度。②环境应急响应制度。③环境动态监测设备。④监测台账及监测设备后台数据。⑤环境管理体系认证证书。

第九章　科技创新与规范管理

第一节　科技创新

43　研发及技改投入

标准分： 1。

评分说明： 具有技术研发队伍和专业技术人员，得 0.5 分；研发及技改投入不低于上年度主营业务收入的 1.5%，得 0.5 分；完成环评要求的专项研究，得 0.5 分。最多得 1 分。

考核方法： 查资料。

依据或标准： 生产报表（调度报表）或其他证明材料。

指标属性： 提升性。

【解析】本条是对矿山企业技术研发的要求。

本条要求是根据《绿色矿山建设规范》中有关科技创新的要求而设定的评价指标。

1. 研发及技改投入证明

1）研发投入证明材料

（1）上年度审计报告或财务报表：这是最直接的证明材料，显示了企业上一年度的研发经费投入情况。

（2）研发人员证明：包括人员清单、学历证书或技术职称证书、社保证明等，这些材料证明了企业研发团队的人员构成和专业能力。

（3）研发场地证明：租赁合同或房产证明、研发场地图片等，用于证明企业拥有适合研发活动的物理空间。

（4）科技研发仪器设备清单：购买凭证和照片，展示了企业为科技研发活动所配备的设备和工具。

（5）自主知识产权：包括专利证书、软件著作权等，这些证明了企业在特定技术领域的创新能力和知识产权保护情况。

（6）相关管理制度、企业资质和荣誉：这些材料展示了企业的管理水平和行业认可度，间接证明了企业在研发投入和管理方面的重视。

这些证明材料共同构成了企业研发投入的综合证据。

2）技改投入证明材料

（1）企业技改备案是指企业在进行技术改造、设备更新等工作时，应向有关行政部门报备其技改项目及预算等信息，并按照规定进行备案手续，以便有关部门对企业的技改项目进行管理并提供帮助。企业技改备案的目的和意义在于更好的规范企业技改行为，促进科技创新和经济发展。通过技改备案，有关部门可以了解企业技改项目的具体情况，合理配置科技资源，推动科技创新，提高企业的竞争力和市场占有率。

（2）与技改备案证明有关发票。主要是指申报技改项目中的发票。

2. 成立研发团队

矿山企业科技创新的基本任务包含四个方面，即建立科技研发队伍、推广科技成果转化、加大技术改造、推动矿山企业绿色发展和产业转型升级。这四个方面的要求也体现出科技创新在绿色矿山建设中的定位，明确了科技创新在绿色矿山建设过程中动能作用。

建立科技研发队伍，配备专职管理人员是科技创新的基础。

3. 制定研发管理制度

矿山企业要建立科技创新的体系，开展支撑企业绿色发展的关键技术研究，改进工艺技术水平必须要有科技管理制度。

科技管理制度主要包含科技资金来源及使用程序、科研项目管理、科技成果鉴定、科技成果管理等。

4. 研发投入与主营业务收入占比

1）主营业务收入

主营业务收入是指企业从事本行业生产经营活动所取得的营业收入。矿山企业的主营业务收入指“产品销售收入”，企业在填报主营业务收入时，一般根据企业会计“损益表”中有关主营业务收入指标的上年累计数填写。只有充足的投入，才能保证研发和技术改造循序渐进，科研成果得以迅速转化，加快绿色矿山建设[8]~[10]。

2）相关规定

（1）《国家税务总局关于研发费用税前加计扣除归集范围有关问题的公告》（国家税务总局公告2017年第40号）明确了研发投入费用范围。《财政部国家税务总局科技部关于完善研究开发费用税前加计扣除政策的通知》（财税〔2015〕119号）及《财政部税务总局科技部关于提高研究开发费用税前加计扣除比例的通知》（财税〔2018〕99号）中规定了加计扣除适用范围。目前企业都可以享受75%的税前加计扣除税收优惠政策。

（2）企业从事的研究开发活动的有关支出，应符合《国家重点支持的高新技术领域》和国家发展和改革委员会、科学技术部、工业和信息化部、商务部、国家知识产权局公布的《当前优先发展的高技术产业化重点领域指南》的规定项目。凡符合规定项目定义和范围的，可享受研发费用加计扣除；不符合定义和范围的，则不能享受研发费用加计扣除。

（3）矿山企业的主营业务收入指“产品销售收入”，企业在填报主营业务收入时，一般根据企业会计“损益表”中有关主营业务收入指标的上年累计数填写。

3）研发及技术改造投入要求

（1）企业设置专门的研发及技术改造财务科目[4]。

研发与技术改造财务科目参考见表 9-1。

表 9-1　研发与技术改造财务科目参考

一级科目	二级科目	三级科目	四级科目	五级科目	六级科目	归集内容
研发支出	研发项目	费用化支出与资本化支出	1. 自行开发 2 合作开发 3. 集中开发	人员人工费	工资薪金	参与研发活动的本企业在职人员的工资、薪金及加班工资
					奖金补贴	参与研发活动的本企业在职人员的津贴、补贴与奖金，年终加薪等
					其他	其他相关的外聘研发人员的劳务费用及其他支出等
				直接投入	材料燃料和动力	从事研发活动消耗的原材料、半成品、燃料和动力费用（水、煤气与电）
					测试手段购置费	用于中间试验和产品试制达不到固定资产标准的模具、样品、样机及一般测试手段购置费
					工装及检验费	工艺装备开发制造费，设备调整检验费，试制产品检验费等
					仪器设备维护费	用于研发活动的仪器设备简单维护费
					仪器设备租赁费	用于研发活动的仪器、设备等租赁费
					设备购置费	主要是仅提供目前计划使用的研发设备
					其他	实施研究开发项目而发生的其他相关支出及用于研发活动的房屋租赁费
				折旧费及长期待摊费用	仪器设备	用于研发活动的仪器、设备的折旧费
					长期待摊费用	研发仪器，设备在改装、修理过程中发生的长期待摊费用
					其他	研究开发项目在用建筑物的折旧费用，包括研发设施改建、改装、装修和修理过程中发生的长期待摊费用
				设计费		为新产品和新工艺的构思、开发和制造，进行工序、技术规范、操作特性方面的设计等发生的费用

续表

一级科目	二级科目	三级科目	四级科目	五级科目	六级科目	归集内容
研发支出	研发项目	费用化支出与资本化支出	1. 自行开发 2 合作开发 3. 集中开发	装备调试费		工装准备过程中研发活动发生的费用，包括研究生产机器、模具和工具，改变生产和质量控制程序，或制定新方法及标准等
				无形资产摊销	研发软件	因研究开发活动需要购入的研发软件所发生的费用摊销
					专利权	因研究开发活动需要购入的专利权所发生的费用摊销
					非专利发明（技术）	因研究开发活动需要购入的非专利发明（技术）所发生的费用摊销
				无形资产摊销	其他无形资产摊销	因研究开发活动需要购入许可证、专有技术、设计和计算方法等专用技术所发生的费用摊销
				其他费用	勘探现场试验费	勘探、开发技术的现场试验费
					研发成果相关费用	研发成果的论证、鉴定、评审、验收、评估及知识产权的申请费、注册费、代理费用等
					图书资料及翻译费	技术图书资料费、资料翻译费
					其他	为研究开发活动所发生的会议费、差旅费、办公费、外事费、研发人员培训费、培养费、专家咨询费、高新科技研发保险费用等
			4. 委托开发			

（2）宜开展科研或技术改造专项审计。

（3）研发及技术改造投入不低于上年度主营业务收入的 1.5%。

（4）矿山研发及技术改造投入资金应按项目计划及时拨付，保证项目正常开展，推进科研成果转化和绿色矿山建设。

5. 环评的专项研究

环评的专项研究是针对某特定项目的环评进行专项研究，旨在全面评估该项目对环境的潜在影响，为项目开发决策提供科学依据。

研究的主要目的包括：评估项目对自然环境、人文环境和社会经济环境的可能影响；分析项目可能引发的环境风险和环境管理措施；提出项目环境保护问题的解决方案和建议。

现场评价或支撑材料：①查看企业的组织机构设置，企业应提供相关的文件。②查看企业的科技管理制度。③财务报表。④企业技改备案、研发投入证明材料。

44　创新成果

标准分：2。

评分说明：获得1项发明专利得0.5分，最多得2分；入选《节地技术和节地模式推荐目录》或最新版《矿产资源节约和综合利用先进适用技术目录》1项得1分，最多得2分；获得高新技术企业证书，得2分。

考核方法：查证书。

依据或标准：证书或其他证明材料。

指标属性：提升性。

【解析】本条是对矿山企业创新成果取得认可的要求。

本条要求是根据《绿色矿山建设规范》中有关科技创新的要求而设定的评价指标。

1. 专利

专利从字面上是指专有的权利和利益。“专利”一词来源于拉丁语 litterae patentes，意为公开的信件或公共文献，是中世纪的君主用来颁布某种特权的证明，后来指英国国王亲自签署的独占权利证书。在现代，专利一般是由政府机关或者代表若干国家的区域性组织根据申请而颁发的一种文件，这种文件记载了发明创造的内容，并且在一定时期内产生这样一种法律状态，即获得专利的发明创造在一般情况下他人只有经专利权人许可才能予以实施。在我国专利分为发明、实用新型和外观设计三种类型。

发明专利是指对产品、方法或者其改进所提出的新的技术方案，主要强调的是技术。

而实用新型是指对产品的形状、构造或者其结合所提出的适于实用的新的技术方案，强调专利的构造。

外观设计是指对产品的形状、图案或其结合，以及色彩与形状、图案的结合所做出的富有美感并适于工业应用的新设计。

2. 技术目录

1）《节地技术和节地模式推荐目录（第一批）》

该目录是为了更好地发挥节地技术和节地模式的示范引领作用，加强推广应用，全面提升节约集约用地水平，由国土资源部办公厅2017年10月12日印发。

（1）充分认识节地技术和节地模式在促进节约集约用地方面的重要作用，推广应用节地技术和节地模式是提高土地节约集约利用水平的重要环节和手段之一。实践证明，节地技术和节地模式是提高土地利用效率和效益的有效途径，是土地管理政策探索创新的重要载体，对于全国节约集约用地工作发挥了重要的示范引领作用。各地国土资源管理部门要充分认识节地技术和节地模式推广应用的重大意义，加强探索和总结，依托节地技术和节地模式加大政策探索创新力度。

（2）纳入国土资源节约集约示范省和国土资源模范县（市）创建工作将节地技术和节

地模式推广应用作为重要内容，纳入国土资源节约集约示范省创建工作，并作为示范省创建和评估考核的重要内容。在国土资源节约集约模范县（市）创建活动指标标准体系中，对节地技术和节地模式推广应用情况做出明确要求。

（3）探索完善激励政策。

鼓励地方探索在出让方案中明确节地技术和节地模式适用要求、支持措施和违约责任等内容。对采用地下空间开发利用、轨道交通上盖物业综合开发等节地技术和节地模式的建设项目，要积极探索出让方式、土地价款等方面的鼓励支持政策。

（4）加强节地评价成果应用。

各地对采用第一批推荐目录所列节地技术和节地模式的建设项目，可以探索将节地技术和节地模式应用情况作为开展建设项目节地评价、核定用地规模的重要基础和依据。同时，鼓励地方将标准厂房、立体空间开发利用等相对成熟的节地技术和节地模式，纳入土地使用标准制定和完善工作中。

（5）开展节地技术和节地模式创新示范。

部将选取20个左右市（县、区）开展节地技术和节地模式创新示范，聚焦不同产业领域的用地需求，重点探索不同类型的节地技术和节地模式，发挥典型示范效应。

（6）加大考核评价和推广应用力度。

各地推进城镇低效用地再开发工作过程中，要明确提出总结完善和探索应用节地技术和节地模式的要求，研究完善鼓励支持政策，促进低效用地开发利用。同时，在城市建设用地节约集约利用评价和开发区土地集约利用评价工作中，探索增加节地技术和节地模式应用情况考核评价的内容，加强节地技术和节地模式的总结完善。

各级国土资源主管部门要积极总结本区域内节地技术和节地模式先进典型，及时整理、总结和上报。部将不定期总结发布《节地技术和节地模式推荐目录》，切实发挥对节约集约用地的示范引领作用。

2）《矿产资源节约和综合利用先进适用技术目录》

该目录是我国为推进矿产资源节约和综合利用工作，提高矿产资源开发利用效率，促进矿业可持续发展而制定的一项重要政策，目录旨在梳理和推广一批先进、适用、可靠的矿产资源节约和综合利用技术，为我国矿产资源开发提供科学依据和技术指导。每三年重新遴选一次。

（1）背景。

随着我国经济的快速发展，矿产资源需求不断增加，矿产资源开发过程中存在的大量浪费和环境问题日益凸显。为了解决这些问题，我国政府高度重视矿产资源节约和综合利用工作，明确提出要加强矿产资源开发过程中的节约和综合利用，提高资源利用效率，降低矿业对环境的影响。

（2）入选目录的原则。

先进性：列入目录的技术应具有国际领先水平，能够代表当前矿产资源节约和综合利用领域的技术发展方向。

适用性：列入目录的技术应具有较强的适应性，可在不同类型矿产资源开发过程中推广应用。

可靠性：列入目录的技术应经过实践检验，具有较高的技术可靠性和经济可行性。

环保性：列入目录的技术应有利于降低矿产资源开发对环境的影响，促进绿色发展。

产业化：列入目录的技术应具有较好的市场前景和产业化潜力，有助于推动我国矿业产业结构优化升级。

（3）目录内容。

《矿产资源节约和综合利用先进适用技术目录》共分为金属矿产、非金属矿产、煤炭矿产、石油天然气矿产、水气矿产和其他矿产六大类，涵盖了矿产资源开发的全过程。目录主要包括以下内容：

矿产资源勘查与评价技术：包括地质勘查、地球物理勘查、地球化学勘查等技术。

矿产资源开发技术：包括露天开采、地下开采、矿山建设等技术。

矿产资源选矿技术：包括破碎、磨矿、选矿、浓缩、干燥等工艺技术。

矿产资源综合利用技术：包括共伴生矿产综合利用、尾矿处理与利用、废石处理与利用等技术。

矿产资源节约与减排技术：包括矿产资源节约开采、降低能耗、减少污染物排放等技术。

矿产资源环境保护技术：包括矿山环境治理、土地复垦、水资源保护等技术。

3. 高新技术企业证书

高新技术企业是指在《国家重点支持的高新技术领域》内，持续进行研究开发与技术成果转化，形成企业核心自主知识产权，并以此为基础开展经营活动，在中国境内（不包括香港、澳门、台湾地区）注册一年以上的居民企业。

在《2018 年国家重点支持的高新技术领域目录》中，绿色矿山建设技术在“七、资源与环境—（八）资源勘查、高效开采与综合利用技术—7. 绿色矿山建设技术”目录下，包含的技术为“绿色矿山设计与施工技术，资源绿色开采技术，资源高效选冶技术，矿区生态高效修复技术等”。

4. 其他说明

在第三方评估时，专利应与矿山矿种、采用工艺技术相关。

现场评价或支撑材料：①专利证书。②入选技术目录证明材料。③高新技术企业证书。

第二节　数字化矿山

45　集中管控平台

标准分：2。

评分说明：建设集中管控平台，能够将远程监控系统、自动控制系统、储量管理系统、生态环境监测管理系统等集中在大屏幕展示。符合要求得 2 分，发现一项不符合扣 0.5 分。

考核方法：查资料、查现场。

指标属性：提升性。

【解析】本条要求矿山企业建设集中管控平台，并将远程监控系统、自动控制系统、储量管理系统、生态环境监测管理系统等集中管控和显示。

本条要求是根据《绿色矿山建设规范》中有关数字化的要求而设定的评价指标。

矿山自动化集中管控系统由一体化综合监控、一体化通信联络、一体化信息管控三部分组成。各子系统实时数据统一存储、智能管理、实时分析、集中监控、集中发布、统一管控、统一调度，从而实现矿山开发与运行的科学预测、规划、控制和决策指挥，有助于提高矿山企业的运作效率、安全生产水平，增强矿山企业的竞争力，实现可持续发展。

1. 集中管控平台

1）一体化综合监控平台

（1）实现全矿井运输、供电、排水、通风、压风等主要生产系统的远程监测监控功能，达到无人值守、减人增效的目的。

（2）通过对全矿井生产系统数据的集成，实现相关系统之间的智能联动、智能报警、智能应急预案管理。

2）一体化通信联络系统平台

实现全矿井有线、无线数据传输，调度通信，应急广播，人员定位，工业电视等系统的一体化，达到语音、视频、人员管理的高效集成和应急联动，大大提升应急调度指挥的能力。

3）一体化信息管控系统平台

（1）实现以设备为对象的全系统的预警、检测、故障分析及运行报告等功能的分析应用系统，降低故障发生率，缩短故障维修时间。

（2）通过集成生产执行过程相关的各类实时信息，及时反映生产运行状态，实现对生产全过程的优化管理，实现管控一体。

（3）以安全生产管理为主线，以提升矿山安全生产信息综合应用价值为目标，覆盖矿山主要生产职能部门业务，为矿山各级管理者提供信息共享、业务协同。

2. 矿山生产自动化系统

建设矿山生产自动化系统，实现生产、监测监控等子系统的集中管控和信息联动。通过实现设备的机械化和系统的自动化达到减人换人的目的，提高工作效率，将矿山生产维持在最佳状态和最优水平。

矿山自动化的基本要素是全矿范围的信息与数据采集系统、高速大容量双向全矿通信和信息系统网络、计算机化信息管理和自动化矿山计划及其控制和维护、与全矿信息系统网络相接的自动化和遥控的机械设备。矿山自动化的基本条件是实时自动化的控制能力，根据企业内外条件变化，改变矿山内部因素，连续优化，从而使产值达到最高水平。矿井综合自动化系统实现对全矿安全生产的远程集中监测与控制，做到井下无人值守。矿山自动化系统重点考虑如下两个因素。

（1）构建矿山自动化集中管控系统，重点包含如下的自动化系统：①中央变电所、水泵房、风机站、空压机房、皮带运输巷等场所固定设施无人值守自动化系统；②对废石场、废渣场等堆场、边坡建设安全监测系统平台，废气、废水污染控制系统在线监测平台等。

（2）安装远程监控系统，对远程的设备能够实现集中控制，远程操作。涉及地点：各子系统安装地点。

3. 远程视频监控系统

能够利用远程监控系统监控有设备运行、人工作业或有不安全因素环境的场所、关键设备及人员情况，保证人员的安全，减少安全事故的发生。

重点工作场主要包含矿山工作面等生产场所，供电、排水、通风、运输、计量、销售等工艺环节中的关键点，尾矿库、巷道等重要安全场所。

4. 资源储量管理系统

数字化资源储量模型主要通过建立地质数据库、利用三角网建模技术，创建矿区地层模型、矿体模型、构造模型或其他类型模型。按照国际矿业领域通用块体模型概念，运用地质统计学估值方法，完成品位模型的创建。以三维可视化平台为基础，应用各种方法所获得的地质数据，建立三维空间数据可视化分析模型，研究基于地质勘探数据的多指标地质体界线快速圈定技术、算法及三维地质体构模方法。

数字化资源经济模型是采用国际公认的“块段模型＋地质统计”储量计算方法，结合国内储量分级标准和传统的储量计算方法，以及国内认可的矿产经济学原理和地质经济指标，开发出符合国家储量估算标准和经济评价规范，集原始样品编录、组合、概率分布模型、实验变异函数计算、理论变异函数拟合、变异函数模型可靠性交叉验证、块段建模、品位估值和储量计算于一体的高度集成的应用软件，实现不同技术经济指标条件下的矿床经济模型的快速圈定与经济评价。

主要考虑如下几方面。

（1）建立资源储量 3D 模型，实现资源储量的动态管理。

（2）建立资源经济模型，实现资源的动态经济评价。

（3）建设资源储量软件管理系统。

5. 生态环境监测系统

生态环境监测是通过对反映生态环境质量的指标进行监视和测定，以确定环境污染状况和环境质量的高低。生态环境监测的内容主要包括物理指标的监测、化学指标的监测和生态系统的监测。

（1）水质监测：分为水环境质量监测和废水监测，水环境质量监测包括地表水和地下水。监测项目包括理化污染指标和有关生物指标，还包括流速、流量等水文参数。

（2）空气检测：分为空气环境质量监测和污染源监测。空气监测时常需测定风向、风速、气温、气压、湿度等气象参数。

（3）土壤监测：重点监测项目是影响土壤生态平衡的重金属元素、有害非金属元素和残留的有机农药等。

（4）固废监测：包括工业废物、卫生保健机构废物、农业废物、放射性固废和城市生活垃圾等。主要监测项目是固废的危险特性和生活垃圾特性，也包括有毒有害物质的组成含量测定和毒理学实验。

（5）生物监测与生物污染监测：生物监测是利用生物对环境污染进行监测。生物污染监测则是利用各种检测手段对生物体内的有毒有害物质进行监测，监测项目主要为重金属元素、有害非金属元素、农药残留和其他有毒化合物。

（6）生态监测：观测和评价生态系统对自然及人为变化所做出的反应，是对各生态系统结构和功能时空格局的度量，着重于生物群落和种群的变化。

（7）物理污染监测：指对造成环境污染的物理因子，如噪声、振动、电磁辐射、放射性等进行监测。

6. 调度监控室面积

可参考《地下开采矿山安全生产条件标准》要求的调度监控值班室面积不小于 30m^2 的规定。

涉及地点：调度中心（集控中心）。

现场评价或支撑材料：①数字化矿山的规划、集中管控软件、调度中心建设方案。②各子系统的建设方案。

46 智能化应用

标准分：2。

评分说明：按照《智能矿山建设规范》（DZ/T 0376）等标准开展智能矿山建设。符合要求得 2 分。

考核方法：查资料，查现场。

依据或标准：《智能矿山建设规范》(DZ/T 0376）。

指标属性：提升性。

【解析】本条要求按照《智能矿山建设规范》(DZ/T 0376）等标准开展智能矿山建设。

本条要求是根据《绿色矿山建设规范》中有关数字化的要求而设定的评价指标。

1.《智能矿山建设规范》的主要内容

《智能矿山建设规范》确立了智能矿山建设的一般原则，规定了在地质与测量、矿产资源储量、矿产资源开采、选矿、资源节约与综合利用、生态环境保护、协同管控方面实现智能化的工作。

2.《智能矿山建设规范》应用分级

1）一级，单项应用

（1）基础自动化控制系统、信息化管理系统得到普遍应用。

（2）建设了一个或多个单独应用的智能化系统，系统彼此独立，没有与基础自动化系统或者信息化系统进行集成和融合。

2）二级、集成协同应用

（1）智能化系统与基础信息化系统实现集成，成为信息化集成体系中的组成部分。

（2）相关联的多个智能化系统能够通过自主协作实现互动操作和联动运行，达到局部融合的效果。

3）三级、整体应用

（1）在生产过程中普遍采用智能化技术，所有智能化系统实现联网协作。

（2）生产经营数据实现广泛采集，数据通过智能决策系统得到充分利用。

3. 要求

矿山应编写智能矿山建设方案，实质性开展智能矿山工作并符合《智能矿山建设规范》的部分要求，至少达到一级应用水平，国家级绿色矿山应达到较高级别的智能矿山建设水平。

现场评价或支撑材料：①智能矿山建设方案。②智能矿山建设验收相关资料。

第三节　规范管理

47　企业文化

标准分：1。

评分说明：制定绿色矿山建设年度计划，定期开展自评。制作绿色矿山宣传展板、标语和宣传片；建立人员目视化管理制度；建立职工收入随企业业绩同步增长机制；建设职工休闲、娱乐、文化体育设施并开展活动；职工满意度不低于 70%。符合要求得 1 分，发现一项不符合扣 0.2 分。

考核方法：查资料、查现场、调查走访。

依据或标准：企业管理文件、自评材料、宣传片、活动证明、认证、证书、调查问卷原始记录等材料。

指标属性：提升性。

【解析】本条要求企业对绿色矿山建设情况进行宣传。

本条要求是根据《绿色矿山建设规范》中有关绿色矿山管理体的要求而设定的评价指标。

1. 绿色矿山管理体系

1）绿色矿山建设年度计划

组织应针对其内部每一个有关职能和层次，建立并保持绿色矿山目标和指标并形成文件。

组织在建立与评审绿色矿山目标时，应考虑法律法规与其他要求，它自身的重要绿色矿山因素、可选技术方案、财务、运行和经营要求，以及各相关方的观点。

目标和指标应符合绿色矿山方针，并包括对资源开发与生态保护相协调的承诺。同时，绿色矿山的目标、指标是对绿色矿山方针的分解和细化。

2）绿色矿山目标、指标、措施

绿色矿山目标、指标、措施是整个绿色矿山建设的基础，只有梳理出目标、指标和措施，企业才能真正建设绿色矿山。

首先要确定影响绿色矿山的因素，根据影响绿色矿山建设的因素，分解绿色矿山建设的目标和指标，根据目标和指标，制定绿色矿山管理方案。管理方案可以是采购一套设备、实施一个工程项目，也可以是一些具体的措施。

常见目标有水土保持达标、矿区绿化达标、资源开发和利用达标、科技投入达到要求、噪声排放达标、粉尘排放达标、矿区管理整洁美观等。

常见的指标有绿化覆盖率、扰动土地整治率、林草植被恢复率、土地复垦率、回采率、选矿回收率、资源综合利用率、贫化率、科技投入、粉尘浓度、噪声等。

绿色矿山建设控制目标、控制指标、可能造成的影响和措施见表 9–2。

表 9–2 绿色矿山建设控制目标、控制指标、可能造成的影响和措施

序号	控制目标	控制指标	可能造成的影响	措施
1	不存在可绿化而没有绿化的区域	矿区绿化覆盖率达 100%	不能为工作人员提供一个舒适的环境	1. 建立绿化保障机制 2. 建设绿化系统
2	废水排放达标	《污水综合排放标准》（GB 8978—1996）	对周边的环境造污染	1. 根据污染物的类别，建设污水处理系统 2. 对污水循环利用
3	厂界噪声排放达标	昼间 60dB、夜间 50dB	环境的污染	1. 根据工程实际合理制定，落实到位 2. 建立健全环境管理责任制 3. 按照文明工地的要求执行 4. 执行预控措施 5. 对分项工程实施安全 / 环保技术交底

3）绿色矿山建设改进提升

持续改进是强化绿色矿山管理体系的核心过程，目的是根据组织的绿色矿山方针，整体提升绿色矿山绩效，同时也是一种基于某一基线而做的计划。定期开展绿色矿山自评估工作，梳理绿色矿山存在的问题，制定提升改进计划，将绿色矿山规划任务和年度计划纳入矿山企业的升级改造中，实现绿色矿山工作的可持续。

4）绿色矿山建设组织机构与职责

为便于有效的绿色矿山管理，应当对作用、职责和权限做出明确规定，形成文件，并予以传达。

管理者应为实施与控制绿色矿山管理体系提供必要的资源，包括人力资源和专项技能、技术及财力资源。

企业要以正规的文件发布绿色矿山建设的组织机构和职责，责任落实到人。

2. 绿色矿山的宣传

1）绿色矿山宣传

制作绿色矿山宣传展板是一项具有重要意义的任务，它旨在提高人们对绿色矿山理念的认识和理解，推动矿业行业的可持续发展。接下来，我们将详细介绍如何制作绿色矿山宣传展板，以便更好地传播绿色矿山的理念和实践。

（1）确定宣传主题和目标受众。

首先，我们需要明确宣传展板的主题和目标受众。绿色矿山宣传展板的主题应强调环保、可持续发展、节能减排等方面，以引起公众的关注。目标受众可以包括政府官员、矿山企业、社会公众等，以便让更多人了解绿色矿山的意义和价值。

（2）设计展板内容和布局。

在确定宣传主题和目标受众后，我们需要设计展板的内容和布局。内容上，可以包括绿色矿山的定义、意义、目标、实践案例等方面；布局上，应注重版面的合理划分，避免拥挤，同时注重图片和文字的搭配，使展板更具吸引力。

（3）制定宣传计划和推广渠道。

制作好绿色矿山宣传展板后，我们需要制定宣传计划和推广渠道。宣传计划应明确展板发布的时间、地点、频率等；推广渠道可以包括网络、电视、报纸、户外广告等，以扩大宣传影响力。

（4）组织宣传活动和现场展示。

为了让更多人了解绿色矿山宣传展板，我们可以组织一系列宣传活动，如讲座、研讨会、实地参观等。活动现场，可以设置展示区，摆放绿色矿山相关展品，让观众更直观地感受绿色矿山的实践成果。

2）绿色矿山宣传片

与传统的宣传方式相比，企业宣传片的优势在于：宣传片包含的信息容量大，场面真实可信，视频传播使人印象深刻，在互联网中可以轻松传送。正因如此，越来越多的工业企业选择为企业定制宣传片，绿色矿山宣传片的作用主要有以下几点。

（1）绿色矿山宣传片能让目标客户更加直观地对企业综合实力、绿色矿山建设方针、绿色矿山建设目标、绿色矿山建设实践及企业精神面貌有所了解，视听结合的方式比传统的静态画面更富有表现力及感染力，可以使用客户用更加容易的方式对企业绿色矿山的建设情况有所了解。

（2）绿色矿山建设宣传片能够通过网络方便地传输，使更多的人了解本企业绿色矿山建设情况。

3）宣传活动

媒体刊发正面宣传报道、开展宣讲报告、举办竞赛、开展宣传周活动等内容。

（1）正面宣传报道。

正面宣传报道是凝聚人心、凝聚民族力量、营造积极向上氛围的一种有效的形式，能够激发活力，倡导精神文明建设，弘扬良好思想道德风尚，提高全民族文明素质，增强竞争力，加强社会公德，为我们的下一代健康成长创造良好的社会环境。

（2）宣讲报告。

宣讲报告是指由矿山企业邀请行业专家、绿色矿山典型企业家、本单位领导组织职工进行与绿色矿山建设有关的宣讲活动。

（3）竞赛。

竞赛包含绿色矿山网络知识竞赛、现场答题、绩效竞赛等多种形式的竞赛活动，有助于提升广大职工对绿色矿山的理解和认识。

（4）宣传周。

宣传周是指一个固定时期，全方位、多角度开展绿色矿山宣传活动。

3. 人员目视化管理

目视化管理是利用形象直观而又色彩适宜的各种视觉感知信息来组织现场生产活动，达到提高劳动生产率的一种管理手段，也是一种利用视觉来进行管理的科学方法。

目视化管理的特点包括：以视觉信号显示为基本手段，大家都能够看得见；要以公开化、透明化的基本原则，尽可能地将管理者的要求和意图让大家看见，借以推动自主管理，或称为自主控制；现场的作业人员可以通过目视的方式将自己的建议、成果、命令展示出来，与领导、同事及工友们相互交流。

（1）安全标识与警示：在矿区各个关键区域设置明显的安全标识和警示牌，如“注意安全”“禁止烟火”“穿戴防护装备”等，以提醒员工遵守安全规定，预防事故的发生。

（2）安全通道与逃生路线：明确标识安全通道和逃生路线，确保在紧急情况下员工能够迅速、有序地撤离。

（3）设备安全状态标识：对矿区的设备进行安全状态标识，如使用颜色编码区分设备的运行状态（绿色表示正常运行，红色表示停止或故障），以便员工及时了解设备状况，采取相应的安全措施。

（4）生产流程图与作业指导书：在生产现场设置生产流程图和作业指导书，明确生产流程和作业规范，指导员工按标准操作，提高生产效率和产品质量。

（5）生产进度与完成情况展示：通过图表、看板等形式展示生产进度和完成情况，使员工能够及时了解生产动态，协调生产节奏，确保生产任务按时完成。

（6）设备设施目视化管理：设备设施明显部位标注名称及编号，管线、阀门着色统

一、规范，管线上标明介质名称和流向，仪表控制盘及指示装置上标注控制按钮、开关、显示仪名称等，危险的设备设施有警示信息，设置安全操作注意事项标牌，盛装危险化学品的器具分类摆放并设置标牌，标牌内容包括化学品名称、主要危害及安全注意事项等基本信息。标识、标牌保持整洁、清晰、完整，无遗漏、变色、褪色、脱落、残缺等情况；对设备的操作步骤、维护要求和注意事项进行目视化管理，如设置操作指南牌、维护记录表等，确保设备得到正确操作和维护。

（7）区域划分与标识：对矿区各个区域进行合理划分并明确标识，如办公区、生产区、物料区、停车场等，确保员工能够迅速找到所需物品和区域。

（8）物品码放标准化：对压缩气瓶、脚手架、手持电动工具、电工工具等使用工具定期检查确认完好，并在明显位置粘贴检查合格标签。

（9）定置图与消防疏散图：在关键区域设置定置图和消防疏散图，明确物品摆放位置、消防设施和逃生路线等信息，为生产生活提供便利保障。

（10）人员着装与标识：在生产区要统一规定员工的着装要求，并设置明显的岗位标识牌或胸卡，以便区分不同岗位和职责的员工。外来人员（参观、检查、学习人员、承包商员工等）进入生产作业场所，着装应符合生产作业场所安全要求，并与内部员工有所区别。

（11）行为规范与纪律要求：通过公告栏、宣传画等形式展示行为规范、纪律要求和企业文化等内容，引导员工自觉遵守规章制度和职业道德规范。

（12）生产作业区域目视化管理：油气集输（场）站、油气储存库区、油气化。工生产区域、天然气净化厂等易燃易爆、有毒有害生产区域入口悬挂“未经许可严禁入内”及红、黄、绿三色警示标识，以及关闭手机、严禁烟火、有毒危险等安全警示标志，在大门通道附近设置场内安全疏散示意图、职业危害（种类、理化性质、浓度或强度、危害性、防护措施等）及风险点源分布图、入场安全须知牌，在生产区域或敏感部位悬挂各类安全警示标志和职业危害警示标志。标志、标识保持整洁、清晰、完整，无遗漏、变色、褪色、脱落、残缺等情况。

目视化管理实施的意义在于造就高效、清爽的工作场所，消灭现场“三不”（不伤害自己，不伤害别人，不被别人伤害）导致的现场“三害”（工伤、不良、故障）所引发的损害，因此，要针对现场改善活动设定一系列的项目。

4. 企业业绩的联动机制

《国务院关于改革国有企业工资决定机制的意见》（国发〔2018〕16号）提出：改革工资总额确定办法。按照国家工资收入分配宏观政策要求，根据企业发展战略和薪酬策略、年度生产经营目标和经济效益，综合考虑劳动生产率提高和人工成本投入产出率、职工工资水平市场对标等情况，结合政府职能部门发布的工资指导线，合理确定年度工资总额。

企业要建立良性绩效薪酬分配方案，体现出企业职工收入随企业业绩同步增长机制，实现工资与效益联动。企业经济效益增长的，当年工资总额增长幅度可在不超过经济效益增长幅度范围内确定。其中，当年劳动生产率未提高、上年人工成本投入产出率低于行业平均水平，或者上年职工平均工资明显高于全国城镇单位就业人员平均工资的，当年工资总额增长幅度应低于同期经济效益增长幅度；对主业不处于充分竞争行业和领域的企业，上年职工平均工资达到政府职能部门规定的调控水平及以上的，当年工资总额增长幅度应低于同期经济效益增长幅度，且职工平均工资增长幅度不得超过政府职能部门规定的工资增长调控目标。

1）建立“企业与职工共同增收制度”

企业应建立“企业与职工共同增收制度”或者通过召开年度工资专项集体合同会议并形成纪要。

2）建立薪酬分配方案

企业要建立良性绩效薪酬分配方案，体现出企业职工收入随企业业绩同步增长机制。

3）业绩与收入同步增长机制

（1）体现社会主义劳动分配制度，按劳分配，齐心协力创佳绩，企业员工的总收入与企业经济效益增长联动。

（2）合理设置企业考核目标和指标，绩效奖励和晋升机制完整。

5. 职工文娱活动

1）职工文体活动的作用

（1）职工文体活动作为企业文化建设的一个重要组成部分，其对活跃职工工作环境氛围，全面提高职工综合素质有着独特的作用。由于广大基层员工的受教育水平不同，只通过文字介绍很难让全体职工理解企业文化建设的真正含义。文体活动能够把企业文化中呆板、机械、教条的部分通过书、画、歌、舞等以寓教于乐的方式传递给广大职工，使广大职工更容易理解和接受。

（2）开展职工文体活动有助于舒缓员工长期枯燥工作后疲乏的心态，同时能减少职工由于单一的操作环节所形成精神倦怠和行为惯性。随着物质和文化生活水平的提高，员工在工作之余已不满足于消极的休息，期望用集体的娱乐来消除一天工作的疲劳，缓解一天工作的紧张。员工还希望通过娱乐满足自身的兴趣，释放过盛的精力和不良的心绪。同时，随着员工文化素养的不断提高，他们把欣赏文艺作品，组织文艺活动研究书法、绘画、摄影等作为美的追求和享受。丰富多彩的文体活动能为员工展示才艺创造空间，为员工培养才情提供条件；能够满足他们健康向上的精神需求，体现企业文化“以人为本”的理念。

（3）开展职工文体活动有助于将员工的个人意识行为转化为集体意识行为。在日常工作和行为中，每个人都是一个单独的个体，其思考问题和思维方式具有无序性和散乱性。而组织强调更多的是集体主义观念和行为，一个组织如果缺乏集体观念，那么必然处于松散、不稳定状态。文艺活动具有目的的统一性、动作的协调性、整体的合作性、信息的沟通性，能够有效地带动参与者走出个人的思维范畴，达成集体的共识。由于文体活动的集体性质，要求每个员工在参与活动的过程中必须放弃狭隘的个人偏见，树立集体主义思想，同时修改着每位员工的个人认识，规范员工的个人行为，使员工服从集体目标，达到统一和谐，从而达到加强员工凝聚力的作用。如篮球赛、大合唱、拔河比赛等活动在对职工提高集体荣誉意识、增强企业凝聚力方面的影响具有不可替代的作用。

（4）开展职工文体活动和加强企业文化建设有相辅相成的作用。文体活动是推广企业文化传播的重要媒介，间接推动企业文化的发展。同时企业文化拓宽了文体活动的空间，使其内容和形式表现出多样性和多元化，从而达到提升文体活动在广大职工心中的地位的作用。这样在影响员工的精神和行为的同时，既为企业文化建设提供了巨大的帮助，也加强了企业职工的凝聚力和企业在同行业中的竞争力。

2）职工文体活动的设施

矿山企业为职工提供的休闲、娱乐、文化体育设施有按摩椅、桑拿、健身器材、棋牌、洗浴、KTV 大厅及包厢、羽毛球馆、篮球场等。

3）工会活动

（1）定期或不定期开展职工满意度问卷调查，合理设置问卷调查内容，做到客观公正，通常企业职工满意度不应低于 70%。

（2）有职工休闲、娱乐、文化体育设施，保障正常运行。

（3）工会定期开展各项活动，推动职工及企业之间交流。

6. 职工满意度调查

标准要求：定期、不定期开展职工满意度问卷调查，合理设置问卷调查内容，做到客观公正，企业职工满意度不低于 70%。

员工的满意度调查原则是由工会（标准原文：应健全企业工会组织，并切实发挥作用，丰富职工物质、体育、文化生活，企业职工满意度不低于 70%）联合人力资源部门开展的活动。

从企业的角度来看，进行员工满意度问卷调查不仅可以了解员工日常工作中的具体问题，也可以从另外的一个角度来认识企业的工作进展情况，以及平时无法发现的工作中的弊端。在员工满意度问卷调查里面，也能够发现员工平时不会表达出来的一些对于企业的看法及意见，因为调查一般都是匿名的，所以，员工在进行填写时可以完全放心地填写，尽情地表达自己的合理化的建议。

从员工的角度看，员工不仅可以从一张企业员工满意度问卷调查表里面看到企业对于员工工作的重视程度，也可以在表格里面抒发自己对于企业的意见，或者是一些平时无法表达的建议，当然也可以在回答问卷的时候表达自己对于公司的诉求，在员工福利方面，以及员工工资的方面，都可以提一些建议。因此，在进行企业员工满意度问卷调查的工作时，员工是可以得到很多的利益的，同时也可以看到企业对于自己工作的重视程度。

进行员工满意度调查是企业对于员工的负责任的态度，也是企业可以和员工进行沟通的一个平台，所以无论是在进行设计调查问卷还是进行回答问卷阶段，都是需要双方配合才可以达到最终的调研目的，制作企业员工满意度问卷调查的最终目的也是互利共赢。

1）员工满意度调查的目的

（1）为不断提高员工满意度和员工忠诚度，应及时调查员工满意度和分析改进，持续进行公司的管理改善，促进企业永续发展。

（2）为掌握员工思想动态和心理需求，应采取针对性的应对措施，体现企业对员工的人性化关怀，预防人才的流失。

（3）建立正式的全员沟通机制，对反映出的影响员工满意度的问题及时处理不断增强员工对企业的向心力、凝聚力。

（4）了解员工对公司的管理体制和流程、工作环境和氛围、工作效率、沟通与反馈、管理者领导能力、工作回报、人力资源、后勤保障等公司经营管理各个方面的意见和看法。

2）员工满意度调查的具体方式

（1）建设员工满意度调查机构（可为临时），负责员工满意度调查。

（2）建立《员工满意度管理制度》。

（3）员工满意度的调查工作主要包括问卷的设计和分发，问卷的收取、分析和汇总。

（4）调查工作结束编制《员工满意度分析报告》，编制人员负责对员工满意度调查的各种信息进行归类、统计、分析、判断和讨论，形成具有集体意见的《员工满意度分析报告》。

（5）员工满意度信息发布方式包括邮件方式、书面形式、公告栏张贴、会议方式。

（6）员工满意度调查是全体员工的普查而不是少数员工的抽查，员工满意度调查结果的好与坏是衡量企业管理工作的一个重要指标。因此，问卷要精心设计，如此才能起到应有的作用。

现场评价或支撑材料：①绿色矿山建设体系文件（建设计划与目标、绿色矿山考核资料、矿山企业自评估报告、提升改进措施表格）。②绿色矿山建设的组织机构和职责文件。③企业提供宣传片视频，并且其中包含绿色矿山建设的相关内容。④目视化管理制度。⑤能够体现企业员工的总收入与企业经济效益增长有关联关系的资料，如财务报表、纳税证明等。⑥组织球赛、晚会、外出拓展训练等活动的通知、视频、新闻、照片等。⑦查看矿山企业提供的工会组织、《职代会制度》及相关记录，职工满意度调查表、汇总表、调查报告及回访台账等证明材料。

48 企业诚信

标准分：2。

评分说明：依法纳税，按要求提交储量年报、储量表及矿产资源统计基础表，按规定缴存矿业权出让收益。符合要求得2分，不符合得0分。

考核方法：查资料。

依据或标准：税务及相关部门证明。

指标属性：约束性。

【解析】本条是对企业依法纳税的要求，对企业履行社会责任，是企业履行矿业权人义务的规定。

本条要求是根据《绿色矿山建设规范》中有关企业诚信的要求而设定的评价指标。

1. 企业依法纳税

企业应坚持依法足额纳税，并按税法规定进行纳税登记，办理纳税手续。企业可以通过纳税信用级别来证明依法纳税情况。

纳税信用级别是指税务机关根据纳税人履行纳税义务情况，就纳税人在一定周期内的纳税信用所评定的级别。

2014 年 10 月 1 日起，《纳税信用管理办法（试行）》施行，2003 年 7 月 17 日国家税务总局发布的《纳税信用等级评定管理试行办法》(国税发〔2003〕92 号）同时废止。

2018 年，国家税务总局公告 2018 年第 8 号《关于纳税信用评价有关事项的公告》提出，增设 M 级纳税信用级别。2019 年 11 月，国家税务总局发布《关于纳税信用修复有关事项的公告》(2019 年第 37 号)，自 2020 年 1 月 1 日起，对纳入纳税信用管理的企业纳税人，通过做出信用承诺、纠正失信行为等方式开展纳税信用修复，进一步鼓励和引导纳税人增强依法诚信纳税意识，积极构建以信用为基础的新型税收监管机制。一般信用等级为 A、B 两级均为合格的标准。各级信用等级说明如下[4]。

1）A 级信用

年度评价指标得分在 90 分以上的，为 A 级。但有下列情况之一的，不得认定为 A 级：

（1）实际生产经营期不满 3 年的；

（2）上一评价年度纳税信用评价结果为 D 级的；

（3）非正常原因一个评价年度内增值税或营业税连续 3 个月或者累计 6 个月零申报、负申报的；

（4）不能按照国家统一的会计制度规定设置账簿，并根据合法、有效凭证核算，向税务机关提供准确税务资料的。

2）B 级信用

年度评价指标得分在 70 分以上，但不满 90 分的，为 B 级。

3）M 级信用

未发生《纳税信用管理办法试行》第二十条所列失信行为的下列企业适用 M 级纳税信用：

（1）新设立企业。

（2）评价年度内无生产经营业务收入且年度评价指标得分在 70 分以上的企业。

4）C 级信用

年度评价指标得分在 40 分以上，但不满 70 分的，为 C 级。

5）D 级信用

年度评价指标得分在 40 分以下的或者直接判级确定的，为 D 级。若有下列情形之一的，不进行计分考评，一律定为 D 级。

（1）存在逃避缴纳税款、逃避追缴欠税、骗取出口退税、虚开增值税专用发票等行为，经判决构成涉税犯罪的。

（2）存在前项所列行为，未构成犯罪，但偷税（逃避缴纳税款）金额10万元以上且占各税种应纳税总额10%以上，或者存在逃避追缴欠税、骗取出口退税、虚开增值税专用发票等税收违法行为，已缴纳税款、滞纳金、罚款的。

（3）在规定期限内未按税务机关处理结论缴纳或者足额缴纳税款、滞纳金和罚款的。

（4）以暴力、威胁方法拒不缴纳税款或者拒绝、阻挠税务机关依法实施税务稽查执法行为的。

（5）存在违反增值税发票管理规定或者违反其他发票管理规定的行为，导致其他单位或者个人未缴、少缴或者骗取税款的。

（6）提供虚假申报材料享受税收优惠政策的。

（7）骗取国家出口退税款，被停止出口退（免）税资格未到期的。

（8）有非正常户记录或者由非正常户直接责任人员注册登记或者负责经营的。

（9）由D级纳税人的直接责任人员注册登记或者负责经营的。

（10）存在税务机关依法认定的其他严重失信情形的。

2. 企业履行相关义务

企业履行相关义务包含社会责任、按行政管理部门要求报送相关信息及矿业权人勘查开采信息公示等。

1）社会责任

矿山企业履行社会责任，坚持诚实守信主要从以下几个方面考虑。

（1）认真履行在业务往来中的合同制度。

（2）在财务管理上，严格执行国家财务管理制度，按照国家统一的会计制度规定进行会计核算，真正做到会计资料真实完整，无账外账，与银行结算往来正常，无不良记录。

（3）全面贯彻《中华人民共和国安全生产法》，安全生产无事故。

（4）严格遵守劳动保障法律法规，建立健全劳动合同制度。

（5）加强公司社会责任与公司社会形象、品牌同等重要，坚持诚信守法，确保产品货真价实。

（6）坚持节约资源和可持续发展，积极承担了保护职工健康和确保职工待遇的责任。

2）按行政管理部门要求报送相关信息

为确保矿产资源储量数据的真实性、准确性和可靠性，各级地质勘查单位和生产矿山应严格按照《中华人民共和国矿产资源法》《中华人民共和国统计法》及有关行政法规进行矿产资源储量统计。在此基础上，编制储量年报、储量表和矿产资源统计基础表，以便全面、准确地反映我国矿产资源储量现状。

矿山储量动态检测是掌握矿山地质条件和储量变化情况的一项重要基础性工作。矿山储量年报直接反映矿产资源年度变化状况，是矿产资源储量管理的重要依据之一。根据《国土资源部关于全面开展矿山储量动态监督管理的通知》（国土资发〔2006〕87号）、《自然资源部办公厅关于规范矿山储量年度报告管理的通知》（自然资办发〔2020〕54号）要求，矿山企业每年应编写储量年报。

（1）储量年报。

储量年报是矿产资源储量统计的重要成果之一，主要包含以下内容。

A. 矿产资源储量：按照新分类标准，详细列出各类矿产资源储量数据。

B. 矿产资源储量变化：反映本年度矿产资源储量的增减情况，包括因开采消耗、勘查增减、政策调整等因素引起的储量变化。

C. 矿产资源开发利用情况：分析本年度矿产资源的开发利用状况，包括产量、消费量、进出口量等。

D. 矿产资源勘查成果：汇总本年度矿产资源勘查项目取得的成果，包括新发现矿产地、新增资源储量等。

（2）储量表。

储量表是反映全国和省（区、市）各种矿产资源现状的专门统计报表，主要包括以下内容：

A. 矿产资源储量，按照矿产资源类型、品级（牌号）分别列出各地矿产资源储量数据。

B. 矿产资源储量变化，反映各地矿产资源储量的增减情况，包括因开采消耗、勘查增减、政策调整等因素引起的储量变化。

C. 矿产资源开发利用情况，分析各地矿产资源的开发利用状况，包括产量、消费量、进出口量等。

D. 矿产资源勘查成果，汇总各地矿产资源勘查项目取得的成果，包括新发现矿产地、新增资源储量等。

（3）矿产资源统计基础表。

A. 法律法规有关条款摘录。

2004 年施行的《矿产资源登记统计管理办法》（国土资源部第 23 号令）第二十一条规定：采矿权人不依照本办法规定填报矿产资源统计基础表，虚报、瞒报、拒报、迟报矿产资源统计资料，拒绝接受检查、现场抽查或者弄虚作假的，依照《矿产资源开采登记管理办法》第十八条、《矿产资源补偿费征收管理规定》第十六条以及《中华人民共和国统计法》及其实施细则的有关规定进行处罚。

《中华人民共和国统计法》第四十一条规定：企业或事业单位或其他组织有下列情形之一的，可以并处五万元罚款予以处罚，情节严重的，并处五万元以上二十万元以下的罚款；个体工商户可并处一万元以下罚款：（一）拒绝提供统计资料或者经催报后仍未按时提供统计资料的；（二）提供不真实或不完整统计资料的。

《统计违法违纪行为处分规定》第六条……有关部门及其工作人员在实施统计调查活动中，有下列行为之一的，对有关责任人员，给予警告、记过或者记大过处分；情节较重的，给予降级处分；情节严重的，给予撤职处分：（一）故意拖延或者拒报统计资料的；（二）明知统计数据不实，不履行职责调查核实，造成不良后果的。

B. 填报主要内容。

矿产资源储量：按照矿产资源类型、品级（牌号）分别填写其矿产资源储量。

矿产资源储量变化：记录本年度矿产资源储量的变化情况，包括因开采消耗、勘查增减、政策调整等因素引起的储量变化。

矿产资源开发利用情况：反映本年度矿产资源的开发利用状况，包括产量、消费量、进出口量等。

矿产资源勘查成果：记录本年度矿产资源勘查项目取得的成果，包括新发现矿产地、新增资源储量等。

C. 填报基本要求。

矿产资源统计基础表以采矿许可证划定的矿区范围为基本统计单元，由采矿权人填报。无论其生产规模大小都必须单独填报；一个采矿权人（矿山企业）开办一个以上矿山的（一人多权的），必须一（权）证（采矿许可证）一表分别进行填报。

D. 矿山报送时间。

每年1月底前。

3. 矿业权出让收益

《矿业权出让收益征收办法》是根据《中华人民共和国矿产资源法》《国务院关于印发矿产资源权益金制度改革方案的通知》(国发〔2017〕29号）等有关规定制定出来关于矿业权出让收益征收办法。矿业权出让收益是国家基于自然资源所有权，依法向矿业权人收取的国有资源有偿使用收入。矿业权出让收益包括探矿权出让收益和采矿权出让收益。

采信证明材料及得分补充：

（1）依法纳税，在各省“企业税务信用等级查询”或“税务信息评价结果查询”系统上查询税务信用等级为A、B两级。

（2）地质资料汇交和矿产资源统计基础表填报材料。

（3）依法办款，缴存费用相关证明材料。

49　矿地和谐

标准分：2。

评分说明：建立职业健康管理制度。建立良好矿地关系，制定和公开申诉回应制度，具有联系机构与人员，及时妥善处理与受采矿活动影响的社区等利益相关者间的纠纷矛盾，维护当地生产、生活相关生态环境。在劳务用工、基础设施、公益募捐、教育医疗支持等一个及以上方面开展帮扶，助力乡村振兴。符合要求得2分，不符合得0分。

考核方法：查资料、调查走访。

依据或标准：相关文件、票据等证明材料。

指标属性：约束性。

【解析】本条是对矿山员工职业健康、企地和谐、公益活动的要求。

本条要求是根据《绿色矿山建设规范》中有关矿地和谐的要求而设定的评价指标。

1. 职业健康

1）职业健康管理制度

职业健康管理制度包含职业健康管理目标、职业健康管理机构、职业健康管理设施、职业健康保障措施。

2）员工体检

企业为员工所做的体检分为入职体检和健康体检。健康体检应根据职工的实际情况制定体检计划，确定体检项目和体检频率。如传统健康体检（一般人员，传统项目）、专业功能检测（如视力、听力、心脏、肺、内分泌等专业功能体检）、特殊医学问题检测（如高血压、慢性病、职业病）等。

（1）入职体检。

旨在通过体检保证入职员工的身体状况适合从事该专业工作，在集体生活中不会造成传染病流行，不会因其个人身体原因影响他人。入职体检有相对固定的体检项目与体检标准，选择专业体检中心能保证体检质量。入职体检不仅是对公司负责，也是对自己的身体负责。

（2）健康体检。

体检福利是最直接地让职工感受到被关怀的途径之一，同时也使职工对单位有“家”的感觉。

A. 提高员工工作效率：减少因生病缺勤等产生的工作不协调而影响工作进度的情况，对员工健康关心，提高员工企业归属感和工作热情，提高工作效率。

B. 减少人力资源损失：通过健康干预降低发病率，减少病假和健康事假，降低病假工时和事假工时，保证企业的正常运转。

C. 体现公司对员工的人性关怀：提供各种医疗保健咨询和服务，使员工享有专业的个性化健康指导；通过健康干预措施，降低员工发病率和亚健康状态，显示企业对员工的真正关心；为高层管理者提供各种特殊的健康管理计划，保护企业核心资源；定期的体检，则可作为鼓励员工的手段，将公司对员工的关怀落到实处。

D. 有效地控制和防患公司员工职业病：通过健康体检，及时发现员工及特殊工种员工的职业病，这样就可以进行有效的控制和防患。

E. 减少企业医疗保健相关支出：该服务对企业医疗保健相关支出做出了系统综合考虑，统筹安排，降低企业总的医疗支出。

F. 按照员工的身体健康状况考量公司员工培养及晋升计划。

（3）建立矿山职业病体检制度。

矿山企业要建立《矿山职业病体检制度》，规范对职业健康的管理。

（4）建立职业健康监护档案。

职业健康监护档案是指以预防为目的，对接触职业病危害因素人员的健康状况进行系统的检查和分析，从而发现早期健康损害的重要措施。职业健康监护档案包含以下内容。

A. 个人基本信息。

B. 工作场所职业病危害因素检测结果。

C. 历次职业健康检查结果及处理情况。

D. 职业健康体检报告，职业病诊疗等健康资料。

E. 其他需要存入职业健康监护档案的有关资料。

2. 矿地和谐

随着经济社会发展和人们自主意识的不断提升，现实矛盾和利益纠纷客观存在。同一事件，人与人之间却出现不同的看法和意见，同时又对对方的看法持反对意见，因而形成了矛盾冲突。当这种矛盾冲突升级到上访、示威、游行时，就称为矛盾冲突事件。

矿山企业应与矿山所在乡镇（街道）、村（社区）等建立磋商和协商机制，及时妥善处理好各种利益纠纷。建立磋商和协商机制和申诉回应制度，将绿色矿山融入社会保障，及时解决利益纠纷。利益相关者参与机制是获得反馈进行适当处理各类矛盾的保证。

矿山企业要积极化解矛盾，防止冲突升级：

预防为主、防患未然的原则。要建立健全社会利益协调机制和社会稳定的预警工作机制，做到早发现、早报告、早控制、早解决，及时消除诱发群体性事件的各种因素。

依法办事、按政策办事的原则。要严格执行国家政策，避免因贯彻不力、执行不当引发群体性事件。

教育疏导、防止激化的原则。要针对不同的群体，引导群众以理性合法的方式表达利益要求，解决利益矛盾，防止矛盾激化和事态扩大。

为进一步加强矿地关系，政府及矿山企业应积极参与社区环保宣传教育，提高受采矿活动影响群众的环保意识。通过开展线上线下相结合的宣传活动，普及矿产资源开发与环境保护的相关知识，使社区居民充分了解采矿活动的必要性和对生态环境的影响。同时，鼓励社区居民参与矿区生态环境监测与治理，形成政府、企业、居民共同维护生态环境的良好局面。

（1）在制定和公开申诉回应制度方面。

各级政府和企业应建立健全利益相关者沟通机制，确保信息畅通。设立专门的申诉举报联系机构和人员，畅通申诉渠道，便于社区居民反映问题，及时掌握矿区生态环境纠纷矛盾。对于申诉事项，要组织专门的调查小组进行核实，确保公正公平地处理纠纷矛盾。

（2）针对矿区生态环境问题。

政府和企业应加大治理力度，落实生态补偿政策。一方面，对已受损的生态环境进行治理，恢复植被、改善土壤质量，确保矿区生态环境逐步恢复；另一方面，加强矿区周边生态环境的保护，预防新的生态灾害发生。同时，制定并实施矿区生态补偿政策，确保受影响社区居民的生产生活得到妥善安置。

（3）提高矿地关系管理水平。

政府和企业应加强组织领导，明确责任分工。各级政府要高度重视矿地关系管理工作，将其纳入当地经济社会发展规划，确保政策措施落地生根。企业要切实履行环境保护主体责任，严格遵守国家法律法规，加大环保投入，降低采矿活动对生态环境的影响。

3. 公益活动

1）募捐是以慈善为目的募集捐款或捐物

《中华人民共和国公益事业捐赠法》明确规定只有依法成立的公益性社会团体和公益性非营利的事业单位才可以接收捐献。企业组织的公益募捐活动募集到的钱、物必须由公益性社会团体和公益性非营利的事业单位接收。

2）扶贫是帮助贫困户获得合法权益，取消贫困负担

（1）矿山企业的扶贫应有近期、远期的规划和明确的目标，并有为实现规划要求而制定的具体计划、步骤和措施。把治标和治本有机地结合起来，以治本为主。

（2）扶贫不仅帮助贫困户通过发展生产解决生活困难，更重要的是帮助贫困地区开发经济，从劳务用工、基础设施、公益募捐、教育医疗支持等方面帮助贫困户从根本上摆脱贫困，走勤劳致富的道路。

3）公益募捐助力

（1）倡导社会各界参与乡村公益事业，关注贫困地区和弱势群体。

（2）搭建公益募捐平台，推动慈善资源向乡村倾斜。

（3）鼓励社会组织参与乡村公益项目，提升乡村公共福利。

4）产业扶贫与可持续发展

（1）发展特色产业，推动乡村经济转型升级。

（2）发挥龙头企业带动作用，打造乡村产业扶贫链条。

（3）倡导绿色发展，保护生态环境，实现可持续发展。

现场评价或支撑材料：①职业健康管理制度。②职业健康监护档案。③矿山企业有纠纷磋商管理制度，协商处理记录。④募捐需要有接收单位开具的发票。⑤扶贫需要有扶贫计划及相关费用支出发票。

附录　政策文件及相关说明

附录 1　关于进一步加强绿色矿山建设的通知

各省、自治区、直辖市自然资源主管部门、生态环境厅（局）、财政厅（局），市场监管局（厅、委），金融监管局、证监局，林业和草原主管部门：

绿色矿山建设是推动矿业高质量发展的重要举措，是矿业领域生态文明建设的有力抓手，是实现人与自然和谐共生的必然要求，为加快矿业绿色低碳转型发展，全面推进绿色矿山建设，现就有关事项通知如下。

一、总体要求

（一）指导思想。

以习近平新时代中国特色社会主义思想为指导，深入贯彻党的二十大精神，全面贯彻习近平生态文明思想，完整、准确、全面贯彻新发展理念，构建新发展格局，推动高质量发展，牢固树立和践行绿水青山就是金山银山的理念，正确处理高质量发展与高水平保护的关系，站在人与自然和谐共生的高度谋划矿业绿色低碳发展，通过政府引导、部门协作、企业主建、社会监督，将绿色发展理念贯穿于矿产资源勘查开发全过程，切实提升矿产资源开发利用保护水平，助力美丽中国建设。

（二）基本原则。

坚持分类施策，全面推进。各地要立足矿业发展实际，科学合理设定绿色矿山建设的路线图和时间表，加强规划管控，促进源头治理、系统治理，推动新建、改扩建、生产矿山（证照合法有效、近 3 年内正常生产、剩余储量可采年限不低于 3 年）全部开展绿色矿山建设。

坚持创新驱动，转型升级。发挥创新引领作用，加快矿业领域技术创新和装备升级改造，着力推动关键技术突破，促进绿色低碳新技术、新工艺、新装备加快发展和广泛应用。

坚持协同监督，动态管理。加强相关部门间的协调联动，齐抓共管做好绿色矿山的日常监督，加强国家级和省级绿色矿山名录的动态管理，不设市级、县级绿色矿山名录。已设的市、县级绿色矿山经评估后择优纳入省级绿色矿山名录，督促绿色矿山持续提升建设水平。

（三）主要目标。

到 2028 年底，绿色矿山建设工作机制更加完善，持证在产的 90% 大型矿山、80% 中型矿山（见附件二）要达到绿色矿山标准要求，各地可结合实际，参照绿色矿山标准加强小型矿山管理。

二、全面推进绿色矿山建设

（四）压实矿山企业的主体责任。依法从事矿产资源开发的矿山企业，是绿色矿山创建的责任主体，应当牢固树立和践行绿水青山就是金山银山理念，严格按照标准规范，在矿产资源开发全过程中，对矿区及周边生态环境扰动控制在可控范围内，建设矿区环境生态化、开采方式科学化、资源利用高效化、企业管理规范化、矿区社区和谐化的绿色矿山。矿山企业要落实矿山开发利用、生态修复、环境保护等方案，明确绿色矿山建设任务和进度，落实“边开采、边修复”等要求，及时向社会公开。生态保护红线内、自然保护地核心保护区外依法开采的矿山，要执行最严格标准规范，严格落实绿色开采及矿山环境生态修复相关要求，全面做好减缓生态环境和自然保护地影响的措施。建立申诉回应机制，畅通与受矿山影响的社区等利益相关者的交流互动，主动接受社会监督，树立良好企业形象。

（五）分类有序推进绿色矿山建设。自然资源主管部门会同相关部门应当依据法律、法规或党中央、国务院政策文件中关于绿色矿山建设的规定明确要求，对新建矿山，要严格按照绿色矿山标准建设运行，正式投产后 1 ~ 2 年内应通过绿色矿山评估核查，并在采矿权出让时将相关要求和违约责任纳入出让合同。对生产矿山，要加快绿色化升级改造，在办理延续、变更手续时，应明确绿色矿山建设时限和要求。鼓励地方自然资源主管部门与矿山企业签订绿色矿山建设合同。对剩余储量可采年限不足 3 年的生产矿山，要求按照绿色矿山建设标准加强管理，着重做好闭坑前的污染防治，以及矿山地质环境恢复治理、土地复垦、恢复植被等生态修复工作。

（六）加快推动绿色低碳先进适用技术应用。矿山企业要加强绿色低碳技术工艺装备升级改造，在资源开发、综合利用、节能减排、生态修复等环节，鼓励采用《国家重点推广的低碳技术目录》《矿产资源节约和综合利用先进适用技术目录》中的技术，推动矿山绿色低碳转型。加快融合 5G、大数据、互联网、人工智能等信息化技术，推动矿山企业数字化、智能化、绿色化发展，提升资源开发利用与生产管理效率。

（七）持续提升矿山企业创建水平。矿山企业应主动对照相应行业标准和评价指标定期自评，按计划开展绿色矿山创建工作，及时发现问题短板，积极推动整改。完成绿色矿山建设任务且自评达到标准要求的，可向自然资源主管部门提交自评估报告，申报省级绿色矿山。矿山企业对自评估报告的真实性负责。

三、加强第三方评估管理

（八）严格第三方评估。自然资源主管部门应会同相关部门，对矿山企业申报材料进行初审。初审合格的，由省级自然资源主管部门委托第三方评估机构开展现场核查评估。

各省（区、市）自然资源主管部门联合相关部门，加强第三方评估规范管理。第三方评估机构应当是具有独立法人资格的企事业单位、行业协会，具备开展绿色矿山建设评估的业务能力。评估人员应熟悉绿色矿山相关政策和标准，涵盖地质、采矿、选矿、生态、环境等专业，能够长期稳定开展评估工作（具体工作要求见附件1）。第三方评估机构要严格对照绿色矿山建设标准及评价指标，编制形成第三方评估报告并附核查记录及影像资料，严禁向矿山企业收取评估费用，签署真实性承诺，确保结果公平、公正。

四、动态管理绿色矿山名录

（九）择优纳入国家级绿色矿山名录。各省（区、市）自然资源主管部门定期或不定期会同相关部门，对通过第三方评估的矿山企业开展抽查核查，确认后向社会公示，公示无异议的按程序纳入省级绿色矿山名录。国家级绿色矿山按照有关要求从省级绿色矿山中择优推荐，自然资源部会同相关部门通过专家论证、实地抽查核查、社会公示等程序，确定国家级绿色矿山，纳入国家级绿色矿山名录并向社会公开。

（十）实行动态管理。绿色矿山名录实行动态管理，及时按程序移出名录中不符合标准的矿山，督促绿色矿山企业持续巩固建设成果，持续提升建设水平。

五、加大政策支持力度

（十一）积极落实税收优惠政策。落实好高新技术企业、环境保护、节能节水、资源综合利用等税收优惠政策。

（十二）鼓励创新支持政策。各地要探索完善绿色矿山建设激励约束政策，加大用地、用矿、金融等政策支持。在矿业权出让、整合及办理建设用地、用林、用草等手续时，依法依规对绿色矿山企业予以支持。符合协议出让情形的矿业权，允许优先以协议出让方式有偿出让给绿色矿山。

推动符合条件的绿色矿山企业在沪深北交易所上市以及到新三板、区域性股权市场挂牌。

鼓励银行业金融机构在强化矿业领域投资项目环境、安全、社会和治理风险评估及管理的前提下，研发符合地区实际的绿色矿山特色信贷产品，在风险可控、商业可持续的原则下，加大对绿色矿山企业的资金支持力度。

六、进一步完善标准体系

（十三）健全完善行业标准、评价指标。健全绿色矿山建设标准体系，研究制定露天开采矿山、地热矿泉水等绿色矿山建设行业标准。完善国家级绿色矿山建设评价指标，包含约束性指标和提升性指标，约束性指标为底线要求。相关评价指标应根据法律法规、技术标准等变化及时调整。

（十四）鼓励制修订地方标准、企业标准。各地可结合实际情况，综合考虑区域、矿种、规模、开采方式等因素，制修订地方标准，或细化明确省级绿色矿山的评价指标要求。鼓励有条件的矿业集团、企业，积极研制企业标准并实际应用。

七、健全工作机制

（十五）形成齐抓共管合力。自然资源部会同生态环境部、财政部、市场监管总局、金融监管总局、中国证监会、国家林草局等部门共同推进绿色矿山建设工作，按照职责分工密切配合，形成工作合力。各部门应健全沟通协调机制，加强绿色矿山动态监管，及时通报有关信息。发现违法违规问题的，及时移交职能部门依法处理。相关部门将涉企行政处罚信息统一归集至国家企业信用信息公示系统，记于企业名下并向社会公示。

自然资源主管部门负责矿山“三率”（开采回采率、选矿回收率、综合利用率）监管、矿山地质环境保护与土地复垦方案等执行情况的监管。

生态环境主管部门负责矿山生态环境监督、污染防治监管。

财政部门负责绿色矿山评估认定工作经费保障。

市场监管部门负责协调指导绿色矿山建设国家标准、行业标准的制修订工作。

金融监管部门负责制定完善绿色金融政策，支持矿山企业绿色发展。

证券监管主管部门负责支持符合条件的绿色矿山企业在境内上市融资。

林草部门负责矿山占用林地草地的手续办理、临时占用林地到期后植被恢复以及矿山开发附属工程临时占用草地到期后植被恢复的监管。

其他相关部门依据自身职能职责，结合绿色矿山建设要求，落实好相关工作。

八、强化监督考核

（十六）加强督导核查、考核评价。各级自然资源主管部门会同相关部门对尚未开展创建的矿山，加大督导力度，推动尽快开展绿色矿山建设；要严格按照“双随机、一公开”要求，每年抽取不低于10%的绿色矿山纳入随机抽查名单，严格按照新评价指标对国家级绿色矿山开展实地核查。各地应将绿色矿山建设纳入政府绩效考核体系和领导干部自然资源资产离任审计评价指标体系，结合实际推动开展绿色矿山建设评价和考核工作。

（十七）严格落实管理要求。对经核实存在将所承担评估工作转让或外包、泄漏矿山企业秘密、串通企业弄虚作假、评估结论严重失实等违规行为的第三方评估机构和评估人员，予以通报并纳入黑名单，三年内不再采信其绿色矿山评估服务。

严格绿色矿山名录动态管理，做好新旧评价指标衔接，发现绿色矿山存在以下问题之一的，及时按程序移出名录：《采矿许可证》《安全生产许可证》《营业执照》证照不齐、过期未及时延续或被吊销的；受到行政处罚后在履行期限内未执行到位的；关闭、因企业自身原因停产未正常生产运营的；违法开采特别是越界开采、擅自改变开采方式的；发生较大及以上安全生产事故或环境事件的，发生土壤和地下水严重污染的；未落实环境影响评价、排污许可等相关制度要求，且未按期整改到位的；未按要求定期开展尾矿库污染隐患排查的或尾矿库污染防治设施未按要求建设运行的；被列入矿业权人勘查开采信息公示异常名录的；矿产资源开发利用水平被划定为落后档次的；被中央环保督察、巡视审计、全国人大常委会执法检查等作为典型案例通报或纳入各类警示片的；发生突发事件，因企业违法违规在全国门户类网站、平台引发负面舆情的；弄虚作假通过绿色矿山评估的；其他违法违规行为不宜继续列入名录的。

本文件自下发之日起执行，有效期五年。

自然资源部、生态环境部、财政部
国家市场监督管理总局、国家金融监督管理总局
中国证券监督管理委员会、国家林业和草原局
2024 年 4 月 15 日

附录2　绿色矿山第三方评估工作要求

绿色矿山第三方评估，是指政府管理部门委托第三方评估机构，对矿山企业绿色矿山建设达标情况进行评估，形成第三方评估报告的行为。为保证绿色矿山遴选质量，规范第三方评估工作，制定本要求。

一、评估机构

（一）第三方评估机构是具有独立法人资格的企事业单位、行业协会，具备开展绿色矿山建设评估的经验和能力，能够长期稳定开展评估工作。

（二）第三方评估机构应具有开展评估工作的办公条件，具有健全的管理制度，严格遵守国家法律法规和评价程序。开展绿色矿山评估的相关专业技术人员不少于15名（其中高级职称人员不少于30%），熟悉绿色矿山相关政策和标准。

（三）由省（区、市）自然资源主管部门委托第三方评估机构开展评估，通过合同、协议等形式明确第三方评估机构权利义务。评估机构应与待评估矿山保持独立，不得参与矿山企业自评估工作。严禁以任何形式收取矿山企业任何费用和利用评估谋取不正当利益。

二、评估要求

（一）以《非金属矿行业绿色矿山建设规范》等9项行业标准、绿色矿山建设评价指标为依据，科学、严谨、公平、公正的开展评估。

（二）第三方评估报告应包括评估依据、评估过程、评估综述和结论等（报告提纲附后）。要详细叙述评估程序、查阅资料、查看现场等情况，明确判定矿山企业是否符合标准要求的依据，对引用的关键内容给出相关文件来源，做到证据信息可信、内容精要、判定准确。

（三）第三方评估机构应健全评估档案管理制度。出具评估报告后30日内，应及时将评估报告及相应记录/材料（复印件）等归档保存。同时，严格落实国家保密相关规定，对评估工作中涉及的所有矿山企业隐私或商业秘密必须严格保密，合理保存和使用矿山企业所提供的数据资料，未经允许严禁挪作他用。

（四）第三方评估工作应规范严谨，实地核查基准人日数不少于5人日。评估机构应对评估合法性、合规性和评估结论负责，相关工作接受各级自然资源主管部门、矿山企业和社会公众的监督。

三、工作程序

（一）确定第三方。对通过初审的矿山企业，各省（区、市）自然资源主管部门委托第三方评估机构，赴矿山企业开展现场核查评估，在名录系统（网址：http://greenmine.mnr.gov.cn）中，填写本行政区域内承担评估任务的第三方评估机构名单，并建立与矿山企业的对应关系。

第三方评估机构要按规定组成评估组，组长应由本机构具备评估经验的全职人员担任，评估组应不少于5人，均为中级及以上职称，其中高级职称不少于2人。评估专家应熟悉绿色矿山相关政策、标准及相关行业，宜涵盖地质、采矿、选矿、生态、环境等专业。

（二）内业评估。评估组审核矿山企业提交的自评估报告等资料，对评价指标先决条件进行审定。相关内容、材料缺失时，通知矿山企业补充或重新提交。经初步评估，讨论确定现场评估重点，告知矿山企业现场评估时间。

（三）现场评估。1. 召开评估会议。评估组与矿山企业相关管理人员召开评估会议，由评估组组长介绍评估目的、评估计划，宣读评估工作承诺书（样式附后）。矿山企业绿色矿山建设相关工作负责人介绍建设情况，评估组就相关情况进行问询。2. 开展实地核查。评估组赴生产区、办公区、生活区等场所，根据评价指标逐项查看现场工作情况、规范程度，查阅相关生产运营管理记录，对相关指标开展问询，对关键位置拍摄照片，做好核查记录。3. 以公正、透明的方式征询受采矿活动影响的社区等利益相关者意见。

（四）编制报告。评估组综合内业评估、现场评估情况，讨论确定评估结论，总结矿山企业建设工作亮点，明确失分项及原因并提出改进建议，填写绿色矿山建设评分表，编制第三方评估报告，同时将绿色矿山建设评分表、评估组专家名单、评估会议签到表、会议记录、实地核查记录、实景会议及现场核查影像资料等作为报告附件。

（五）提交结果。第三方评估机构在合同或协议要求时限内撰写评估报告，将评估组承诺书（盖章）、第三方评估报告（盖章）、专家名单签字表扫描件（PDF格式）提交省（区、市）自然资源主管部门。

四、监督管理

（一）建立随机抽查制度。省（区、市）自然资源主管部门联合相关部门，定期或不定期对第三方评估机构进行抽查。抽查可以由主管部门、相关技术专家组成的专家组进行。

（二）建立投诉处理机制。任何单位及个人可在掌握事实的前提下就第三方评估机构违法违规评估行为向省级自然资源主管部门进行基于证据的实名举报或者投诉，受理部门依法进行核实处理，被举报或投诉的评估机构可针对事件进行说明。受理部门公示调查结果和处理意见。

（三）建立“黑名单”和责任追究机制。省（区、市）自然资源主管部门联合相关部门，对经核实存在将所承担评估工作转让或外包、泄露矿山企业秘密、串通企业弄虚作假、评估结论严重失实等违规行为的第三方评估机构和评估人员，予以通报并纳入黑名单，3年内不再采信其绿色矿山评估服务。

附件：1. 承诺书

2. 第三方评估报告（参考提纲）

附件1

评估组承诺书

本评估组承诺，此次绿色矿山第三方评估工作，我们将客观公正、实事求是，全过程严格按照绿色矿山第三方评估工作要求、绿色矿山建设标准和评价指标有关要求开展评估，不以任何理由收取矿山企业任何费用，确保评估结论真实、有效。如有违反规定或弄虚作假，愿承担相应责任。

第三方评估机构：（盖章）

评估组组长：

评估组成员：

年　月　日

附件2

第三方评估报告
（参考提纲）

一、概述

介绍任务来源，评估的组织安排和过程等。

二、评估方法

介绍评估采用主要方法，如资料审核、实地核查、指标测算等。

三、评估情况

（一）内业评估。

对矿山提交的自评估报告、入库信息表、照片视频及先决条件等材料的完整性进行预评估，形成审核结论。

（二）现场评估。

对照绿色矿山建设行业标准，根据绿色矿山建设评价指标，从矿区环境、资源开采、资源综合利用、绿色低碳、生态修复与环境治理、科技创新与规范管理等方面逐项进行评估，附现场核查照片。分析建设中存在的问题，明确失分项及原因等。

四、评估结论与建议

对矿山是否符合绿色矿山建设要求及行业标准，是否可以通过评估，给出明确的结论性意见。

五、相关材料

列出评估报告编写过程中所使用的相关参考文件。以及评估工作委托函（合同、协议）、承诺书、绿色矿山建设评分表、评估组专家名单（含姓名、职称、专业等信息）、评估会议签到表、会议记录、实地核查记录、核查影像资料、评估专家与被评估单位无关联关系声明等资料。

附录3　绿色矿山名录动态管理要求

为推动绿色矿山名录动态管理，持续提升建设水平，规范全国绿色矿山进入名录后的监管、移出、重新纳入等，明确以下要求。

一、管理部门职责

（一）各级自然资源主管部门会同相关部门建立监督检查机制，加强绿色矿山建设全过程监管，健全绿色矿山名录动态管理机制。

（二）自然资源部会同相关部门负责国家级绿色矿山名录动态管理的统筹协调和监督指导。省级自然资源主管部门牵头会同有关主管部门建立健全省级绿色矿山名录，依职责负责本行政区域内绿色矿山的监督管理，开展绿色矿山实地核查。不再设立市级和县级绿色矿山名录。

（三）自然资源部牵头组织开展国家级绿色矿山遴选工作，原则上从省级绿色矿山中择优产生，联合相关部门通过专家论证、实地抽查核查、社会公示等程序，确认绿色矿山，纳入国家级绿色矿山名录。

省级自然资源主管部门会同相关部门，组织本行政区域内的绿色矿山遴选推荐工作，经矿山自评、第三方评估、实地核查、社会公示后，将符合标准要求的矿山纳入省级绿色矿山名录，并按有关要求择优向自然资源部推荐。对矿区范围、开采方式、开采矿种、开采规模等发生重大变化的绿色矿山企业，要及时组织实地核查，明确其是否符合绿色矿山标准。

二、矿山企业职责

绿色矿山企业要积极巩固绿色矿山建设成效，主动接受相关部门的监督指导，主动展示科学开采、高效利用、节能减排、科技创新、矿地和谐等方面的绿色矿山建设经验、做法和成效，树立良好企业形象。

三、名录管理要求

（一）省级自然资源主管部门会同相关部门，充分利用信息化技术，采用大数据对比分析、卫片检查、信息公示核查以及无人机航拍等手段，每年定期开展绿色矿山实地抽查核查，核查比例不低于10%。

（二）经实地核查发现不符合绿色矿山建设标准但能够限期整改的，明确整改期限及措施要求，整改期限原则上不超过六个月，期满完成整改经复核满足绿色矿山建设标准的，可保留名录。经复核超期未完成整改、整改不满足绿色矿山建设标准的，按程序移出各级绿色矿山名录。

（三）发现绿色矿山存在以下问题之一的，移出绿色矿山名录。

（1）《采矿许可证》《安全生产许可证》《营业执照》证照不齐、过期未及时延续或被吊销的。

（2）受到行政处罚后在履行期限内未执行到位的。

（3）关闭、因企业自身原因未正常生产运营的。

（4）违法开采特别是越界开采、擅自改变开采方式的。

（5）发生较大及以上安全生产事故或环境事件的，发生土壤和地下水严重污染的。

（6）未落实国土空间规划和用途管制的。

（7）未落实生态环境分区管控、环境影响评价、排污许可等相关制度要求，且未按期整改到位的。

（8）未按要求定期开展尾矿库污染隐患排查的或尾矿库污染防治设施未按要求建设运行的。

（9）采矿权人被列入矿业权人勘查开采信息公示异常名录的。

（10）矿产资源开发利用水平被划定为落后档次的。

（11）被中央环保督察、巡视审计、全国人大常委会执法检查等作为典型案例通报或纳入各类警示片的。

（12）发生突发事件，因企业违法违规在全国门户类网站、平台引发负面舆情的。

（13）弄虚作假通过绿色矿山评估的。

（14）其他违法违规行为不宜继续列入名录的。

（四）被移出全国绿色矿山名录的矿山企业，3 年内不得申报国家级绿色矿山。各地可根据实际情况，明确不得申报省级绿色矿山的年限要求。期满后，按照绿色矿山标准要求、评选流程重新申报。

附录 4 《绿色矿山评价指标》说明

《国家级绿色矿山建设评价指标》包含先决条件和评分表两部分。先决条件属于否决项，有一项达不到要求，则不能参与绿色矿山遴选工作，各省（区、市）可根据实际情况依法依规增加否决项。

一、计分办法与达标说明

（一）评价指标共 49 项，分约束性指标、提升性指标两类，分别从矿区环境、资源开采、资源综合利用、绿色低碳、生态修复与环境治理、科技创新与规范管理六个方面对绿色矿山建设水平进行评分。

（二）约束性指标共 20 项，所有约束性指标必须得满分，若一项不得满分则不达标。提升性指标 29 项，体现差异性，按评分表内的评分说明进行评分。

（三）不涉及项计分。经判定某项指标属于不涉及项的，按大类采用折合法计分。不涉及项要在评分表中明确说明判定依据和理由。

（四）评价指标总分 100 分，总得分原则上不低于 80 分，各省（区、市）自然资源管理部门可在综合要求不降低的前提下，根据各地实际情况适当调整具体“达标线”。

二、评分说明

（一）某一指标评分说明属于扣分的，最多扣完该项分值。某一指标评分说明属于增分的，最多增至该项总分。

（二）所有得分必须有依据并要保留证明材料，在“检查记录”栏里写明得到相应分值的原因，缺少支撑材料或证明材料不得分。如需填写内容较多，可在评估报告中重点描述。

（三）对于集中建设的选矿加工等配套系统，应明确关联关系，可统一纳入评估考虑。

（四）对于调查问卷、现场考核、专家打分取平均值等评估方式，需要在“检查记录”说明里进行详细描述。

（五）需要现场查看的内容，在“检查记录”里应写明哪些工作人员到什么现场看了什么内容（设备、设施、厂地、环境、现场等）。

附录 5　绿色矿山第三方评估报告编写注意事项

绿色矿山建设水平第三方评估是绿色矿山遴选的关键环节。各地选择第三方评估机构的方式不一，评估机构和专家的水平差别很大，编写的评估报告的水平差别也很大。下面从第三方评估报告和绿色矿山评价指标打分的过程记录来介绍注意事项。

一、第三方评估报告存在的问题

第三方评估机构对第三方评估报告要写什么内容的理解差别很大，最长的报告有 100 多页，最短的报告有 10 多页。目前所有的评估报告都是从矿区环境、资源开发方式、资源综合利用、节能减排、科技创新与智能矿山、企业管理等六个部分来描述，看完评估报告基本上感觉不到好的矿山有多好，不好的矿山差距在什么地方。主要问题如下：

（1）报告的信服度不高。报告中证明结果的描述较为笼统，缺少详实数据做支撑。比如描述矿区绿化情况时，“该矿区实现绿化全覆盖”就不如“该矿山从 2020 年开始投入 5000 万完成绿化的基础设施、建立休闲公园，成立绿化队伍、专职负责绿化工作，实现绿化无死角”能使矿山在绿化方面的工作更有信服务力。所有描述尽量用数字说话、用实际做的工作来证明才能使人感觉真实可靠。

（2）报告缺少归纳和整理。通过对矿山建设情况的描述后，没有进一步归纳和整理，亮点工作不能真正让人眼睛一亮，存在问题也不能让人感觉是个问题，给人感觉这个矿山可进可不进，进了名录库心里没底，不进名录库分数还不低。

（3）评估依据的错误。绿色矿山建设依据是各行业的《绿色矿山建设规范》，首先要满足该行业规范的要求，然后为了验证是否真的达到了要求，再依据《绿色矿山评价指标》去验证，因此，评估报告要充分考虑是否满足建设规范的相关要求而不是仅仅考虑评价指标。

（4）评估结论描述不明确。绿色矿山建设水平评估一定要对建设水平给予一个结论。某评估报告上写到“该矿绿色矿山建设水平达到较好的水平”，较好的水平是和谁来相比得出来？较好的水平能不能入库？这都很不明确。

（5）第三方评估报告未反映出评估指标看不到但对看报告的人很重要的信息。比如综合利用得分很高，为什么很高？科技创新和智能矿山得分很低，为什么很低？在报告里要明确分析出来。

（6）绿色矿山评估变成绿色矿山大检查。绿色矿山评估的责任单位是第三方评估机构，专家只是为评估机构服务。最终结果应由评估机构为矿山列出不符合项和建议项，明确直接入库、整改后入库或不入库等意见，而不是每一位专家都写一个意见（不具体、每一个都写是全部情况）交给矿山企业，矿山应该如何做却不清楚。

一个好的第三方评估报告一定要让采信的充分了解矿山的实际情况，像把山珍海味描述成馒头或者把馒头描述成山珍海味都是要不得的。

二、绿色矿山评价指标检查记录存在问题

针对绿色矿山评价指标的要求，评估专家在现场应逐项打分并对该项评估过程进行记录。目前现场打分和过程记录主要存在如下问题：

（1）只要提供材料就给分。某矿山提供了《安全管理制度》作为“89. 功能分区管理制度”的支撑材料，第三方评估时该项给全分；某矿山提供与另一个咨询机构的合作协议作为“66. 协同创新体系”中的产学研合作协议，第三方评估机构也给全分。只看有没有，不管对不对。

（2）只要现场提供一项评估指标要求的证明材料就给分。某矿山只有一块 50 多寸的屏幕，安装了四个摄像头，“73. 矿山自动化集中管控平台”“75. 远程视频监控系统”第三方评估时全给分；弄了一个演示模型“76. 资源储量管理系统”都可以得分。这样的后果就是建设水平高的矿山和建设水平差矿山很难从分数上区分出来，形成了绿色矿山创新上的“劣币驱良币”现象。

（3）无抽样机制。矿山有多少标识标牌，应该有多少个标识标牌都不知道，给满分，检查记录里写着“标识标牌满足要求”；矿区有多少摄像头、有多少能用不知道，检查记录里写着“远程视频监控系统符合要求”。如果真要是建立绿色矿山追责制，估计不用去看，凭这一个记录就可以确定责任。

（4）照抄自评估报告。在检查记录里写着“我矿建立了能源管理体系”，明显是照抄自评估报告或者矿山企业帮第三方机构填写。

（5）机械应答无实质性内容。在检查记录里写着“目视化管理符合要求”“定置化管理符合要求”“道路符合要求”“绿化符合要求”，至于如何符合要求，矿山企业做了什么、现场看到了什么等都没有写。还有检查记录直接照抄评分说明，如“22. 治理要求”要求“恢复治理后的各种场地，与周边环境相协调”，在检查记录里写道“恢复治理后的各种场地，实现了与周边环境相协调”

（6）支撑材料有大量静态图片却没有详细过程记录。评价指标每项都有几张照片作为附件。比如摄像头、设施、设备、粉尘点、噪声点、定置化场所、绿化场所等，事实上每一指标涉及的地点有多处，每一项指标附两三张图片不能证明达到指标的要求，即使能证明个别地方达到效果，也不能证明其他地方也达到效果。

（7）过于夸大其实。明明某一个矿山只有一个能源管理制度，在检查记录中写道“该矿山建立了一系列能源管理制度”。

（8）过于死板地套用标准。某石灰石矿山，所有废弃物都可以用于水泥加工线，该矿山综合利用部分得满分，而另一些矿山部分废弃物用于铺路、造砖却得不了高

分，因为废物利用率不高。前面的矿种因工艺决定并不是人为去开展综合利用的工作，后者因矿种因矿种资源开发工艺，不能完全利用。开展有关工作并取得成效的工作应在评估过程中得到鼓励和重点支持。

（9）高分值的得满分。涉及矿山道路、粉尘、采矿技术、工作面质量、选矿技术等相关要求的评价指标分值比较高，很多第三方评估机构只要看到一个地方不错，有一个符合技术就给满分。满分代表是完全符合要求，很少矿山是完美无缺的，特别是高分值的指标不建议给满分。积极帮助矿山找出改进的空间，实现“以评促建”的目的，才是第三方评估机构应该重视的工作。

（10）提出问题的依据不足。部分专家提出矿山的问题是凭感觉提出，意见没有出处和依据，如提出现场缺少什么设备或设施而不提依据什么（如环评）讲现场缺这些设备或设施。

（11）定性指标给绝对的结论。时常发现评估报告提到“矿山做得非常好”“非常不好”的定性的结论。应该如实写到“发现有什么问题、未发现矿山有什么现象”。

（12）涉及法律法规的实施时间、标准的标准号、法定文件有效时间、合同签订对象和有效期等内容，不利于追溯。

（13）定性指标只有一人打分。定性指标评估时“仁者见仁、智者见智”只有多人给出分值和意见才能真实反映实际情况。分值取平均值，意见可以单独记录。定量指标没有写出计算的原始数据及计算的结果。

以上这些问题除了第三方评估机构自身水平、能力和素质之外，与政府采购服务模式、第三方评估机构（专家）缺少系统性培训、第三方评估机构责任风险小、评估结果监督不健全、评估专家与当地企业较为熟悉等因素也有关系。

三、正确编写绿色矿山第三方评价指标检查记录

（1）一般指标项（检查项）须写清楚如何检查（看什么资料、到哪个地点检查、询问知情人员等）、查到了什么、注意到有问题或没有问题等。如“是否受到行政处罚”。

（2）涉及证照相关信息：应包含证照名称、证照编号、发证单位、有效期。

（3）涉及处罚情况：应包含行政处罚决定书文号、处罚机关、处罚类型、处罚时间、处罚原因、要求整改情况、目前整改情况。

（4）定性问题需要多个专家综合评价，可以记录多个专家给出的共同意见，如果专家意见不统一，可以单独把每一个专家的意见单独记录下来。评分时须平均多个专家给出的分数。如“矿区环境是否脏、乱、差”。

（5）查看某一场所时应客观地写出来看到了什么或发现了什么问题，以证明达到要求或者没有达到要求。原则上不要用“有什么现象”“多处有什么问题”这样的方式描述。这种问题不具体，不便于整改。应该如实写到“发现有什么问题、未发现矿山有什么现象”。

（6）涉及到多个实物（视频监控、标识标牌、小气候站等）运行或安装是否符合标准规范时，应写出该矿山总共有多少个，抽查部分（或全部）去实地查看，看到的结果是什么，推测出总体是什么情况。

（7）涉及检查实物（装备、监测点）数量时必须写清楚截止时间点的数量，正常运行多少个、备用多少个、待维修多少个、损坏多少个。

（8）涉及连续的场地，如道路，应该明确总共有多少千米，分几种道路，主要看的那一段道路的情况，以推测出总体是什么情况。

（9）涉及外包合同，应注明与哪一个单位签订的合同，对方有没有资质、合同有效期等内容。

（10）涉及计算出来数量时，必须明确这个数量计算周期、总量是多少、如何计算、结果是多少，如能耗、水耗、回采率、储量等相关内容。

（11）涉及环保设施不符或数据不对、工艺不合要求等问题时必须写清楚存在的问题的依据，如环评报告、环评批复。

（12）该矿山配套设施缺失时要写清楚对于这类问题该矿山如何处理，如本矿山无选煤厂，原煤通过汽车运输到由集团公司某某选煤厂入选。

（13）涉及监测台账数据应明确写出根据某方案（标准、文件）要求，监测方法、频次、数量、监测点布置是什么要求，实际情况是什么要求。

（14）一般台账或记录应写清楚企业提供台账周期以及现场查看了哪一个周期。

（15）涉及计划、方案、制度、法定报告等编写或有没有时，要写清楚实施的起止日期、编制单位或批准单位、与实际情况是否相符、有没有相关的运行记录等内容。

（16）要求描述一种情况时，应写清楚如果做，这种做法是否可以达到效果。如修复场地后期维护情况。

（17）对于要求比较宏观的描述点，应该细化说明。如"现场按生产区、管理区、生活区进行功能分区"，描述现场情况时应该写清楚哪些属于生产区、管理区、生活区，说明他们相互独立，影响较小等。

（18）某些活动"有没有"应该写清楚查看了什么证明有没有组织这项活动、一个周期的数量等。

（19）涉及专利、软件著作权需要写清楚知识产权名称，涉及专利、软件著作权内容与本矿山实际情况是否相符。

（20）涉及软件应用时应该写清楚该软件是什么时间上线、运行状况，必要时查看系统运行日志。

（21）涉及认证、获奖证书、专利、软件著作权等上网查询核实。

（22）指标要求与描述能够对照。如标识标牌不能只写安装的位置和数量情况，不提尺寸、大小、颜色等。

（23）提出问题要有依据。依据什么文件、标准、规范应该怎么样，实现怎么样。

（24）过于死板地套用评价标准，机械应答无实质性内容。如“对矿山的地质环境已经进行动态监测”“已建立矿山环境动态监测机制”“科技投入和技改达到1.5%左右”。

（25）过于夸大其实。明明某一个矿山只有一个能源管理制度，在检查记录中写道“该矿山建立了一系列能源管理制度”。

（26）支撑材料有大量静态图片却没有详细过程记录。

附件一

35 种重点矿种最低开采规模设计标准

矿产名称	单位 / 年	大型	中型	小型
煤（地下开采 / 露天开采）	原煤万吨	120/400	45/100	30/30
铁（地下开采 / 露天开采）	矿石万吨	100/200	30/60	5/5
锰	矿石万吨	10	5	2
铬	矿石万吨	10	5	2
铜	矿石万吨	100	30	3
铅	矿石万吨	100	30	3
锌	矿石万吨	100	30	3
钨	矿石万吨	80	40	5
锡	矿石万吨	100	30	3
钼	矿石万吨	100	30	3
铝土矿	矿石万吨	100	30	10
镍	矿石万吨	100	30	3
锑	矿石万吨	100	30	3
轻稀土	矿石万吨	100	50	15
重稀土	矿石万吨	100	50	10
金（岩金）	矿石万吨	15	6	3
磷（地下开采 / 露天开采）	矿石万吨	100/100	50/50	10/15
钾盐	矿石万吨	30	5	3
硫铁矿	矿石万吨	50	20	5
硼（B_2O_3）	矿石万吨			5
重晶石	矿石万吨	10	5	3
萤石（CaF_2）	矿石万吨	10	8	3
石灰岩（水泥用 / 其他）	矿石万吨	100/100	50/50	30/20
冶金、水泥用天然石英砂	矿石万吨	60	20	10
玻璃、陶瓷等用石英岩、石英砂	矿石万吨	30	10	5
高岭土	矿石万吨	10	5	3
石膏	矿石万吨	30	20	5

续表

矿产名称	单位 / 年	大型	中型	小型
滑石	矿石万吨	10	8	3
石墨（晶质 / 隐晶质）	矿物 / 矿石万吨	1/10	0.6/8	0.3/5
云母（工业原料云母）	吨			2
石棉	石棉万吨	2	1	0.5
膨润土	矿石万吨	10	5	3
砖瓦用粘土	矿石万吨	30	13	6
建筑用石料	万立方米	10	5	1.5
饰面用石料	万立方米	1	0.5	0.3

附件二

43种矿产“三率”指标
（开采回采率、选矿回收率、资源综合利用率）

一、高岭土

1. 开采回采率

地下开采：地下开采的矿山企业不低于75%。
露天开采：露天开采的矿山企业不低于85%。

2. 选矿回收率

高岭土矿选矿回收率不低于85%。

3. 综合利用率

矿山企业开发利用高岭土矿时，鼓励综合利用尾矿及尾矿中的石英、长石、伊利石及黄铁矿等有用组分。尾矿综合利用率不低于98%。

二、钾盐

1. 开采回采率（盐田采收）

A. 固体钾石盐矿开采回采率（地下开采）不低于61%。
B. 氯化物型卤水的盐湖钾盐矿盐田采收率不低于70%。
C. 硫酸盐型卤水的盐湖钾盐矿盐田采收率不低于63%。

2. 选矿回收率

A. 固体钾石盐矿不低于63%。
B. 氯化物型卤水的盐湖钾盐矿不低于55%。
C. 硫酸盐型卤水的盐湖钾盐矿不低于43%。

3. 综合利用率

A. 固体钾盐矿选矿尾矿利用率不低于 30%。

B. 对于氯化物型卤水的盐湖钾盐矿，其选矿尾液利用率不低于 90%。

C. 对于硫酸盐型卤水的盐湖钾盐矿，其选矿尾液利用率不低于 75%。

三、金矿

1. 开采回采率

露天开采：露天黄金矿山企业的开采回采率要在矿石贫化率不超过 10% 的前提下达到 90% 以上。

地下开采：按照金矿不同的赋存条件，地下开采的矿山企业开采回采率要在设计矿石贫化率范围内达到表 1 指标要求。

表 1　地下矿开采回采率指标要求

围岩稳定性	矿体顺斜度	矿体厚度	回采率 / %
稳固	缓倾斜与急倾斜矿体	薄矿体	92
		中厚矿体	90
		厚矿体	87
	倾斜矿体	薄矿体	90
		中厚矿体	87
		厚矿体	85
不稳固	缓倾斜与急倾斜矿体	薄矿体	87
		中厚矿体	85
		厚矿体	82
	倾斜矿体	薄矿体	85
		中厚矿体	82
		厚矿体	80
极不稳固	缓倾斜与急倾斜矿体	薄矿体	82
		中厚矿体	80
		厚矿体	77
	倾斜矿体	薄矿体	80
		中厚矿体	77
		厚矿体	75

A. 根据《工程岩体分级标准》(GB 50218)，将矿体围岩稳固性划分为稳固（Ⅰ级、Ⅱ级、Ⅲ级）、不稳固（Ⅳ级）和极不稳固（Ⅴ级）三类。

B. 根据《有色金属矿山地下开采生产技术规程》和黄金行业特点，将矿体倾斜度按倾角划分为缓倾斜矿体（$\alpha < 30°$）、倾斜矿体（$30° \leqslant \alpha \leqslant 55°$）和急倾斜矿体（$\alpha > 55°$）三类。

C. 矿体厚度划分为薄矿体（$h \leqslant 0.8m$）、中厚矿体（$0.8m < h \leqslant 4m$）和厚矿体（$h > 4m$）三类。

2. 选矿（冶）回收率

根据金矿加工处理的难易程度不同，黄金矿山企业的选（冶）回收率应达到表 2 指标要求。

表 2　选矿（冶）回收率指标要求

类型		选矿（冶）回收率 / %	备注
易处理矿石		85（80）	
难处理矿石	易选难冶矿石	85（75）	
	难选难冶矿石	（70）	
低品位矿石		（60）	常规氰化工艺
		（50）	堆浸

A. 采用常规氰化工艺可获得较好回收率为易处理矿石；需采用焙烧、细菌氧化、热压氧化等预处理工艺为难处理矿石；低于矿山现行工业指标而圈定的矿化体为低品位矿石。矿石类型划分可参考矿山的选矿试验研究报告或设计报告。

B. 按照生产金精矿或合质金产品的不同，回收率可分别称为选矿回收率或选冶回收率，括号外为选矿回收率，括号内为选冶回收率。

3. 共伴生矿产资源综合利用率

国家鼓励黄金矿山企业合理开发与综合利用银、硫、铜、铅、锌等共伴生矿产资源。当黄金与其他矿物共生时，综合利用率不低于 60%；当黄金与其他矿物伴生时，综合利用率不低于 40%。

四、锂矿

1. 开采回采率

露天开采：大、中型露天矿山开采回采率不低于 92%；小型露天矿山开采回采率不低于 90%。

地下开采：依据矿山围岩稳固程度和矿体厚度的不同，锂矿地下开采回采率最低指标要求为 78% ~ 84%（表 3）。

表 3　锂矿地下开采回采率的最低指标要求

围岩稳固性	矿体厚度	回采率 / %
稳固	薄矿体	82
	中厚、厚矿体	84
中等稳固	薄矿体	80
	中厚、厚矿体	82
不稳固	薄矿体	78
	中厚、厚矿体	80

2. 选矿回收率

在保证生产合格锂精矿产品的基础上，根据矿石结构构造类型、矿石入选品位等影响因素，锂矿选矿回收率应分别达到表 4 指标要求。

表 4　锂辉石矿选矿回收率最低指标要求

序号	入选品位（Li_2O）/ %	选矿回收率 / %
1	$Li_2O \geqslant 1.3$	80
2	$0.9 < Li_2O < 1.3$	75
3	$0.6 \leqslant Li_2O \leqslant 0.9$	70
4	$Li_2O < 0.6$	65

3. 综合利用率

在锂辉石矿中常有铍、钽、铌等共伴生。当共伴生有用组分矿物的品位达到稀有金属勘查规范中边界品位含量时，开采设计或矿产资源开发利用方案应对该有用组分的综合利用方式提出指标要求。当共伴生有用组分在现有技术条件下暂时不能回收或技术经济评价结论不宜综合利用的，应提出处置措施。

其中：综合回收 2 种稀有金属时，综合利用率应达到 40% 以上，综合回收 3 种以上稀有金属时，综合利用率应达到 30% 以上（注：锂辉石－花岗伟晶岩矿石类型，在综合回收钽、铌矿时，综合回收率不低于 15%）。综合回收锂长石时综合利用率应达到 90% 以上。

五、锶矿

1. 开采回采率

露天开采：锶矿露天开采回采率不低于 90%；矿体形态变化大、矿体薄、矿岩稳固性差的矿山开采回采率不低于 85%。

地下开采 ：依据矿山矿石品位、矿体厚度等的不同，锶矿地下开采回采率最低指标要求分别为 65% ~ 80%（表 5）。

表 5　锶矿地下开采回采率的最低指标要求

矿石品位 / %	回采率指标要求 / %	
	1m ≤矿体厚度≤ 3m	矿体厚度＞ 3m
≥ 35	75	80
＜ 35	65	

2. 选矿回收率

根据矿石入选品位和可选难易程度等影响因素，建议最低指标要求分别为 40% ~ 88%（表 6）。

表 6　锶矿选矿回收率的最低指标要求

矿石品位 / %	回收率指标要求 / %	
	矿石中等可选①	矿石复杂难选②
≥ 45	88	80
45 ~ 25	80	75
≤ 25	50	40

注：①矿石中等可选是指矿石的物质组成、结构、有价成分的赋存状态使其在常规选矿方法、选矿条件和选矿流程中较容易分选并得到理想指标。②矿石复杂难选是指矿石赋存状态微细（小于 10μm）呈浸染状嵌布，或者共伴生组分多，或者泥化严重，或者氧化＞ 30%，或者以上条件兼而有之。

3. 综合利用率

天青石矿石有硫铁矿和高岭土矿，当伴生组分达到下表所列含量要求时，应加强综合评价与回收利用。对于有些地区锶矿单一无伴生矿产，暂不设指标要求，对于矿山废石的利用，鼓励有条件的矿山应用于矿山采空区充填及制作建筑材料等。建议当锶矿石为中等可选时，其共伴生矿产综合利用率不低于 50%；当锶矿石为复杂难选时，其共伴生矿产综合利用率不低于 40%。

六、重晶石

1. 开采回采率

露天开采：露天矿山开采回采率不低于 90%。

地下开采：地下矿山开采回采率不低于 85%。

2. 选矿回收率

重晶石矿石的可选性主要取决于矿石的结构构造、伴生矿物的种类及特性。通常同时含有石英、方解石、萤石等杂质成分复杂的矿石。易选矿石不低于 90%；难选矿石不低于 80%。

3. 综合利用率

矿山企业开发利用重晶石矿产时，鼓励综合回收共伴生的有用矿物、利用矿山开采废石及选矿尾矿，用作建筑材料或矿山采空区回填。对于共伴生矿物为萤石且含量达到20%以上的，应进行综合回收，回收率不低于75%。

七、石灰岩

1. 开采回采率

露天矿山开采回采率不低于90%。

2. 综合利用率

矿山企业开发利用石灰岩矿产时，鼓励对矿山开采废石综合利用，用作建筑材料或矿山采空区回填复垦。综合利用率不低于60%，如计算回填复垦用量不低于95%。

八、菱镁矿

1. 开采回采率

露天开采：露天矿山开采回采率不低于90%。
地下开采：地下矿山开采回采率不低于80%。

2. 选矿回收率

低品位（三级及以下）菱镁矿选矿回收率58%。

3. 综合利用率

矿山企业开发利用菱镁矿矿产时，鼓励综合利用低品位矿石、利用矿山开采废石及选矿尾矿，制作建筑材料或矿山采空区回填。

九、硼矿

1. 开采回采率

露天开采：露天矿山开采回采率不低于93%。
地下开采：地下矿山开采回采率不低于80%。

2. 选矿回收率

硼铁矿选矿回收率（总硼）($B_2O_3 \geq 5\%$）不低于65%。

3. 综合利用率

硼铁矿综合利用率不低于 55%。

十、磷矿

1. 开采回采率

地下开采：地下开采的矿山企业不低于 72%。
露天开采：露天开采的矿山企业不低于 93%。

2. 选矿回收率

磷块岩矿不低于 80%（入选矿石品位＞ 20%）。
磷灰石和磷灰岩矿不低于 85%（入选矿石品位＞ 10%）。

3. 综合利用率

与磷矿共伴生矿产资源综合利用率不低于 45%，尾矿综合利用率不低于 25%。

十一、锰矿

1. 开采回采率

露天开采：大、中型露天矿山开采回采率不低于 92%；小型露天矿山开采回采率不低于 90%。

地下开采：根据锰矿矿床的赋存条件，锰矿地下矿山开采回采率应达到以下指标要求（表 7）。

表 7　锰矿地下矿山开采回采率指标要求

围岩稳固性	矿体厚度	回采率 / %
稳固	薄矿体	82
	中厚、厚矿体	85
中等稳固	薄矿体	81
	中厚、厚矿体	84
不稳固	薄矿体	80
	中厚、厚矿体	83

注：①岩稳固性划分为稳固（Ⅰ、Ⅱ级）、中等稳固（Ⅲ级）、不稳固（Ⅳ、Ⅴ级）三类。②矿体厚度依据矿体真厚度（H）划分为薄矿体（$H \leqslant 0.8$m）、中厚矿体（$0.8\text{m} < H \leqslant 4$）和厚矿体（$H > 4$m）三类。

2. 选矿回收率

各主要类型的锰矿按照入选品位不同，其选矿回收率应达到以下指标要求（表 8）。

表 8　锰矿选矿回收率指标要求

序号	矿石种类	入选品位（Mn）/%	选矿回收率 /%
1	氧化锰	≥ 20	85
		＜ 20	80
2	碳酸锰	≥ 15	83
		＜ 15	78
3	其他锰矿		65

注：其他锰矿包括硅酸锰矿、硼酸锰矿、铁锰多金属矿以及由两种或两种以上类型矿物构成的复合矿。

3. 综合利用率

综合利用率包括共伴生矿产综合利用率、尾矿和废石综合利用率。

（1）共伴生矿产综合利用率。

在锰矿中常有铁、钴、镍及有色、贵金属等共伴生。当共伴生有用组分矿物的品位达到表 9 所列含量时，开采设计或矿产资源开发利用方案应对该有用组分的综合利用方式提出指标要求。当共伴生有用组分在现有技术条件下暂时不能回收或技术经济评价结论不宜综合利用的，应提出处置措施。矿山具体利用程度应依据地质勘查报告、选矿试验、矿山设计及矿山采选生产实际等确定。

表 9　锰矿共伴生组分综合评价指标表

共伴生有用组分	含量 /%	共伴生有用组分	含量 /%
钴（Co）	≥ 0.02	氧化硼（B_2O_3）	≥ 1%
镍（Ni）	≥ 0.1	硫（S）	≥ 2%
铜（Cu）	≥ 0.1	金（Au）	≥ 0.2g/t
铅（Pb）	≥ 0.4	银（Ag）	≥ 5g/t
锌（Zn）	≥ 0.7		

（2）锰矿山尾矿与废石综合利用率。

鼓励锰矿山企业充分回收利用废石、尾矿。开采设计或矿产资源开发利用方案应对废石和尾矿的综合利用提出指标要求。

十二、铬矿

1. 开采回采率

露天开采：铬矿露天矿山开采回采率不低于 93%。

地下开采：铬矿地下矿山开采回采率不低于 85%。

2. 选矿回收率

铬矿选矿主要采用重选法和强磁选法，选矿回收率不低于 78%。

3. 综合利用率

铬矿中常共伴生有铂族及钴、镍、金等元素，当铂族总量大于 0.2g/t，钴大于 0.02%，镍大于 0.2% 时，应加强综合评价并尽可能回收利用。与铬矿共生的矿物，其综合利用率不低于 50%；与铬矿伴生的矿物，其综合利用率不低于 30%。

十三、铝土矿

1. 开采回采率

露天开采：铝土矿露天矿山开采回采率不低于 92%。

地下开采：依据铝土矿的矿体厚度和铝硅比值（A/S）不同，铝土矿地下矿山开采回采率应达到以下指标要求（表 10）。

表 10　铝土矿地下矿山开采回采率指标要求

矿体厚度 /m	A/S ≥ 10	10 > A/S > 5	A/S ≤ 5
$H \geq 5$	88	80	75
$5 > H > 2$	80	75	72
$H \leq 2$	75	72	

2. 选矿回收率

根据铝土矿矿石类型和铝硅比值（A/S）不同，其选矿回收率应分别达到以下指标要求（表 11）。

表 11　铝土矿选矿回收率指标要求

矿石类型	铝硅比	选矿回收率 / %	备注
堆积型		95	要求含泥率≤ 3.0%
沉积型	A/S ≥ 15	80	要求富集比达到 1.8，尾矿铝硅比小于 1.5
	5 > A/S > 3	76	
	A/S ≤ 3	72	

3. 综合利用率

铝土矿中的铁、镓、钪等共伴生资源在氧化铝工艺后回收，对仅有采选工序的矿山企业，其共伴生资源综合利用率不作指标要求。

沉积型铝土矿常共生铁矿、硫铁矿、熔剂灰岩、煤矿、高岭土、陶瓷土、铁矾土等多种有用矿产，应加强综合评价与回收利用。

十四、钨矿

1. 开采回采率

露天开采：钨矿露天矿山的开采回采率不低于 92%。

地下开采：依据矿山地质品位（三氧化钨）的不同，钨矿地下矿山的开采回采率应分别达到以下指标要求（表 12）。

表 12　钨矿地下矿山开采回采率指标要求

地质品位（WO_3）/ %	指标要求 / %
$WO_3 \leq 0.2$	80
$0.2 < WO_3 \leq 0.4$	85
$WO_3 > 0.4$	90

2. 选矿回收率

根据钨矿矿石类型、矿物嵌布粒度和入选矿石品位的不同，钨矿选矿回收率应分别达到表 13 指标要求。

表 13　钨矿选矿回收率指标要求

矿石类型	嵌布粒度 / mm	入选矿石品位 / %		
		$WO_3 < 0.2$	$0.2 \leq WO_3 < 0.4$	$WO_3 \geq 0.4$
黑钨矿（黑钨相≥ 90%）	≥ 0.2	75	80	82
	< 0.2	70	72	81
白钨矿（白钨相≥ 90%）	≥ 0.2	70	74	76
	< 0.2	68	71	72
混合矿（黑、白钨任一相> 10%）	≥ 0.2	59	62	64
	< 0.2	56	60	62

3. 综合利用率

钨矿中常伴生有锡、钼、铋、铜、铅、锌、锑、铍、钴、金、银、铌、钽、稀土、锂、砷、硫、磷、萤石等组分，当伴生组分达到表 14 所列含量要求时，应加强综合评价与回收利用。矿山具体利用程度应依据地质勘查报告、选矿试验、矿山设计及矿山采选生产实际等确定。

表 14　钨矿伴生组分综合评价指标表

组分	含量 / %	组分	含量 / %
铜（Cu）	0.05	锌（Zn）	0.5
铅（Pb）	0.2	钴（Co）	0.01
砷（Sn）	0.03	钼（Mo）	0.01
铋（Bi）	0.03	铟（In）	0.001
金（Au,g/t）	0.1	银（Ag,g/t）	1
五氧化二钽（Ta_2O_5）	0.01	五氧化二铌	0.02
氧化铍（BeO）	0.03	锑（Sb）	0.5
氧化锂（Li_2O）	0.3	稀土（REO）	0.03
硫（S）	4	镓（Ga）	0.001
锗（Ge）	0.001	镉（Cd）	0.002

十五、钼矿

1. 开采回采率

露天开采：钼矿大型露天矿山的开采回采率不低于 95%，中小型露天矿山或矿体形态变化大、矿体薄、矿岩稳固性差的矿山，其开采回采率不低于 92%。

地下开采：依据矿体厚度和钼品位的不同，钼矿地下矿山开采回采率应分别达到表 15 指标要求。

表 15　钼矿地下矿山开采回采率指标要求

矿体厚度 / m	钼品位 / %		
	≥ 0.2	0.2 ~ 0.1	≤ 0.1
$H \leqslant 5$	88	80	75
$5 < H < 15$	90	83	80
$H \geqslant 15$	92	85	85

2. 选矿回收率

在保证生产合格钼精矿产品（钼精矿品位≥ 45%）的基础上，根据矿石结构构造类型、矿石入选品位等影响因素，钼矿选矿回收率应分别达到表 16 指标要求。

表 16　钼矿选矿回收率指标要求

结构构造类型	入选品位（α）/%					
	$\alpha \leqslant$	$0.06 < \alpha$	$0.08 < \alpha$	$0.10 < \alpha$	$0.20 < \alpha$	$\alpha > 0.50$
块状、粒状	80.5	81.5	86	88	92.5	93.5

续表

结构构造类型	入选品位（α）/%					
	α ≤	0.06 < α	0.08 < α	0.10 < α	0.20 < α	α > 0.50
条带状	80	81	85	87	92	93
似层状、网脉状	79.5	80.5	84	86	91	92
浸染状、交代状	79	80	83	85	90	91

3. 综合利用率

钼矿石中常伴生有钨、铋、铜、铅、锌、钴、铁、金、铌、铍、铼、铟、硒、碲、铀、硫等组分。当钼矿伴生组分达到表 17 含量要求时，应加强综合评价与回收利用。结合钼行业生产实际，当钼矿仅回收铜或钨伴生组分时，综合利用率应达到 50% 以上；当回收两种以上伴生组分时，综合利用率应达到 40% 以上。

表 17　钼矿伴生组分综合评价指标

组分	含量 / %	组分	含量 / %
钨（WO_3）	0.06	铜（Cu）	0.1
铅（Pb）	0.2	锌（Zn）	0.4
铁（Fe）	10	硫（S）	1
铋（Bi）	0.03	铼（Re）	10g/t

十六、硫铁矿

1. 开采回采率

露天开采：硫铁矿露天矿山开采回采率不低于 92%。

地下开采：煤系沉积硫铁矿地下矿山开采回采率不低于 65%；非煤系沉积硫铁矿的地下矿山开采回采率不低于 80%。

2. 选矿回收率

煤系沉积硫铁矿选矿回收率不低于 70%；非煤系沉积硫铁矿的矿山选矿回收率不低于 80%。

3. 综合利用率

硫铁矿共伴生矿产品位达到表 18 所列含量时应进行综合利用，共伴生矿产综合利用率≥ 50%。

表 18　硫铁矿伴生组分综合评价指标表

组分	含量 / %	组分	含量 / %
铜（Cu）	0.1 ～ 0.3	铅（Pb）	0.2 ～ 0.4
锌（Zn）	0.4 ～ 0.8	金（Au）	0.3 ～ 0.5g/t
银（Ag）	5 ～ 20g/t	钴（Co）	0.01 ～ 0.02
硒（Se）	≥ 0.001	碲（Te）	≥ 0.005
镉（Cd）	≥ 0.01		

十七、石墨矿

1. 开采回采率

露天开采：石墨矿露天矿山开采回采率不低于 92%。

地下开采：石墨矿地下矿山开采回采率不低于 75%。

2. 选矿回收率

（1）晶质石墨矿：入选原矿品位≥ 5%，选矿回收率不低于 85%；入选原矿品位＜ 5%（高于工业品位 3%），选矿回收率不低于 80%。

（2）隐晶质石墨目前无需选矿即可利用，选矿回收率指标暂不作要求。

3. 综合利用率

晶质石墨矿常共伴生有云母、石英、透闪石、透辉石、石榴子石、方解石、金红石，以及铀、钒、钛、黄铁矿、磷灰石、铝土矿、稀有元素等有用矿物，隐晶质石墨矿中可能共伴生石英和高岭土，应加强综合评价与回收利用。

十八、石棉矿

1. 开采回采率

露天开采：石棉矿露天矿山开采回采率不低于 92%。

地下开采：石棉矿地下矿山开采回采率不低于 80%。

2. 选矿回收率

石棉矿选矿回收率不低于 85%。

3. 综合利用率

石棉矿常共伴生菱镁矿、滑石、软玉、镍、钴、铂等资源，应加强综合评价并尽可能回收利用，鼓励矿山企业综合利用共伴生有用矿物及选矿尾矿和废石。

十九、煤炭

1. 煤矿采区回采率

1）井工煤矿

薄煤层（< 1.3m）不低于 85%；中厚煤层（1.3 ~ 3.5m）不低于 80%；厚煤层（> 3.5m）不低于 75%；

对于采用水力采煤技术的井工煤矿，薄煤层、中厚煤层和厚煤层的采区回采率分别不低于 80%、75% 和 70%。

2）露天煤矿

薄煤层（< 3.5m）不低于 85%；中厚煤层（3.5 ~ 10.0m）不低于 90%；厚煤层（> 10.0m）不低于 95%。

2. 原煤入选率

煤炭矿山企业的原煤入选率原则上应达到 75% 以上。

3. 煤矸石与共伴生矿产资源综合利用率

国家鼓励煤炭矿山企业合理开发与综合利用煤矸石以及与煤共伴生矿产资源。开采设计或开发利用方案也要对煤层气、黄铁矿、镁、铟、高岭土等矿产资源开发利用提出指标要求。其中煤矸石和矿井水综合利用率均应达到 75% 以上。

二十、镍矿

1. 开采回采率

露天开采：镍矿露天开采回采率不低于 92%，矿体形态复杂的不低于 88%。

地下开采：依据矿山矿石品位、矿石类型和矿体厚度等的不同，镍矿地下开采回采率最低指标要求分别为 75% ~ 92%。

2. 选矿回收率

根据镍矿矿石品位、矿石可选难易程度等的不同，镍矿选矿回收率最低指标要求分别为 55% ~ 82%。

3. 共伴生矿产综合利用率

镍矿中与其共生及伴生的矿产有铜、钴、铂、钯、锇、钌、铑、铱、金、银，以及硫、铁、铬、锰、硒、碲等，当伴生组分达到表 19 所列含量要求时，应加强综合评价与回收利用。

表 19　镍矿床伴生有用组分评价参考表

组分	铂（Pt）、钯（Pd）	锇（Os）、钌（Ru）、铑（Rh）、氢（H）	金（Au）	银（Ag）	钴（Co）	硒（Se）	碲（Te）
含量	0.03g/t	0.02g/t	0.05 ~ 0.1g/t	1.0g/t	0.01%	0.0006%	0.0002%

当综合回收黑色金属和（或）非金属资源时，其共伴生矿产综合利用率不低于 45%；当综合回收资源全部为有色金属时，其共伴生矿产综合利用率不低于 60%。

二十一、锡矿

1. 开采回采率

露天开采：锡矿露天开采回采率不低于 95%，矿体形态变化大、矿体薄、矿岩稳固性差的矿山开采回采率不低于 92%。

地下开采：依据矿山矿石品位和矿体厚度的不同，锡矿地下开采回采率最低指标要求分别为 78% ~ 90%（表 20）。

表 20　锡矿地下开采回采率的最低指标要求

矿石品位 / %	回采率指标要求 / %	
	矿体厚度≤ 5m	矿体厚度> 5m
≤ 0.4	78	80
0.4 ~ 0.8	80	85
> 0.8	88	90

2. 选矿回收率

根据锡矿矿石品位、矿石可选难易程度的不同，锡矿选矿回收率最低指标要求分别为 50% ~ 80%（表 21）。

表 21　锡矿选矿回收率的最低指标要求

矿石品位 / %	回收率指标要求 / %	
	矿石中等可选①	矿石复杂难选②
< 0.4	62	50
0.4 ~ 0.8	70	60
> 0.8	80	65

注：①矿石中等可选是指矿石的物质组成、结构、有价成分的赋存状态使其在常规选矿方法、选矿条件和选矿流程中较容易分选并得到理想指标。②矿石复杂难选是指矿石赋存状态微细（小于 10μm）呈浸染状嵌布，或者共伴生组分多，或者泥化严重，或者氧化> 30%，或者以上条件兼而有之。

3. 共伴生矿产综合利用率

锡矿中常伴生有铜、铅、锌、铋、钨、锰、铁、硫等组分，当伴生组分达到表 22 所列含量要求时，应加强综合评价与回收利用。

表 22　锡矿伴生组分综合评价指标表

组分	铜（Cu）	铅（Pb）	锌（Zn）	铋（Bi）	钨（W）	锰（Mn）	铁（Fe）	硫（S）
含量 / %	0.2	0.5	0.5	0.01	0.02	4	20	10

当锡矿石为中等可选时，其共伴生矿产综合利用率不低于 50%；当锡矿石为复杂难选时，其共伴生矿产综合利用率不低于 40%。

二十二、锑矿

1. 开采回采率

露天开采：锑矿露天开采回采率不低于 95%，矿体形态变化大、矿体薄、矿岩稳固性差的矿山开采回采率不低于 92%。

地下开采：依据矿山矿石品位和矿体厚度的不同，锑矿地下开采回采率最低指标要求分别为 75% ～ 90%（表 23）。

表 23　锑矿地下开采回采率的最低指标要求

矿石品位 / %	回采率指标要求 / %	
	矿体厚度≤ 5m	矿体厚度＞ 5m
≤ 1.5	75	80
1.5 ～ 2.5	77	85
≥ 2.5	80	90

2. 选矿回收率

根据锑矿矿石品位、矿石可选难易程度等的不同，锑矿选矿回收率最低指标要求分别为 60% ～ 90%（表 24）。

表 24　锑矿选矿回收率的最低指标要求

矿石品位 / %	回收率指标要求 / %	
	矿石中等可选[1]	矿石复杂难选[2]
≤ 1.5	75	60
1.5 ～ 2.5	82	65
≥ 2.5	90	75

注：①矿石中等可选是指矿石的物质组成、结构、有价成分的赋存状态使其在常规选矿方法、选矿条件和选矿流程中较容易分选并得到理想指标。②矿石复杂难选是指矿石赋存状态微细（小于 10μm）呈浸染状嵌布，或者共伴生组分多，或者泥化严重，或者氧化＞ 30%，或者以上条件兼而有之。

3. 共伴生矿产综合利用率

锑矿中常伴生有砷、金、银、钨、汞、铋、硒、钴、镍、萤石、重晶石等组分，当伴生组分达到表 25 所列含量要求时，应加强综合评价与回收利用。

表 25　锑矿伴生组分综合评价指标表

组分	含量 / %	组分	含量 / %
砷（As）	0.2	硒（Se）	0.001
金（Au）	0.1g/t	钴（Co）	0.01
银（Ag）	2g/t	镍（Ni）	0.1
钨（Wo5）	0.05	萤石（CaF_2）	5
汞（Hg）	0.005	重晶石（$BaSO_4$）	8
铋（Bi）	0.05		

当锑矿石为中等可选时，其共伴生矿产综合利用率不低于 50%；当锑矿石为复杂难选时，其共伴生矿产综合利用率不低于 40%。

二十三、滑石矿

1. 开采回采率

露天开采：露天开采的矿山不低于 85%。

地下开采：地下开采的矿山不低于 72%。

2. 选矿回收率

滑石选矿目前采用人工拣选，选矿回收率指标难以测算，以选矿产率来衡量滑石原矿利用的效率。

根据矿床资源禀赋、矿石特性，设定选矿产率指标要求：入选原矿中滑石含量达到工业品位（≥ 50%），选矿产率不低于 90%；入选原矿中滑石含量达到边界品位（≥ 35%）且低于工业品位，选矿产率不低于 75%；入选原矿中滑石含量低于边界品位，选矿产率不低于 40%。

3. 综合利用率

滑石矿常共伴生有绿泥石、蛇纹石、菱镁矿、透闪石、白云石等矿物，鼓励回收利用，暂不设指标要求。对于矿山废石的利用，鼓励有条件的矿山应用于矿山充填及制作建筑材料等。

二十四、石膏矿

1. 开采回采率

露天开采：露天开采的矿山不低于 90%。

地下开采：采用房柱法回采率不得低于 35%；极倾斜厚矿体采用崩落法，回采率不得低于 60%；对优质纤维石膏、球形石膏、透明石膏采矿应采用全面充填法开采，回采率不得低于 85%。

2. 选矿回收率

目前采用人工拣选除杂，暂不设定回收率指标要求。

3. 综合利用率

石膏矿无伴生矿产，暂不设指标要求。对于矿山废石的利用，鼓励有条件的矿山应用于矿山充填及制作建筑材料等。

二十五、铅锌矿

1. 开采回采率

地下开采：依据矿体厚度和不同矿石类型的铅锌（当量）品位，铅锌矿的开采回采率确定为 75% ~ 92% 之间共 27 个指标要求（表 26）。

表 26　铅锌矿体地下开采时开采回采率指标要求

矿体厚度	铅锌（当量）品位（硫化矿）			铅锌（当量）品位（混合矿）			铅锌（当量）品位（氧化矿）		
	≥ 9.0%	4.5% ~ 9.0%	≤ 4.5%	≥ 11.5%	6.0% ~ 11.5%	≤ 6.0%	≥ 14.0%	7.5% ~ 14.0%	≤ 7.5%
≤ 5m	88	80	75	88	80	75	88	80	75
5 ~ 15m	92	83	80	92	83	80	92	83	80
≥ 15m	92	85	85	92	85	85	92	85	85

露天开采：大型铅锌矿山的开采回采率不低于 95%，对于中小型矿山或矿体形态变化大、矿体薄、矿岩稳固性差的矿山，其开采回采率不低于 92%。

2. 选矿回收率

根据矿石类型、结构构造类型、品位、粒度等不同的影响因素，铅、锌矿选矿回收率应分别达到表 27 和表 28 指标要求。

表 27 铅矿选矿回收率指标要求（%）

矿石类型	结构构造类型	硫化矿铅品位≥ 3 混合矿铅品位≥ 3.6 氧化矿铅品位≥ 5			1.5 ≤硫化矿铅品位< 3 2.5 ≤混合矿铅品位< 3.6 3 ≤氧化矿铅品位< 5			0.5 ≤硫化矿铅品位< 1.5 1.0 ≤混合矿铅品位< 2.5 1.5 ≤氧化矿铅品位< 3			硫化矿铅品位< 0.5 混合矿铅品位< 1.0 氧化矿铅品位< 1.5		
		粗中粒	细粒	微细粒	粗中粒	细粒	微细粒	粗中粒	细粒	微细粒	粗中粒	细粒	微细粒
硫化矿	块状、粒状结构	93.0	90.0	88.0	91.0	88.0	86.5	89.0	86.5	84.5	85.0	83.0	81.0
	条带状构造	92.0	89.0	87.0	90.0	87.0	85.5	88.0	85.5	84.0	84.5	82.0	80.0
	似层状、网脉状构造	90.0	87.0	85.5	88.0	85.5	84.0	86.5	84.0	82.0	83.0	80.0	78.5
	浸染状、交代结构	89.0	86.5	84.5	87.0	84.5	83.0	85.5	83.0	81.0	82.0	79.5	78.0
混合矿	块状、粒状结构	90.0	87.5	85.5	88.5	85.5	84.0	86.5	84.0	82.0	83.0	80.5	79.0
	条带状构造	89.0	86.5	85.0	87.5	85.0	83.0	85.5	83.0	81.5	82.0	79.5	78.0
	似层状、网脉状构造	87.5	85.0	83.0	85.5	83.0	81.5	84.0	81.5	80.0	80.5	78.0	76.5
	浸染状、交代结构	86.5	84.0	82.0	85.0	82.0	80.5	83.0	80.5	79.0	79.5	77.0	75.5
氧化矿	块状、粒状结构	81.0	78.5	77.0	79.5	77.0	75.5	78.0	75.5	74.0	74.5	72.5	71.0
	条带状构造	80.5	78.0	76.0	79.0	76.5	75.0	77.0	75.0	73.0	74.0	71.5	70.0
	似层状、网脉状构造	78.5	76.5	75.0	77.0	75.0	73.0	75.5	73.0	72.0	72.5	70.0	69.0
	浸染状、交代结构	78.0	75.5	74.0	76.5	74.0	72.5	75.0	72.5	71.0	71.5	69.5	68.0

表 28 锌矿选矿回收率指标要求（%）

矿石类型	结构构造类型	硫化矿锌品位≥ 5 混合矿锌品位≥ 5.5 氧化矿锌品位≥ 7			3 ≤硫化矿锌品位< 5 3.5 ≤混合矿锌品位< 5.5 5 ≤氧化矿锌品位< 7			1 ≤硫化矿锌品位< 3 1.5 ≤混合矿锌品位< 3.5 3 ≤氧化矿锌品位< 5			硫化矿锌品位< 1 混合矿锌品位< 1.5 氧化矿锌品位< 3		
		粗中粒	细粒	微细粒	粗中粒	细粒	微细粒	粗中粒	细粒	微细粒	粗中粒	细粒	微细粒
硫化矿	块状、粒状结构	91.0	88.0	84.0	89.0	86.5	84.5	87.0	84.5	83.0	83.5	81.0	79.5
	条带状构造	90.0	87.5	83.0	88.0	85.5	84.0	86.5	84.0	82.0	83.0	80.5	78.5
	似层状、网脉状构造	88.0	85.5	81.0	86.5	84.0	82.0	84.5	82.0	80.5	81.0	79.0	77.0
	浸染状、交代结构	87.0	84.5	80.5	85.5	83.0	81.0	84.0	81.0	79.5	80.5	78.0	76.0
混合矿	块状、粒状结构	89.0	86.0	82.0	87.0	84.5	82.5	85.0	82.5	81.0	81.5	79.0	77.5
	条带状构造	88.0	85.0	81.0	86.0	83.5	82.0	84.5	82.0	80.0	81.0	78.5	77.0

续表

矿石类型	结构构造类型	硫化矿锌品位≥ 5 混合矿锌品位≥ 5.5 氧化矿锌品位≥ 7			3 ≤硫化矿锌品位< 5 3.5 ≤混合矿锌品位< 5.5 5 ≤氧化矿锌品位< 7			1 ≤硫化矿锌品位< 3 1.5 ≤混合矿锌品位< 3.5 3 ≤氧化矿锌品位< 5			硫化矿锌品位< 1 混合矿锌品位< 1.5 氧化矿锌品位< 3		
		粗中粒	细粒	微细粒	粗中粒	细粒	微细粒	粗中粒	细粒	微细粒	粗中粒	细粒	微细粒
混合矿	似层状、网脉状构造	86.0	83.5	79.5	84.5	82.0	80.0	82.5	80.0	78.5	79.0	77.0	75.0
	浸染状、交代结构	85.0	82.5	78.5	83.5	81.0	79.5	82.0	79.5	77.5	78.5	76.0	74.5
氧化矿	块状、粒状结构	81.0	78.5	75.0	79.5	77.0	75.5	78.0	75.5	74.0	74.5	72.5	71.0
	条带状构造	80.5	78.0	74.0	79.0	76.5	75.0	77.0	75.0	73.0	74.0	71.5	70.0
氧化矿	似层状、网脉状构造	78.5	76.5	72.5	77.0	75.0	73.0	75.5	73.0	72.0	72.5	70.0	69.0
	浸染状、交代结构	78.0	75.5	72.0	76.5	74.0	72.5	75.0	72.5	71.0	71.5	69.5	68.0

3. 共伴生矿产资源综合利用率

国家鼓励铅锌矿山综合利用金、银、硫、铁等共伴生资源。根据硫含量和矿石类型的不同，确定其共伴生矿产资源（能够回收、利用的有价元素）综合利用率指标要求（表 29）。

表 29　铅锌矿山矿产资源综合利用率指标要求

硫含量 / %	露天开采或硫化矿 / %			氧化矿 / %			混合矿 / %		
	> 9.00	4.50 ~ 9.00	≤ 4.50	> 14.00	7.50 ~ 14.00	≤ 7.50	> 11.50	6.00 ~ 11.50	≤ 6.00
≤ 5	55.00	52.00	50.00	45.00	42.00	40.00	50.00	47.00	45.00
5 ~ 25	57.00	55.00	52.00	47.00	45.00	42.00	52.00	50.00	47.00
> 25	60.00	65.00	55.00	50.00	47.00	45.00	55.00	52.00	50.00

二十六、稀土

1. 开采回采率

露天开采：用此方式开采岩矿型稀土的矿山企业，其开采回采率应达到表 30 指标。

表 30　岩矿型稀土矿露天开采回采率指标

矿体厚度 / m		开采回采率 / %
薄矿体	$H < 5$	94
中厚矿体	$5 \leq H < 15$	95
厚矿体	$H \geq 15$	96

地下开采：用此方式开采岩矿型稀土的矿山企业，其开采回采率不得低于 90%。

堆浸工艺开采：用此方式的离子型稀土矿山企业，其开采回采率不低于 87%（浸出相）、70%（全相）。

原地浸矿开采：用此方式的离子型稀土的矿山企业，其开采回采率不低于 84%（浸出相）、67%（全相）。

2. 选矿回收率

（1）对于岩矿型稀土，根据其矿石可选性能的难易程度不同，选矿回收率指标不同。

（2）对于离子型稀土，选矿回收率不低于 90%。

3. 综合利用率

（1）与岩矿型稀土矿共生的其他矿产，综合利用率不低于 60%。

（2）与岩矿型稀土矿伴生的其他矿产，综合利用率不低于 30%。

（3）对于离子型稀土，以浸取母液稀土浓度作为其综合利用评价指标。筑堆或矿块停止注液时，浸取母液中稀土离子浓度应不高于 0.1g/L。

二十七、四川攀西钒钛磁铁矿

1. 开采回采率

露天开采：开采回采率≥ 94%。

地下开采：开采回采率≥ 82%。

2. 选矿回收率

根据矿石全铁（矿石中铁元素的总含量，表示为 TFe）入选品位和铁精矿品位的不同，铁选矿回收率应达到表 31 要求。

表 31　铁选矿回收率指标要求

矿石入选品位	铁精矿品位	铁选矿回收率要求
TFe ≥ 30%	≥ 54%	不低于 71%
25% ≤ TFe ＜ 30%		不低于 66%
20% ≤ TFe ＜ 25%		不低于 60%
TFe ＜ 20%		暂不要求

3. 综合利用率

矿山企业开发利用钒钛磁铁矿时，要对伴生的钛、钒、铬及硫化物等有用组分进行综合利用，综合利用率要达到以下规定要求。

（1）钛的综合利用率（TiO_2 从原矿计算到钛精矿）。

根据入选矿石的铁钛比（TFe/TiO_2）和钛精矿品位的不同，钛的综合利用率应达到表32要求。

表 32　钛的综合利用率指标要求

入选矿石铁钛比	钛精矿品位	钛综合利用率要求
$2.1 \leqslant TFe/TiO_2 < 2.6$	≥ 47%	不低于 20%
$2.6 \leqslant TFe/TiO_2 < 3.5$		不低于 16%
$TFe/TiO_2 \geqslant 3.5$		不低于 12%

当钛精矿 TiO_2 品位< 47% 时，钛综合利用率要相应提高。

（2）钒的综合利用率（V_2O_5 从原矿计算至铁精矿）。

根据铁选矿回收率的不同，钒的综合利用应达到表 33 要求。

表 33　钒的综合利用率指标要求

铁选矿回收率	钒（V_2O_5）综合利用率要求
≥ 71%	不低于 75%
66% ≤铁选矿回收率< 71%	不低于 70%
60% ≤铁选矿回收率< 66%	不低于 64%

（3）铬的综合利用率（红格南矿区）（Cr_2O_3 从原矿计算至铁钒精矿）。

根据铁选矿回收率的不同，铬的综合利用率应达到表 34 要求。

表 34　铬的综合利用率指标要求

铁选矿回收率	铬（Cr_2O_3）综合利用率要求
≥ 71%	不低于 75%
66% ≤铁选矿回收率< 71%	不低于 70%
60% ≤铁选矿回收率< 66%	不低于 64%

（4）硫化物的综合利用。

矿山企业必须对硫化物进行综合利用。新建或改扩建矿山要在开发利用方案中明确硫化物综合利用的具体要求。

二十八、铁矿资源

1. 开采回采率

1）露天开采

（1）大型露天矿，开采回采率不低于 95%。

（2）中小型露天矿，开采回采率不低于 90%。

2）地下开采

根据铁矿矿床的围岩稳固性和矿体倾斜度等自然赋存条件的不同，地下开采铁矿的开采回采率应达到规定的指标要求（表 35）。

表 35　地下矿山开采回采率指标要求

围岩稳固性	矿体倾斜度	回采率 / %
稳固	缓倾斜与急倾斜矿体	83
	倾斜矿体	81
不稳固	缓倾斜与急倾斜矿体	79
	倾斜矿体	78
极不稳固	缓倾斜与急倾斜矿体	77
	倾斜矿体	75

2. 选矿回收率

根据含铁矿物的主要自然类型和磨矿细度的不同，铁矿的选矿回收率指标应达到规定的指标要求（表 36）。

表 36　主要铁矿类型的选矿回收率指标要求

<table>
<tr><th>序号</th><th>铁矿类型</th><th>磨矿细度</th><th colspan="2">选矿回收率 / %</th><th>备注</th></tr>
<tr><td rowspan="2">1</td><td rowspan="2">磁铁矿</td><td>中细粒以上</td><td colspan="2">95</td><td rowspan="2"></td></tr>
<tr><td>细粒、微细粒</td><td colspan="2">90</td></tr>
<tr><td rowspan="2">2</td><td rowspan="2">赤铁矿（含镜铁矿）</td><td>中细粒以上</td><td colspan="2">75</td><td rowspan="2"></td></tr>
<tr><td>细粒、微细粒</td><td colspan="2">70</td></tr>
<tr><td rowspan="2">3</td><td rowspan="2">磁－赤混合矿</td><td>中细粒以上</td><td colspan="2">78</td><td rowspan="2">指磁铁矿与赤铁矿</td></tr>
<tr><td>细粒、微细粒</td><td colspan="2">72</td></tr>
<tr><td rowspan="2">4</td><td rowspan="2">褐铁矿</td><td>中细粒以上</td><td>55</td><td rowspan="2">80</td><td rowspan="2"></td></tr>
<tr><td>细粒、微细粒</td><td>50</td></tr>
<tr><td rowspan="2">5</td><td rowspan="2">菱铁矿</td><td>中细粒以上</td><td colspan="2">80</td><td rowspan="2">焙烧工艺</td></tr>
<tr><td>细粒、微细粒</td><td colspan="2">70</td></tr>
</table>

3. 综合利用率

综合利用率包含共伴生矿综合利用率、尾矿综合利用率和选矿废水综合利用率。

（1）共伴生矿综合利用率。

当共伴生矿物的品位达到表 37 规定的值时，开采设计或开发利用方案要对此元素的综合利用方式提出指标要求。当共伴生的有用矿物在现有技术条件下暂时不能回收，或技术经济评价结论不宜综合利用的，应提出处置措施，为以后实施综合利用创造条件。

表 37　共伴生元素综合利用规定值

共伴生元素	品位 /%	共伴生元素	品位 /%
硫（S）	≥ 5	钼（Mo）	≥ 0.02
磷（P）	≥ 0.8	镍（Ni）	≥ 0.2
二氧化钛（TiO_2）	≥ 5	锡（Sn）	≥ 0.1
铜（Cu）	≥ 0.2	五氧化二钒（V_2O_5）	≥ 0.2
锰（Mn）	≥ 3	钴（Co）	≥ 0.02
锌（Zn）	≥ 0.5	镓（Ga）、锗 Ge 头	≥ 0.001

（2）尾矿综合利用率不低于 20%。尾矿综合利用包括回收利用尾矿库中的有价元素、利用尾矿做建筑材料或矿山回填等。

（3）选矿厂废水综合利用率不低于 85%，干旱戈壁沙漠等特殊地区选矿废水综合利用率不低于 50%。

二十九、铜矿

1. 开采回采率

地下开采：依据矿体厚度和铜（当量）品位的不同，铜矿开采回采率确定为 75% ~ 92% 间共 9 个指标要求。其中，铜为单一铜矿时按铜品位不同确定其开采回采率；当铜矿含有多种共伴生元素时，依据铜当量品位确定其开采回采率（表 38）。

表 38　铜矿地下开采时开采回采率指标要求

矿体厚度	铜（当量）品位≥ 1.2%	铜（当量）品位 0.60% ~ 1.2%	铜（当量）品位≤ 0.60%
≤ 5m	88%	80%	75%
5 ~ 15m	92%	83%	80%
≥ 15m	92%	85%	85%

露天开采：大型铜矿山的开采回采率不低于 95%，对于中小型矿山或矿体形态变化大、矿体薄、矿岩稳固性差的矿山，其开采回采率不低于 92%。

2. 选矿回收率

根据矿石类型、结构构造类型、品位、粒度等不同的影响因素，矿选矿回收率应分别达到表 39 指标要求。

表 39　铜矿选矿回收率指标要求（%）

矿石类型	结构构造类型	硫化矿铜品位≥ 1 混合矿铜品位≥ 1.5 氧化矿铜品位≥ 3			0.6 ≤硫化矿铜品位< 1 1 ≤混合矿铜品位< 1.5 1.5 ≤氧化矿铜品位< 3			0.4 ≤硫化矿铜品位< 0.6 0.6 ≤混合矿铜品位< 1 1 ≤氧化矿铜品位< 1.5			硫化矿铜品位< 0.4 混合矿铜品位< 0.6 氧化矿铜品位< 1		
		粗中粒	细粒	微细粒	粗中粒	细粒	微细粒	粗中粒	细粒	微细粒	粗中粒	细粒	微细粒
硫化矿	块状、粒状结构	90.0	87.5	86.0	88.5	86.0	84.0	86.5	84.0	82.0	83.0	80.5	79.0
	条带状构造	89.5	86.5	85.0	87.5	85.0	83.0	86.0	83.0	81.5	82.0	80.0	78.0
	似层状、网脉状构造	87.5	85.0	83.0	86.0	83.0	81.5	84.0	81.5	80.0	80.5	78.0	76.5
	浸染状、交代结构	86.5	84.0	82.0	85.0	82.5	80.5	83.0	80.5	79.0	79.5	77.5	76.0
混合矿	块状、粒状结构	87.0	84.5	83.0	85.5	83.0	81.0	83.5	81.0	79.5	80.0	77.5	76.0
混合矿	条带状构造	86.0	83.5	82.0	84.5	82.0	80.0	83.0	80.0	78.5	79.0	77.0	75.5
	似层状、网脉状构造	84.5	82.0	80.0	83.0	80.0	78.5	81.0	78.5	77.0	77.5	75.5	74.0
	浸染状、交代结构	83.5	81.0	80.0	82.0	79.5	77.9	80.0	77.9	76.0	77.0	74.5	73.0
氧化矿	块状、粒状结构	78.5	76.0	74.5	77.0	74.5	73.0	75.0	73.0	71.5	72.0	70.0	68.5
	条带状构造	77.5	75.0	74.0	76.0	74.0	72.0	74.5	72.0	71.0	71.5	69.0	68.0
	似层状、网脉状构造	76.0	74.0	72.0	74.5	72.0	71.0	73.0	70.8	69.5	70.0	68.0	66.5
	浸染状、交代结构	75.0	73.0	71.5	74.0	71.5	70.0	72.0	70.0	68.5	69.0	67.0	66.0

3. 共伴生矿产资源综合利用率

国家鼓励铜矿山综合利用金、银、硫、铁等共伴生资源，根据铁的回收状态、铜品位和含硫品位的不同，确定其共伴生矿产资源（能够回收、利用的有价元素）综合利用率指标要求（表 40）。

表 40　铜矿山矿产资源综合利用率指标要求（%）

铁回收状态	露天开采或 Cu ≥ 1.2 地下开采			Cu0.60 ~ 1.2 地下开采			Cu ≤ 0.60 地下开采		
	矿石含硫品位			矿石含硫品位			矿石含硫品位		
	> 10.00	2.00 ~ 10.00	≤ 2	> 10.00	2.00 ~ 10.00	≤ 2	> 10.00	2.00 ~ 10.00	≤ 2
无铁 / 不回收铁	65.0	55.0	50.0	55.0	50.0	45.0	50.0	45.0	40.0
易选铁	55.0	50.0	45.0	45.0	42.0	40.0	40.0	37.0	35.0

续表

铁回收状态	露天开采或 Cu ≥ 1.2 地下开采			Cu0.60 ~ 1.2 地下开采			Cu ≤ 0.60 地下开采		
	矿石含硫品位			矿石含硫品位			矿石含硫品位		
	> 10.00	2.00 ~ 10.00	≤ 2	> 10.00	2.00 ~ 10.00	≤ 2	> 10.00	2.00 ~ 10.00	≤ 2
中等可选	47.0	43.0	40.0	40.0	38.0	36.0	37.0	35.0	32.0
难选铁	40.0	37.0	35.0	36.0	34.0	32.0	35.0	32.0	30.0

三十、萤石资源

1. 开采回采率

露天开采：露天开采的矿山企业不低于 90%。

地下开采：对于岩体稳定矿体，其开采回采率不低于 80%；对于岩体不稳定矿体，其开采回采率不低于 73%（依据《工程岩体质量分级标准》（GB 50218），Ⅰ、Ⅱ、Ⅲ级确定为岩体稳定矿体，Ⅳ、Ⅴ级确定为岩体不稳定矿体）。

2. 选矿回收率

易选矿石不低于 83%。

难选矿石不低于 75%。

萤石矿石的可选性主要取决于矿石的结构构造、伴生矿物的种类及嵌布特性。通常同时含有石英、方解石、重晶石等杂质，成分复杂的矿石或是嵌布粒度小于 38μm 的矿石为难选矿石，除此之外为易选矿石。

3. 综合利用率

矿山企业开发利用萤石矿产时，鼓励综合回收共伴生的有用矿物、利用矿山开采废石及选矿尾矿制作建筑材料或矿山采空区回填。考虑到受地域条件影响较大，目前暂不做指标要求。

三十一、镁

（炼镁白云岩）

1. 开采回采率

鉴于国内镁（炼镁白云岩）矿山采用露天开采方式进行开采，故仅确定其露天矿山开采回采率，最低指标不低于 90%。

2. 选矿回收率、综合利用率

镁（炼镁白云岩）矿无需选矿且无共伴生矿产，故不设定选矿回收率和综合利用率指标要求。

三十二、铌矿

1. 开采回采率

铌钽矿露天开采回采率不低于 95%，矿体形态变化大、矿体薄、矿岩稳固性差的矿山开采回采率不低于 92%。

目前国内只有采用露天开采工艺的铌钽矿山，暂不设定地下开采开采回采率指标。

2. 选矿回收率

根据矿石品位不同，铌钽矿选矿回收率最低指标要求分别为 28% ~ 48%（表 41）。

表 41　铌钽矿选矿回收率（%）

钽 + 铌品位	＞ 0.0350	0.0210 ＜品位＜ 0.0350	0.0180 ≤品位＜ 0.0210	0.0130 ≤品位＜ 0.0180	＜ 0.0130
选矿回收率	48	40	35	30	28

3. 共伴生矿产综合利用率

铌钽矿中常伴生有钨、锂、铷、铯、铍、铌、锶等有用组分，因此应鼓励企业综合利用有用组分。当综合回收有色金属时综合利用率不低于 55%。当综合回收非金属时（包括非金属长石矿物的综合利用），综合利用率不低于 45%。对于伴生矿物锂云母含量达到 20% 以上的，应进行综合回收，共伴生矿产综合利用率不低于 35%。

三十三、钽矿（同三十二条铌矿）

三十四、硅质原料

（石英岩、砂岩、脉石英、天然石英砂）

1. 开采回采率

目前，硅质原料矿山尚无地下开采矿山，故仅设定露天开采回采率指标。

（1）石英砂岩≥ 95%。

（2）石英岩≥ 95%。

（3）脉石英≥ 70%。

（4）天然石英砂≥ 95%。

2. 选矿回收率

（1）石英砂岩≥ 75%。

（2）石英岩≥ 65%。

（3）脉石英≥ 60%。

（4）天然石英砂≥ 75%。

3. 尾矿综合利用率

（1）石英砂岩≥ 50%。
（2）石英岩≥ 50%。
（3）脉石英≥ 70%。
（4）天然石英砂≥ 50%。

三十五、膨润土

1. 开采回采率

（1）露天开采。开采回采率≥ 90%。
（2）地下开采。开采回采率≥ 70%。

2. 选矿回收率

矿山企业开发利用膨润土矿产时，鼓励膨润土分级开采、分级利用，其选矿回收率≥ 90%。

3. 综合利用率

尾矿综合利用率≥ 80%。

三十六、芒硝

1. 开采回采率

露天矿山：不低于 85%。
地下矿山：采用硐室水溶法不低于 70%；采用钻井水溶法矿区开采回采率不低于 21%。

2. 选矿回收率

目前，芒硝矿开采后直接化工加工，无选矿，故不设选矿回收率指标。

3. 共伴生矿产综合利用率

伴生盐矿资源综合利用率不低于 21%。

三十七、煤层气

1. 采收率

按照煤岩变质程度和煤岩平均渗透率，将煤层气气藏分为 4 种类型，不同类型气藏采收率应达到表 42 指标要求。

表 42　各类煤层气气藏采收率指标要求

类型	采收率 / %
低渗气藏	37
特低渗气藏	30

依据《石油天然气储量计算规范》(DZ/T 0217），低渗气藏指的是 1.0mD ＜煤储层平均原始渗透率≤ 20.0mD 的煤层气田，特低渗气藏指的是煤储层平均原始渗透率≤ 1.0mD 的煤层气田。

2. 回收率

煤层气回收率不低于 86%。

煤层气回收率是指经过集输、净化等工艺处理后的煤层气量加煤层气企业自用气量占煤层气工业产气量的百分比。煤层气工业产气量指井口的煤层气产量。

3. 共伴生矿产综合利用率

国家鼓励煤层气开采企业合理开发与综合利用共伴生资源，共伴生的二氧化碳利用率应达到 95%。

三十八、油页岩

1. 开采回采率

露天开采不低于 90%。

井工开采不低于 75%。

2. 油回收率

油页岩油回收率不低于 60%。

油回收率是指从干馏炉中回收的油页岩油量占进入干馏炉中的油页岩油量的百分比。

3. 共伴生矿产综合利用率

鼓励油页岩矿山企业合理开发与综合利用煤炭等共伴生矿产资源，其中煤炭的综合利用率应达到 80% 以上。

三十九、银矿

1. 开采回采率

（1）露天开采。露天开采回采率不低于 95%，矿体形态变化大、矿体薄、围岩稳固性差的矿山开采回采率不低于 92%。

（2）地下开采。依据矿山矿石品位和矿体厚度的不同，银矿地下开采回采率最低指标要求分别为 75% ~ 92%（表 43）。

表 43 银矿地下开采回采率最低指标要求

矿石品位 /（$g \cdot t^{-1}$）	回采率指标要求 / %	
	矿体厚度≤ 5m	矿体厚度＞ 5m
≤ 100	75	80
100 ~ 150	82	85
≥ 150	85	92

2. 选矿回收率

根据银矿矿石品位、矿石可选难易程度的不同，银矿选矿回收率应达到表 44 指标要求。

表 44 银矿选矿回收率的最低指标要求

矿石入选品位 /（$g \cdot t^{-1}$）	回收率指标要求 /%	
	矿石中等可选（含易选）	矿石复杂难选
≤ 100	75	70
100 ~ 150	85	75
≥ 150	88	80

注：矿石中等可选是指矿石的物质组成、结构、有价成分的赋存状态使其在常规选矿方法、选矿条件和选矿流程中较容易分选并得到理想指标。矿石复杂难选是指矿石赋存状态微细（小于 10 微米）呈浸染状嵌布，或者共伴生组分多，或者泥化严重，或者氧化率＞ 30%，或者以上条件兼而有之。

3. 共伴生矿产综合利用率

银矿中常伴生有铜、铅、锌等组分，当伴生组分达到表 45 所列含量要求时，应加强综合评价与回收利用，其伴生组分综合利用率不低于 40%。

表 45 银矿床伴生有用组分评价参考表

元素	Au	Pb	Zn	Cu	S	Cd	Mn
品位 /%		0.2	0.4	0.1	2	0.005	4
品位 /（$g \cdot t^{-1}$）	0.1						

四十、锆矿

1. 开采回采率

（1）露天开采。露天开采回采率不低于 95%，矿体形态变化大、矿体薄、矿岩稳固性差的矿山开采回采率不低于 92%。

（2）地下开采。目前锆矿尚无地下开采矿山，暂不制定回采率指标。

2. 选矿回收率

选矿回收率不低于 70%。

3. 共伴生矿产综合利用率

锆矿中常伴生有钛铁矿、金红石等有用组分，其综合利用率不低于 70%。

四十一、硅灰石

1. 开采回采率

（1）露天开采不低于 90%。
（2）地下开采不低于 80%。

2. 选矿回收率

选矿回收率不低于 80%。

3. 综合利用率

尾矿废石综合利用率不低于 75%。

四十二、硅藻土

1. 开采回采率

（1）露天开采不低于 85%。
（2）地下开采：一级土、二级土不低于 70%。
据《矿产资源工业要求手册》（2010 年版），SiO_2 含量≥ 85% 为一级土；SiO_2 含量≥ 80% 为二级土。

2. 选矿回收率

选矿回收率不低于 85%。

3. 综合利用率

尾矿废石综合利用率不低于 60%。

四十三、盐矿

1. 开采回采率

盐矿以其产出方式分为岩盐、湖盐和天然卤水三种类型。岩盐矿床以钻井水溶法开采为主，湖盐矿床采用盐湖采矿法，天然卤水矿床以钻井水力采矿法为主。其中岩盐矿山开采回采率不低于23%，湖盐矿山不低于80%，天然卤水矿山不低于60%。

2. 选矿回收率

盐矿后加工称为盐化工，故不设定选矿回收率指标。

3. 综合利用率

与盐矿床共（伴）生的溴、芒硝资源，随卤水抽出，达到工业品位的共（伴）生资源全部利用（包括回灌至采卤后的空腔）。

附件三

参考习题[11]

一、填空题

1.《关于进一步加强绿色矿山建设的通知》要求进一步强化监督考核，对已有绿色矿山，按照“双随机、一公开”要求，每年抽取不低于（　　）的比例开展实地核查。

2. 国家级绿色矿山建设评价指标中的约束项是属于绿色矿山的（　　）。

3. 国家级绿色矿山建设评价指标和以前相比，把“节能减排”一级指标改为（　　）。

4. 生态功能是对（　　）系统起稳定调节作用的。

5. 选矿废水的 pH 应在 6 ～ 9 之间，以确保水体的（　　），避免对环境造成不利影响。

6. 生活办公区一般应位于矿区全年主导风向的（　　），并且应在紧邻场区大门内侧集中布置。

7. 复垦场地有满足要求的（　　），防洪标准符合当地要求，无明显冲沟。

二、单选题

1.《关于进一步加强绿色矿山建设的通知》是由自然资源部联合（　　）个部委发布的自然资规〔2024〕1 号文件。

A.1 个　B.5 个　C.6 个　D.7 个

2. 目前绿色矿山建设是（　　）阶段。

A. 试点阶段　B. 示范引领阶段　C. 全面建设阶段　D. 全面推进阶段

3. 满足不了国家级绿色矿山否决项就一定不是绿色矿山（　　）。

A. 是　B. 否

4. 矿山开采后剩余可采年限较为合理的计算方法是上一年年末储量报告中可采储量除以（　　）。

A. 核定能力　B. 近三年平均产量　C. 上一年的产量　D. 实际能力

5. 对环境的动态监测主要是为了实现（　　）。

A. 能够及时获取最新的数据和信息　B. 定期对环境监测

C. 建设自动化监测系统　D. 以上三个都不对

6. 国家级绿色矿山建设评价指标要求职工满意度不低于（　　）。

A.60%　B.70%　C.80%　D.90%

7. 矿区噪声执行《工业企业厂界环境噪声排放标准》(GB 12348) 中 2 类声环境功能区标准，即（　　）。

A. 昼间 50dB、夜间 40dB　　B. 昼间 55dB、夜间 45dB

C. 昼间 60dB、夜间 50dB　　D. 昼间 65dB、夜间 55dB

8. 粉尘浓度单位是（　　）。

A.mg/m^3　B.g/m^3　C.$\mu g/m^3$　D.g/cm^3

9. 岗位粉尘浓度一般情况比大气污染物排放浓度限值（　　）。

A. 低　B. 相等　C. 高　D. 没有可比性

10. 散发有害物质的工业企业厂址应位于（　　）。

A. 最大频率风向的下风侧　　B. 最大频率风向的上风侧

C. 最小频率风向的下风侧　　D. 最小频率风向的上风侧

11. 矿区按要求设置操作提示牌、说明牌、线路示意图牌等各类标牌，标牌的尺寸、形状、颜色设置应符合（　　）规定。

A.《标牌》(GB/T 13306）

B.《矿山安全标志》）GB/T 14161）

C.《道路交通标志和标线——第 2 部分：道路交通标志》(GB 5768.2）

D.《环境保护图形标志固体废物贮存（处置）场》(GB 15562.2）

12. 国家级绿色矿山建设评价指标先决条件要求在环境事件中造成（　　）死亡不能申报绿色矿山。

A.1 人以下　　B.1 人以上、3 人以下

C.3 人以上、10 人以下　　D.10 人以上、30 人以下

13. 矿山地质环境治理恢复基金设立的目的是（　　）。

A. 体现了矿山企业履行修复义务

B. 确保能做好矿山地质环境治理恢复工作

C. 确保闭坑后破坏的生态系统能够得到修复

D. 确保土地复垦有足够的资金来源

14. 地下水质量划分为（　　）类。

A.3　B.4　C.5　D.6

15. 酸性矿井水 pH 小于（　　）。

A.3　B.3.5　C.5　D.5.5

16. 以下哪一种危废存放没有问题（　　）。

A. 盛装危险废物的容器未密闭

B. 危险废物贮存点应具有固定的区域边界，并应采取与其他区域进行隔离的措施

C. 危险废物露天存放

D. 盛装液态、半固态危险废物的容器内部未留足够空间

17. 对雨污分流的要求正确的是（　　）。

A. 所有地方都实现雨污分流

B. 干旱地区应当实行雨污分流

C. 除干旱地区外应当实行雨污分流

D. 季风区才需要实现雨污分流

18. 雨污分流的主要好处（　　）。

A. 保护了环境

B. 减少治理环境的难度

C. 降低了成本

D. 增加了成本、提高了生态效益和社会效益

19. 下面（　　）不是建设绿色矿山的主要目的。

A. 落实矿业领域生态文明建设

B. 提高企业经济效益

C. 为经济发展提供可靠的资源保障

D. 实现矿业转型和绿色发展

20. 关于矿区绿化的说法正确的有（　　）

A. 矿区绿化包含排土场

B. 矿区生态修复是绿化的一部分

C. 矿区绿化是生态修复的一部分

D. 矿区绿化不包含矿区道路两侧

21. 矿区可绿化区域实现全覆盖，且无大面积表土裸露，大面积表土裸露（　　）比较合适。

A.1m^2　　B.10m^2　　C.30m^2　　D.100m^2

22. 关于表土堆放错误的是（　　）。

A. 需要防渗处理

B. 堆放点应远离河道

C. 表土堆放点应将原地面整平

D. 表土如保存期一年内，不需要撒播草籽临时绿化

23. 不属于移动污染源的是（　　）。

A. 皮带廊道　　B. 汽车　　C. 三轮汽车　　D. 新能源汽车

24. 关于噪声说法正确的是（　　）。

A. 工业企业的生产车间和作业场所的工作地点的噪声标准为 90dB

B. 工业企业的生产车间和作业场所白天和夜里的噪声标准不同

C. 工业企业的生产车间和作业场所的工作地点的噪声标准为 85dB

D. 工业企业的生产车间和作业场所的工作地点的噪声标准与岗位工作时间无关

25. 职业健康监护档案是指以（　　）为目的，对接触职业病危害因素人员的健康状况进行系统的检查和分析，从而早期发现健康损害并采取有效的预防或治疗措施。

A. 管理　　B. 预防　　C. 保护　　D. 人文关怀

三、多选题

1. 功能分区是指工业企业的各类设施按不同（　　）分区布置，构成一个相互联系的有机整体。

A. 功能　　B. 机制　　C. 系统　　D. 产品

2. 定置化管理是对物的特定的管理，是其他各项专业管理在生产现场的综合运用和补充，是企业在生产活动中，研究（　　）关系的一门科学。

A. 人　　B. 物　　C. 场所　　D. 环境

3. 可绿化区域是指除（　　）等不宜进行绿化区域以外的区域。

A. 道路　　B. 建筑覆盖区　　C. 硬化地面　　D. 采场

4. 国家级绿色矿山建设评价指标要求：选矿工艺符合设计规范，不得使用国家规定的( ) 技术、工艺和装备。

A. 限制类　　B. 落后类　　C. 禁止类　　D. 淘汰类

5. 矿山用地在满足建设、运输生产等要求前提下，综合考虑土地资源、资金、环境等经济技术条件，按照节约集约原则，进行优化配置和科学利用，充分利用（　　）。

A. 荒地　　B. 劣地　　C. 林地　　D. 工业用地

6. 酸性矿井水渗漏至地下，污染土壤，使（　　），破坏自然生物群落，影响人类生活。

A. 土壤荒漠化　　B. 土壤酸化　　C. 植物死亡　　D. 植被减少

7. 当土壤中含有害物质过多，超过土壤的自净能力，就会引起土壤的组成、结构和功能发生变化，微生物活动受到抑制，有害物质或其分解产物在土壤中逐渐积累通过（　　）被人体吸收，达到危害人体健康的程度，就是土壤污染。

A. 微生物→水→人体

B. 土壤→水→人体

C. 微生物→植物→人体

D. 土壤→植物→人体

8. 固体废物进行分类收集时，一般应遵循（　　）原则。

A. 工业废物与城市垃圾分开

B. 危险废物与一般废物分开

C. 可回收利用物质与不可回收利用物质分开

D. 可燃性物质与不可燃性物质分开

9. 矿山地质环境治理恢复基金制度是对生产矿山生态修复资金保障途径的优化，实施基金制度旨在实现（　　）的双重目标。

A. 加强政府监管

B. 保证修复资金到位

C. 减轻企业负担

D. 落实企业修复主体责任

10. 生态环境综合治理包括（　　），强调完善环境法制保障、科技创新、公众参与等治理手段，实现生态环境保护和经济社会可持续发展的有机结合。

A. 生态保护与修复　　B. 资源合理利用

C. 环境污染防治　　D. 污染排放分类及调查

11. 下面不属于矿山正常生产的情况有（　　）。

A. 未达到设计生产能力的产量

B. 采掘失调或采剥失调

C. 因矿山企业违规违法造成停产而不能生产都属于非正常生产

D. 基建或矿山升级改造而不能生产

12. 下列（　　）能被列入异常名录。

A. 未依照编写“储量年报”

B. 未依照要求规定公示“矿产资源开发年度信息”

C. 一直没有编写“矿山地质环境保护与土地复垦方案”

D. 土地手续不齐全的

13. 功能分区的主要作用有（　　）。

A. 方便、环境舒适　　B. 效率高

C. 与周边环境协调　　D. 节约用地

14. 生态系统的功能有（　　）。

A. 涵养水源　　B. 防风固沙

C. 保持水土　　D. 调节气候

15. 下面（　　）是土壤污染重点监管单位。

A. 有色金属矿采选行业　　B. 煤矿采选行业

C. 石油开采行业　　D. 页岩油开采行业

16. 环境管理体系认证的依据标准文件是（　　）。

A. 环境管理作业指导说明书

B.《环境管理体系——要求及使用指南》（ISO 14001:2015）和《环境管理体系要求及使用指南》(GB/T 24001）

C.《环境管理体系——要求及使用指南》(ISO14001:2015）

D.《环境管理体系要求及使用指南》(GB/T 24001）

17.（　　）是国家“三率”的说法。

A. 采收率　　B. 原煤入选率

C. 选矿回收率　　D. 贫化率

18. 目视化管理的特点有（　　）。

A. 将管理者的要求和意图让大家看见

B. 自主管理

C. 相互交流

D. 统一着劳保服装

19. 职工文体活动的作用有（　　）。
A. 提高职工的工作积极性
B. 有助于舒缓员工长期枯燥工作后疲乏的心态
C. 有助于将员工的个人意识行为转化为集体意识行为
D. 活跃职工工作环境氛围，全面提高职工综合素质

参考答案

一、填空题

1.10%
2. 基本要求
3. 绿色低碳
4. 生态环境
5. 酸碱平衡
6. 上风处或侧风处
7. 排水设施

二、单选题

1.C　2.D　3.B　4.C　5.A　6.B　7.C　8.A　9.A　10.D　11.C　12.C　13.D　14.C　15.D　16.B　17.C　18.C　19.B　20.C　21.A　22.A　23.D　24.C　25.B

三、多选题

1.AC　2.ABC　3.BCD　4.AD　5.AB　6.BC　7.BD　8.ABCD　9.CD　10.ABC　11.ABCD　12.BC　13.ABD　14.ABCD　15.AC　16.BCD　17.ABC　18.ABC　19.BCD

参考文献

[1] 邓久帅，秦国防，邓建英，等．绿色矿山技术进展 [M]. 北京：地质出版社，2022.

[2] 彭苏萍，王亮，邓久帅，等．绿色矿山先进适用装备（技术）[M]. 北京：地质出版社，2023.

[3] 彭苏萍，王勇，王亮，等．绿色矿山建设与管理工具 [M]. 北京：冶金工业出版社，2022.

[4] 彭苏萍，邓久帅，王亮，等．绿色矿山评价指标条文释义 [M]. 北京：科学出版社，2020.

[5] 邓久帅，王亮，姚俊．绿色矿山技术发展与应用 [M]. 北京：地质出版社，2020.

[6] 王存飞，栗建平，刘树，等．神东煤炭集团绿色矿山建设研究与实践 [M]. 北京：冶金工业出版社，2024.

[7] 陈浮，邓久帅，毕银丽，等．绿色矿山研究与实践 [M]. 北京：地质出版社，2021.

[8] 彭苏萍，王亮，邓久帅，等．绿色矿山建设标准解读（非金属矿、砂石、水泥灰岩行业）[M]. 北京：地质出版社，2020.

[9] 彭苏萍，王亮，邓久帅，等．绿色矿山建设标准解读（有色金属、冶金、黄金行业）[M]. 北京：地质出版社，2020.

[10] 彭苏萍，王亮，邓久帅，等．绿色矿山建设标准解读（煤炭、陆上石油天然气开采、化工行业）[M]. 北京：地质出版社，2020.

[11] 彭苏萍，王亮，吴海军，等．绿色矿山知识学习题册 [M]. 北京：地质出版社，2020.

参考标准

《安全标志及其使用导则》(GB 2894—2008)
《标牌》(GB/T 13306—1991)
《厂矿道路设计规范》(GBJ 22—1987)
《城镇污水处理厂污染物排放标准》(GB 18918—2002)
《大气污染物综合排放标准》(GB 16297—1996)
《道路交通标志和标线——第 2 部分：道路交通标志》(GB 5768.2—2022)
《地表水环境质量标准》(GB 3838—2002)
《地下水环境监测技术规范》(HJ 164—2020)
《地下水监测工程技术标准》(GB/T 51040—2023)
《地下水质量标准》(GB/T 14848—2017)
《电离辐射防护与辐射源安全基本标准》(GB 18871—2002)
《恶臭污染物排放标准》(GB 14554—1993)
《钒工业污染物排放标准》(GB 26452—2011)
《非金属矿行业绿色矿山建设》(DZ/T 0312—2018)
《工业炉窑大气污染物排放标准》(GB 9078—1996)
《工业企业厂界环境噪声排放标准》(GB 12348—2008)
《工业企业土壤和地下水自行监测技术指南（试行）》(HJ 1209—2021)
《工业企业温室气体排放核算和报告通则》(GB/T 32150—2015)
《工业企业噪声卫生标准（试行草案）》
《工业企业总平面设计规范》(GB 50187—2012)
《工作场所有害因素职业接触限值第 1 部分：化学有害因素》(GBZ 2.1—2007)
《工作场所有害因素职业接触限值第 2 部分：物理因素》(GBZ 2.2—2007)
《固体废物 有机质的测定 灼烧减量法》(HJ 761—2015)
《固体废物处理处置工程技术导则》(HJ 2035—2013)
《国民经济行业分类》(GB/T4754—2021)
《海水水质标准》(GB 3097—1997)
《化工行业绿色矿山建设规范》(DZ/T 0313—2018)
《环境保护图形标志 固体废物贮存（处置）场》(GB 15562.2—1995)
《环境管理体系要求及使用指南》(GB/T 24001—2016)
《环境空气 总悬浮颗粒物的测定 重量法》(GB/T 15432—1995)
《黄金行业绿色矿山建设规范》(DZ/T 0314—2018)
《混凝土结构工程施工规范》(GB 50666—2019)
《金矿开采、选冶和金精炼单位产品能源消耗限额》(GB 32032—2024)

《金矿开采单位产品能源消耗限额》(GB 32032—2015)
《金矿选冶单位产品能源消耗限额》(GB 32033—2015)
《金属非金属矿山排土场灾害防范技术规范》DB52/T 1453.1
《矿产资源综合勘查评价规范》(GB/T 25283—2023)
《矿区地下水监测规范》(DZ/T 0388—2021)
《矿山安全标志》(GB/T 14161—2008)
《矿山生态环境保护与恢复治理技术规范》(HJ 651—2013)
《矿山生态修复技术规范》(TD/T 1070—2022)
《陆上石油天然气开采业绿色矿山建设规范》(DZ/T 0317—2018)
《铝工业污染物排放标准》(GB 25465—2010)
《煤层气（煤矿瓦斯）排放标准（暂行）》(GB 21522—2008)
《煤矸石山生态修复综合技术规范》(LY/T 2991—2018)
《煤炭工业污染物排放标准》(GB 20426—2006)
《煤炭井工开采单位产品能源消耗限额》(GB29444—2012)
《煤炭露天开采单位产品能源消耗限额》(GB29445—2012)
《煤炭洗选工程设计规范》(GB 50359—2016)
《煤炭行业绿色矿山建设规范》(DZ/T 0315—2018)
《镁、钛工业污染物排放标准》(GB 25468—2010)
《能源管理体系要求及使用指南》(GB/T 23331—2020)
《排污单位自行监测技术指南 总则》(HJ 819—2017)
《铅、锌工业污染物排放标准》(GB 25466—2010)
《区域性大气污染物综合排放标准》(DB37/2376—2019)
《砂石行业绿色矿山建设规范》(DZ/T 0316—2018)
《生活垃圾填埋场污染控制标准》(GB 16889—2008)
《生活饮用水卫生标准》(GB 5749—2022)
《生态保护修复成效评估技术指南（试行）》(HJ 1272—2022)
《声环境功能区划分技术规范》(GB/T 15190—2014)
《声环境质量标准》(GB 3096—2008)
《市容环境卫生术语标准》(CJJ/T 65—2004)
《水泥工业大气污染物排放标准》(GB 4915—2013)
《水泥灰岩绿色矿山建设规范》(DZ/T 0318—2018)
《水土保持综合治理技术规范小型蓄排引水工程》(GB/T 16453.4)
《水质 样品的保存和管理技术规定》(HJ 493—2009)
《碳排放核算与报告要求》(GB/T 32151.10—2015)
《铁矿采选工业污染物排放标准》(GB 28661—2012)
《铁矿地下开采单位产品能源消耗限额》GB31336—2014
《铁矿露天开采单位产品能源消耗限额》(GB31335—2014)
《铁矿选矿单位产品能源消耗限额》(GB 31337—2014)
《铁路边界噪声限值及其测量方法》(GB12525—1990)

《铜、镍、钴工业污染物排放标准》(GB 25467—2010)
《铜矿山酸性废水综合处理规范》(GB/T 29999—2013)
《土地复垦质量控制标准》(TD/T 1036—2013)
《土工合成材料 聚乙烯土工膜》(GB/T 17643—2011)
《土壤环境监测技术规范》(HJ/T 166—2004)
《土壤环境质量 建设用地土壤污染风险管控标准（试行)》(GB 36600—2018)
《土壤环境质量 农用地土壤污染风险管控标准（试行)》(GB 15618—2018)
《土壤检测 . 第 16 部分：土壤水溶性盐总量的测定》(NY1121.16—2006)
《危险废物焚烧污染控制标准》(GB 18484—2020)
《危险废物填埋污染控制标准》(GB 18598—2001)
《危险废物贮存污染控制标准》(GB 18597—2023)
《尾矿设施设计规范》(GB 50863—2013)
《温室气体排放核算方法与报告要求》(GB/T 32151—2015)
《污染地块地下水修复和风险管控技术导则》(HJ 25.6—2019)
《污水监测技术规范》(HJ 91.1—2019)
《污水排入城镇下水道水质标准》(GB/T 31962—2015)
《污水综合排放标准》(GB 8978—1996)
《稀土工业污染物排放标准》(GB 26451—2011)
《锡，锑，汞工业污染物排放标准》(GB 30770—2014)
《冶金行业绿色矿山建设规范》(DZ/T 0319—2018)
《一般工业固体废物贮存和填埋污染控制标准》(GB 18599—2020)
《有色金属工业环境保护工程设计规范》(GB 50988—2014)
《有色金属行业绿色矿山建设规范》(DZ/T 0320—2018)
《有色重金属冶炼企业单位产品能源消耗限额》(GB 25323—2023)
《智能矿山建设规范》(DZ/T 0376—2021)
《重污染天气重点行业应急减排措施技术指南》
《重型柴油车污染物排放限值及测量方法（中国第六阶段)》(GB17691—2018)
《综合能耗计算通则》(GB/T 2589—2020)
《煤矿土地复垦与生态修复技术规范》(GB/T 43934-2024)
《金属矿土地复垦与生态修复技术规范》(GB/T 43933-2024)
《石油天然气项目土地复垦与生态修复技术规范》(GB/T 43936-2024)
《矿山土地复垦与生态修复监测评价技术规范》(GB/T 43935-2024)
自然资源部发布的“三率”指标要求

参考文件

《关于加快绿色矿山建设的实施意见》(国土资规〔2017〕4号)
《关于进一步加强绿色矿山建设的通知》(自然资规〔2024〕1号)
中华人民共和国住房和城乡建设部公告（2012年第1356号)
《中华人民共和国城乡规划法》(2019年修正)
《矿业权人勘查开采信息公示办法（试行)》(国土资规〔2015〕6号)
《尾矿污染环境防治管理办法》中华人民共和国生态环境部令（2022年第26号)
《中华人民共和国矿产资源法》(1986版)
《关于印发〈建筑物、水体、铁路及主要井巷煤柱留设与压煤开采规范〉的通知》(安监总煤装〔2017〕66号)
《住房城乡建设部关于发布国家标准〈煤炭洗选工程设计规范〉的公告》(2016年第1265号)
《产业结构调整指导目录（2024年本)》国家发展改革委令第7号
中共中央办公厅、国务院办公厅印发《关于建立以国家公园为主体的自然保护地体系的指导意见》（2019年)
《煤炭采选业清洁生产评价指标体系》中华人民共和国国家发展和改革委员会、中华人民共和国生态环境部、中华人民共和国工业和信息化部公告（2019年第8号)
《节约集约利用土地规定》(2019年修正)
《工业项目建设用地控制指标》(国土资发〔2008〕24号)
《自然资源部办公厅关于规范开展建设项目节地评价工作的通知》(自然资办发〔2021〕14号)
《自然资源部关于规范临时用地管理的通知》(自然资规〔2021〕2号)
全国人民代表大会常务委员会《关于修改〈中华人民共和国清洁生产促进法〉的决定》中华人民共和国主席令（2012年第54号)
《中华人民共和国清洁生产促进法》中华人民共和国主席令（2002年第72号)
《工矿用地土壤环境管理办法（试行)》生态环境部令（2018年第3号)
《水污染防治法》中华人民共和国主席令（2017年第70号)
《住房和城乡建设部关于修改〈建设工程消防设计审查验收管理暂行规定〉的决定》住房和城乡建设部（2023年第58号)
《关于发布国家固体废物污染控制标准〈危险废物贮存污染控制标准〉的公告》(2023年第6号)
《住房城乡建设部关于发布国家标准〈有色金属工业环境保护工程设计规范〉的公告》(2014年第402号)
《企业事业单位环境信息公开办法》中华人民共和国环境保护部令（2014年第31号)
《土壤污染防治法》(2018版)
《关于发布〈重点监管单位土壤污染隐患排查指南（试行)〉的公告》生态环境部（2021年1号)
《中华人民共和国固体废物污染环境防治法》(2020年修订)
《关于发布国家固体废物污染控制标准〈危险废物贮存污染控制标准〉的公告》生态环境部（2023年第6号)
《城镇排水与污水处理条例》中华人民共和国国务院令（2013年第641号)

《关于印发〈深入打好重污染天气消除、臭氧污染防治和柴油货车污染治理攻坚战行动方案〉的通知》
生态环境部等 15 部委联合发文（环大气〔2022〕68 号）
《自然资源部关于发布〈矿山生态修复技术规范 第 1 部分：通则〉等 7 项行业标准的公告》
（2022 年第 51 号）
《关于做好矿山地质环境保护与土地复垦方案编报有关工作的通知》（国土资规〔2016〕21 号）
《矿山地质环境保护与土地复垦方案编制指南》（2016 年）
《国土资源部随机抽查事项清单》
《土地复垦条例实施办法》（2019 年修正）
《关于取消矿山地质环境治理恢复保证金建立矿山地质环境治理恢复基金的指导意见》（财建〔2017〕638 号）
《煤矸石综合利用管理办法》（2014 年修订）
《水污染防治法》（2017 年修正）
《环境监测管理办法》国家环境保护总局令（2007 年第 39 号）
《企业事业单位环境信息公开办法》环境保护部令（2014 年第 31 号）
《地质环境监测管理办法》国土资源部令（2014 第 59 号）（2019 年修正）
《国家税务总局关于研发费用税前加计扣除归集范围有关问题的公告》（2017 年第 40 号）
《财政部国家税务总局科技部关于完善研究开发费用税前加计扣除政策的通知》（财税〔2015〕119 号）
《财政部税务总局科技部关于提高研究开发费用税前加计扣除比例的通知》（财税〔2018〕99 号）
《国家重点支持的高新技术领域》（国科发火〔2008〕172 号附件）
《当前优先发展的高技术产业化重点领域指南》2011 年第 10 号
《国务院关于改革国有企业工资决定机制的意见》（国发〔2018〕16 号）
《纳税信用管理办法（试行）》国家税务总局公告（2014 年第 40 号）
《关于纳税信用评价有关事项的公告》国家税务总局（2018 年第 8 号）
《国家税务总局关于纳税信用修复有关事项的公告》（2019 年第 37 号）
《中华人民共和国安全生产法》（2021 年修正）
《中华人民共和国统计法》（2009 年修订）
《矿产资源登记统计管理办法》国土资源部（第 23 号令）
《矿产资源开采登记管理办法》（2014 修订）
《矿产资源补偿费征收管理规定》中华人民共和国国务院令第 150 号
《统计违法违纪行为处分规定》监察部、人力资源和社会保障部、国家统计局令（2009 年第 18 号）
《中华人民共和国公益事业捐赠法》（1999 年版）
《住房和城乡建设部、国土资源部关于批准发布〈煤炭工程项目建设用地指标——露天矿、露天矿区辅助设施部分〉的通知》（建标〔2011〕145 号）
《国土资源部关于全面开展矿山储量动态监督管理的通知》（国土资发〔2006〕87 号）
《自然资源部办公厅关于规范矿山储量年度报告管理的通知》（自然资办发〔2020〕54 号）
然资源部等 7 部门关于加强用地审批前期工作积极推进基础设施项目建设的通知》（自然资发
22〕130 号）
源开发利用方案编写内容》
节地模式推荐目录》
和综合利用先进适用技术目录》（2022 年）
支持的高新技术领域目录》